Alibaba Group 技术丛书

U0281522

云网络

数字经济的连接

阿里云基础产品委员会◎著

电子工业出版社
Publishing House of Electronics Industry
北京•BEIJING

内 容 简 介

未来世界是数字化世界，云计算是数字化世界的基础设施。企业在数字化时代，"上云"是必经之路。企业"上云"，网络先行，云网络是用户使用云计算的第一步。云网络为企业修建"上云"的高速公路，建立万物互联的全球网络，助力企业连接数字世界。

云网络将改变了企业购买和使用网络的方式，用户从租赁机房、购买网络设备、命令行配置的方式转变为直接线上购买、通过控制台和 API 管理的云网络。很多传统的网络集成商和服务提供商也开始基于云网络提供服务，并转型为 MSP。随着越来越多的企业服务与应用上云，因云而生、依云而建的云网络正成为网络生态新的关键一环。

本书由阿里云的技术专家精心撰写，系统地呈现云网络的概念、产品、技术、方案，以及发展趋势思考。本书从云网络的特征与商业模式出发，对云数据中心网络、跨地域网络、混合云网络的三大云网络产品体系及应用场景进行细致的梳理，并分别从云网络发展历程、云网络技术体系、云网络解决方案、云网络智能化运营等方面多方位、多角度地解析云网络。

云网络是 ICT 技术（信息技术与通信技术）融合的产物，云计算驱动了云网络的诞生，云网络是集资源、技术、产品、服务于一体的完整商业体系。本书既适合企业 CTO/CIO/IT 经理进行决策时作为参考，也适合使用云计算进行应用开发与部署的开发工程师、管理运维工程师、系统架构师作为技术用书，对于想了解和学习云网络的高校学生和网络从业者也有很高的科普价值。

图书在版编目（CIP）数据

云网络：数字经济的连接 / 阿里云基础产品委员会著 . -- 北京：电子工业出版社，2021.6
（阿里巴巴集团技术丛书）
ISBN 978-7-121-41121-2

Ⅰ . ①云⋯ Ⅱ . ①阿⋯ Ⅲ . ①计算机网络 – 研究 Ⅳ . ① TP393

中国版本图书馆 CIP 数据核字 (2021) 第 080706 号

责任编辑：孙学瑛
印　　刷：涿州市般润文化传播有限公司
装　　订：涿州市般润文化传播有限公司
出版发行：电子工业出版社
　　　　　北京市海淀区万寿路 173 信箱　　　　　邮编：100036
开　　本：720×1000　　1/16　　印张：20.75　　字数：431.6 千字
版　　次：2021 年 6 月第 1 版
印　　次：2025 年 2 月第 4 次印刷
定　　价：139.00 元

凡所购买电子工业出版社图书有缺损问题，请向购买书店调换。若书店售缺，请与本社发行部联系，联系及邮购电话：（010）88254888，88258888。
质量投诉请发邮件至 zlts@phei.com.cn，盗版侵权举报请发邮件至 dbqq@phei.com.cn。
本书咨询联系方式：（010）51260888-819，faq@phei.com.cn。

推荐序 1

刘韵洁
中国工程院院士

互联网是 20 世纪最伟大的发明之一，从诞生发展到现在五十多年，依然是未来全球科技与经济发展的主要驱动力。当前，互联网发展的主战场正在从上半场的消费型互联网转向下半场的产业互联网。在全球新一轮科技革命和产业变革中，互联网正渗透进生产和生活的各个方面，促进着产业间的融合与创新，网络已成为关系国计民生的关键性基础设施之一。

近年来，我们国家持续加强网络和信息科技的自主创新能力，不断加快网络基础设施建设，大力发展数字经济，切实保障网络安全。未来网络是国家前瞻谋划的重点产业，发展未来网络产业，将进一步促进 5G、产业互联网等领域的技术创新和广泛应用，推动数字经济快速发展。

如今云计算作为产业互联网的基础设施，正在发挥越来越重要的作用。云计算平台所提供的计算、人工智能、大数据等能力，是各行各业进行数字化和业务创新的重要基础。据中国信息通信研究院《2020 年云计算发展白皮书》的数据，截至2019 年，我国应用云计算的企业占比已经达到 66.1%，比 2018 年提升了 7.5%。"上云"已经成为企业发展的重要趋势。

产业互联网需要有"确定性""低时延""高安全"等特性的网络支撑，这对"尽力而为"的传统 IP 网络架构提出了巨大的挑战，需要构建面向未来的、能够提供差异化服务的能力和可服务定制的网络基础架构。在这样的背景下，云和网的基础设施就面临着规模、性能、低时延等方面的巨大挑战，这些挑战也促进了云和网的充分融合。业界结合软件定义网络等创新思想，重构了云上网络架构，走出了云网融合的新道路。

云和网的融合诞生了新的网络形态——云网络，云网络是一个具备弹性、按需、自主等云特征的网络。经过十多年的发展，从关注云内部 1.0 阶段到聚焦云外部的 2.0 阶段，如今演进到云网络 3.0 阶段，涌现了面向应用和服务、云边一体、分布式云等新思路和新技术。未来云网络将无处不在，并将与应用及服务深度融合，真正做到云网一体。

以阿里云为代表的产业力量在云网络方面持续创新，为整个社会数字化转型做出了贡献。在这样的背景下，阿里云团队写就此书，相信对网络从业者及用户理解和运用云网络有很大帮助，对云计算和网络产业也具有积极的意义。

杨家海
清华大学网络科学与网络空间研究院教授

2006 年 8 月 9 日，Google 首席执行官埃里克·施密特（Eric Schmidt）在搜索引擎大会上首次提出"云计算"（Cloud Computing）的概念。随后工业界和学术界快速跟进，工业界很快推出了各类云计算服务，学术界围绕虚拟化技术、资源调度优化、服务编排管理等展开了大量研究。一时间，云计算深入人心，进入蓬勃发展时期。

2020 年 4 月，中国国家发展改革委首次提出"新基建"的概念并明确将云计算服务纳入"新基建"的范畴。

按照美国国家标准与技术研究院（NIST）的定义：云计算是一种能够通过网络以便利的、按需付费的方式获取计算资源（如网络、服务器、存储、应用和服务）并提高其可用性的模式，这些资源来自一个共享的、可配置的资源池，并能够以最省力和无人干预的方式获取和释放。自助式服务、广泛的网络接入、资源池化、动态可伸缩、服务可计量是云计算的典型特性。

相比年轻的云计算，网络技术的发展则经历了几十年的历程。1969 年冬，由美国国防部资助建立的一个 4 节点的 ARPANET 网络，被普遍认为是现代互联网的开端。随后的几十年里，伴随着集成电路和通信技术的发展，互联网得到了飞速的发展。从某种角度来说，互联网是云计算服务发展的核心使能技术之一。

然而，随着越来越多各种规模的企业的信息化业务迁移到云平台上，对云计算"广泛的网络接入"要求越来越高，对支撑云计算服务的网络服务（从接入到云数据中心内部，再到云数据中心之间）的按需、快捷、灵活配置提出了迫切的需求。

2010 年，阿里云正式对外提供公共云服务，高起点地踏上了阿里云计算之旅。云计算高密度、大规模、海量租户等业务特征，让传统的网络架构面临安全、弹性、成本、性能等各方面的挑战。彼时恰逢 SDN/NFV 技术兴起，为解决相关问题提供了新的思路。以阿里云为代表的云计算服务提供商开始借助网络虚拟化技术重构网络架构，在物理网络上构建一层 Overlay 网络，将租户网络和物理网络解耦，并提出了云网络（Cloud Networking）的概念。云网络技术的创新彻底地激发了云上网络的发展潜力。短短几年间，云计算服务提供商的网络产品如雨后春笋般地上线，形成了云网络的产品体系。可以说，云网络是云计算和网络融合的产物，是云计算驱动了云网络的诞生。

什么是云网络呢？云网络和传统网络有什么不同呢？云网络本质上是具备云特征的网络。云计算的标志性特征是自助、按需、共享、弹性，早期云计算提供的主要服务为计算和存储，它改变了用户使用"计算机"的方式。可以想象，云网络也将具备自助、按需、共享、弹性等特征，这些特征将改变用户使用网络的方式，用户不再需要租赁机房和购买物理网络设备，而是可以像使用水电一样，按需购买，按使用量计费，并且可以自助完成、简单易用。云网络的这些特征对网络的商业模式、生态乃至整个产业都将有重要的影响。

随着越来越多企业用户迁移到云平台上来，对云网络服务提出了多种不同场景的使用需求。为了满足用户需求，阿里云先后推出了云数据中心网络产品、云广域网产品，形成了云网络产品体系，具备了为用户提供构建云上云下一体化网络的能力。在技术上，阿里云持续在规模、性能、弹性等方面深耕，逐渐形成了网络虚拟化技术、大规模 SDN 控制器技术、高性能转发技术、弹性网元技术等云网络技术体系。

5G、IoT、边缘计算等技术的快速发展，为云计算的发展提供了新的动力，也为云计算的应用部署提供了新的场景。依云而生的云网络也面临着如何构建云边协同网络、IoT 设备如何上云等方面的新挑战。另外，随着云计算规模的增长，如何管理一张如此大规模的网络和如何打造智能网络体系，也成为一个重要课题。

作为新时代的新基建的组成要素和数字经济的基础设施，在未来，云计算将会承载越来越多的应用。作为数字经济的连接，云网络一方面将连接万物，加速整个社会数字化转型；另一方面，也将产生难得的机遇，使企业各类应用间更好地协同，实现云网一体。

春江水暖鸭先知。阿里云团队既是全球云计算服务提供的排头兵，也是云计算相关核心技术研究的先行者，在多年提供云计算服务实践的基础上，为应对网络如何更好地支撑云计算服务的挑战，提出了云网络的概念及其技术体系，研发了一系列云网络产品。

《云网络：数字经济的连接》正是阿里云团队多年研究和实践的总结，这本业内首发的云网络领域图书，介绍了云网络的诞生、云网络的产品和技术体系、智能网络，以及云网络解决方案和行业最佳实践。作为一名长期从事网络相关研究的研究人员，我近几年来有幸和阿里云云网络团队在智能网络等领域进行广泛合作，深知云网络发展的不易。我相信，本书的出版发行对云计算服务的发展具有深远意义；我还相信，本书的出版发行，不管是对网络行业相关的从业者，还是对云网络的用户，都有很高的参考价值。

云计算是过去十余年中全球信息技术领域最重要的成果之一，形成了分布式、高性能、普惠化的新计算体系，使"云化"成为各类软硬件在当前数字经济时代的主流技术选择。随着容器、微服务、DevOps 等技术、架构和模式的逐步兴起，轻量级、高效率、虚拟化的理念日益普及，云计算正在向着"云原生（Cloud Native）"的方向坚定发展，促使"云化"从简单的"向云上迁移"演进为"因云而生、为云而长"的内化驱动机制。云原生通过充分运用云计算便捷、按需、弹性、易扩展的独特优势，在产品、工程、解决方案的研发设计和搭建布局之初，就实现了共性需求面向底层结构的解耦化，以及通用能力的下沉和平台化、标准化、自动化，从而搭建起一整套基于云的开发、管理、交付与安全架构，并能够与云的丰富生态深度连接。

云网络正是体现云计算最新理念的 IT 技术与代表下一代互联网方向的 CT 技术的深度融合。云网络是当云计算把分散在各企业的算力与存储资源集中起来，并实现面向企业、家庭、IoT 终端及个人移动端的数据传输时，就基于云连接构建起的面向企业用户和应用的虚拟网络。这并不是一张替代现有网络基础设施的新网络，而是具备了云计算便捷、按需、弹性、易扩展的特性，形成了集资源、技术、产品、服务于一体的完整商业体系。

云网络并非是刚刚横空出世的全新概念，早在云计算商业化刚刚起步的 2006 年，亚马逊和阿里云各自推出的第一代云产品就已形成云网络的雏形。2009—2014 年，随着弹性负载均衡器的出现和虚拟 VPC 的发布，云网络的功能丰富性、服务灵活度和用户安全性显著提升。

此后的五年里，随着企业上云诉求和规模的持续扩大，以及上云场景的日趋多样化，云网络从单区域的云上网络 VPC 虚拟化逐步演进为云网一体虚拟化，并在开放性和生态构建方面也有了很大的进步。

从 2019 年开始，随着 5G 商用化水平的渐趋提升，万物互联的时代加速到来，云边一体协同化和基于数据的运营智能化已成为技术和业务双轮驱动下的主要方向，云网络作为数字经济新型基础设施的生态底座价值必然会得到进一步凸显。

从技术维度来看，云网络在网络体系上从分布式智能走向集中智能，在配置方式上由"人—机"分布式 CLI 配置走向"机—机"API 接口集中配置，在处理性能上由固定配置走向集群化、分布式部署，进而具备了资源共享、弹性伸缩、自助服务、可计量、泛在连接等能力，引导网络技术架构重构。

从商业维度来看，云网络的出现促使企业上云从搭建简单云环境提升为向云全面平滑迁移和云上多元能力获取，在网络设计和部署方面有了更为长远的目标和要求，包括云—管—边—端的连接，企业应用全球部署的互联、加速和实际使用量的感知等，一批专业的云管理服务提供商迅速涌现出来，引导企业"上云建网"从设备购买转向服务购买。

自 2010 年以来，随着云计算理念的持续深入和模式的有效普及，大量互联网企业已将应用部署在云上，充分运用云网络的优势向社会大众提供各类服务，而随着经济社会数字化进程的全面提速，非互联网产业对云网络的搭建、部署和应用需求也必将持续扩大。例如，在制造业数字化转型领域，云网络能够快速打破"数据孤岛"，提升企业链接效率。在新零售领域，从传统的以 IDC 为中心的网络架构逐渐演变成以云为中心的新型网络架构，能够有效支撑零售企业数智化升级和业务快速扩张。在金融数字化领域，云网络能够保障大型金融机构业务带宽的按需调用和跨省、跨运营商的在线业务稳定性，进而真正做到网络为业务服务。在远程教育领域，通过打造低时延、高质量、广覆盖的远程教育网络，能够帮助学生从各个地区甚至各个国家快速、稳定、安全地访问已有的教育网络和系统。

历经十余年的技术更新与升级迭代，云网络的功能特性、承载内容和呈现方式仍有继续前进和变革的巨大空间。以开放互联、高效计算、海量存储、云边协同为主要特征的新一代信息技术步入高频创新、有机共生的新阶段，为云网络的性能强化和形态演进提供了坚实动力。以提升供需匹配效率、优化供需对接机制为根本目标的新型基础设施面向全领域连接和全维度覆盖加速演进，为云网络指明了在中长期的宏大愿景和目标。

如何支持跨多个中心云、云边一体的通信方式，如何在低时延特性上实现贴近应用的网络虚拟化，如何构建一张遍布全球的分布式云网络，以及如何实现真正的万物互联乃至成为数字化世界的连接基石，都是云网络在下一阶段将要面临的重要课题。

《云网络：数字经济的连接》一书的出版正逢其时，不仅为具有迫切的数字化转型需求、急需搭建云网络，以解决连接效率、应用部署、服务能力等方面问题的各类企业和机构提供了翔实有效的解决方案和决策依据，也为一批有意转型为云管理服务提供商的 IDC 厂商指出了升级的发力重点、主要任务和关键举措，同时，还为数字经济时代新型网络配置从业人员的能力提升指出了清晰的发展路径、关键技术和攻关策略。

诚挚期待本书的发行与传播能够进一步树立和引领云网络的发展理念，有效促进云网络技术体系、产品体系、解决方案、运营能力的持续创新与完善，为保障云网络算力的便捷、高效、按需调用，构建不限范围公共云服务体系，丰富各行业的数字化智能应用，支撑我国数字经济高质量发展，给出源于实践的有用研判和有益参考。

推荐序 4

蒋江伟（小邪）
阿里云高级研究员

云网络是"因云而生"的网络架构，天生带有云原生的特性，是一种面向未来的新技术、新形态和新体验。

从功能角度来看，云网络属于虚拟网络，是面向企业的网络架构升级，除了能够完全提供传统网络的基本功能，还能云上组网，解决企业在传统网络中无法解决的痛点，如设备升级等。

从覆盖范围来看，云网络提供的是虚拟设备，可以虚拟出不存在的物理世界中、只存在于云上的企业级网络设备。通过对物理世界中复杂的网络架构进行虚拟化和软件化，云网络能帮助普通工程师快速建立符合云计算要求的网络结构，如在 VPC 的虚拟网络中容纳百万级别的节点。

从建设效率来看，云网络因其先进的架构，使得普通网络工程师也可以复用先进的建设模板，基于模板的"一键生成网络架构"功能快速生成网络，并享受云服务提供商的先进规划和演进路线带来的技术红利。而传统组网工程需要多名经验丰富的网络工程师，在云网络时代，即便普通人也能解决网络设备涉及的插线、选型、放置地点、电源等问题，而完全不用担心一次没弄好而导致的灾难性后果。这就是硬件的软件化带来的高效优势。

从数据安全来看，云网络有全链路的传输加密，可以轻松实现生产网、开发测试网、办公网等的多网隔离。

云网络的能力是不断迭代的。

其一，云网络要进入高速公路时代，要求路修得更快。数据中心会全面进入超高速时代，节点和节点之间的时延要大幅下降，并且这种技术能力要唾手可得，即奢侈技术普惠化。如 RDMA 能力在普通企业的建设中是很难获得的，异常处理能力和稳定性的挑战很大，而用云网络就可以简单、方便地获得。普通企业的线路铺设好了之后，带宽是很难变化或升级的，这就要求云网络能为企业提供持续演进升级的带宽。

其二，云网络的路要修得更宽。云网络每年都会迭代，从 10Gbit/s 和 25Gbit/s，到双线 50Gbit/s 和双线 100Gbit/s。企业对用户而言，这是不需要修改代码就能获得的带宽红利，完全不会感受到带宽的限制。行于地面，路宽、途广；翱翔天际，带宽无忧。此外，企业的 IT 部门不需要频繁修改规划，只需依赖云网络即可提供足够的带宽需求。云厂商构建的云网络能力升级，其上的应用都能随之获得更优的服务。

其三，要满足云网络的治理要求。云网络连成的是一张巨大的虚拟网络，通过调度和优化，达到世界领先的低时延标准，点到点的时延更优。再如在物理世界中，一家企业的开放平台和合作方互联，必须通过公共网络的物理网络，往往存在质量差、不安全等问题。在云网络时代，就可以用 Private Link 提供的私网访问方式，进行虚拟的公网访问，在降低成本的同时，提升网络的质量。

我将云网络的优秀特性归结为它的云原生性，借用我在《什么是真正的云原生？》一文中的结束语来做总结："云原生带来的是思维的变化，是文化的变化，是新时代的生产力，远远超越了 CNCF 定义的 Kubernetes 标准接口，是未来使用云的标准方式。"这也是我对云网络的畅想！

推荐序 5

祝顺民（江鹤）
阿里云研究员

2009 年 9 月，阿里云的成立，是中国云计算发展的一项里程碑式的事件。

2010 年 5 月，阿里云对外发布第一个商业化的产品——云服务器 ECS，正式提供公共云服务。

而此时，大家熟悉的网络已经发展了 40 年，大部分人估计都没有想到，刚诞生的云计算对网络的影响会如此之大。

从用户的角度看，当时云上传统网络架构已经难以满足用户的网络功能需求，如在云上多地域部署业务，需要多地域内网互通，或者用户需要把云下 IDC 和云上网络互通，构建混合云，等等。

从云计算平台的角度看，激增的用户规模、高密度的虚拟比、持续关注的安全性、稳定性等，对当时云上传统网络架构的安全、性能、弹性、稳定性等方面提出了挑战。

云计算平台迫切需要找到一条新的云网络可持续发展道路。

2010 年，距 Nick McKeown（尼克·麦考恩）教授在 2008 年 SIGCOMM（通信网络领域顶级会议）发表的著名 OpenFlow 论文 *"OpenFlow: Enable Innovations in Campus Network"* 仅过去了 2 年，SDN 还处于早期阶段，阿里云网络团队就做了一个重要决定，放弃云上传统网络架构，用 SDN 的思想重构云网络架构，通过完全自主研发的方式研发新的网络虚拟化（Overlay）技术方案。2014 年，阿里云虚拟 VPC 产品正式上线，VPC 是网络和云计算结合型产物，也是云网络的标志性产品，标志着云网络的诞生。

什么是云网络？

从特征上来讲，云网络就是具备云特征的网络，这些云特征包括自助、按需、共享、弹性等。这些云特征同时意味着将变革用户使用网络的方式，能让用户像使用虚拟机一样使用网络，按需开通、按量计费、自主管理等。

从定位上来说，云网络是云计算时代的高速公路，为用户提供稳定可靠的连接，通过全球化的网络资源使用户的业务触达全球，同时，云网络的极致弹性和超强性能能持续降低网络连接的成本，并且通过智能化可简化网络的运营和管理工作。

经过十年的发展，阿里云成功地走出了一条自主研发的云网络道路，洛神云网络也服务了各行各业的千百万客户。洛神云网络从 1.0 的云数据中心网络演进到 2.0 的广域网络，再到当下的云网络 3.0——应用—云边一体网络。云网络的范围在不断延伸，产品体系愈加完善。

技术上，洛神云网络平台持续投入重兵研发，从 SDN 控制器技术到高性能转发技术，再到弹性网元技术，从基于 x86 服务器和 DPDK 构建基础转发层到基于软硬件一体技术构建基础转发层，从基于 x86 服务器构建网元到基于 CyberStar 弹性网元平台构建网元，等等。洛神云网络平台逐渐形成了自己的技术体系，成长为业界领先的超大规模、超强性能、超高弹性的云网络平台，这也是阿里云的核心竞争力之一。

云网络改变了企业购买和使用网络的方式，从租赁机房、购买网络设备、命令行配置转为直接线上购买、通过控制台和 API 管理的云网络。很多传统网络集成商和服务提供商也开始基于云网络提供服务，转型为 MSP。随着越来越多的用户上云，云网络正在成为网络生态新的关键一环。

展望未来，云网络作为云计算的高速公路，仍将在规模、性能、弹性、易用等维度持续耕耘，同时，随着云原生、5G、IoT、边缘计算等技术的发展，云网络在云原生网络、IoT 上云网络、边缘网络等领域也面临很多挑战和机遇。

随着越来越多的应用集中到云上，云网络面临前所未有的历史机遇，那就是和应用深度融合，产生更大的协同效应，最终实现云网一体，从而打造成为技术领先、极致体验的智能云网络，加速万物上云，连接数字世界。

《云网络：数字经济的连接》是阿里云团队历时半年多打造的业内首本云网络图书，是阿里云多年来对云网络的理解、研究和实践的总结。本书介绍了云网络的概念、产品及技术体系、解决方案和行业实践，以及对云网络的未来展望等。相信本书的出版不仅对网络从业者和用户有参考价值，对网络产业的发展促进也有重要的意义。

前　言

经过十多年的发展，云计算已经作为中国经济发展的基础设施，迎接着数字经济时代的全面到来。在线化、实时化、数字化和智能化是当下企业生存必备的能力。云网络，则为企业能够更快地发现并应对市场变化，更敏捷地交付产品，更全面地了解用户铺就了一条"高速公路"。

云网络，利用底层物理基础网络设施，将分布在中心云、边缘云、专有云的算力和存储资源按需、弹性、自助、可计量地连接在一起，有力地保障了企业应用分布式多活的云部署，从而使得企业的业务持久永续运行。

云网络，实现云原生应用的弹性伸缩，采用分布式、**DevOps** 的云原生架构加速企业应用的开发与部署效率。

云网络改变了网络服务提供的商业模式，企业可直接按需购买云网络服务，在几十分钟内就可搭建全球互联的分布式、高可用系统。

云网络，帮助企业构建数字化生态，让企业应用不再是孤岛，让业务触达全球。

云网络，在网络连接世界中创造了一片新天地。每个人、每家企业都想进入，那么人们会对到底什么是云网络、如何搭建云网络、如何用好云网络等问题产生好奇。作为业界领先的云厂商，阿里云召集了阿里云云网络各条战线上的资深技术专家，用了大半年的时间将自己对云网络的理解整理成这本书，期望向读者系统地呈现云网络的概念、产品、技术、方案、发展进程。

云网络是一个全新的领域，这本书的写作对于我们也是全新的挑战。在本书写作过程中，我们三次调整优化图书架构，内容上经历了数次推翻再重写的过程，同时也得到了阿里巴巴集团的基础设施网络、安全团队、云原生团队、神龙计算团队的大力支持。我们坚持以做云网络产品的态度来写这本书，希望读者能够如使用云网络一样弹性、自主地选择本书某一章或某些章阅读，从中获益。

◎想知道究竟什么是云网络及其今生来世的读者，可着重阅读第 1 章，本章回顾了 IP 网络发展的历程，从云计算的视角定义云网络的特征与商业模式。

◎对云网络产品体系感兴趣的读者可以阅读第 2 章到第 7 章。这部分介绍了阿里云网络产品发展的三大阶段，即云数据中心网络、跨地域网络、混合云网络，以及每个阶段对应的产品及应用场景，之后的域名解析和云网络安全也是云网络的重要组成部分，需要读者重点关注。

◎有一定的产品基础知识，期望深入了解云网络技术实现的读者可以阅读第 8 章。不同于计算虚拟化将计算划分为更细粒度的资源，云网络将整个网络基础设施作为一台巨大的设备，因其技术体系颇为复杂，我们试图用一章来简明扼要地介绍其中的关键之处，希望读者清楚其中概要，做到心中有数。

◎需要对企业网络进行整体规划，实现应用上云的架构师可以阅读第 9 章。本章向读者介绍如何进行云网络的架构设计，如何将企业的物理网络与云网络进行连接，如何利用传统物理网络不具备的能力实现全球互联。在解决网络连接的基础上，可以利用云原生网络支持弹性分布式的云原生应用架构。在此基础上，我们列举了当前各行业在阿里云上的云网络方案最佳实践，可帮助读者根据自身企业的应用需求进行方案设计。

◎企业网络与 IT 基础设施管理人员可了解第 10 章。本章介绍了基于云平台的智能化技术，如何对海量网络节点进行 DevOps 升级、监控运维、持续运营。这应该是云网络广受欢迎的原因之一，将网络工程师从"脏乱差急"的工作环境当中解救出来，轻动鼠标即可轻松维护大规模分布式企业应用。

云网络是一个系统化工程，对于这本书，我们写作团队历时近 6 个月的时间倾力而为，从中可以看到其复杂程度。再加上云网络目前仍没有清晰的产业标准，各云厂商发展历程不同，在产品定义上存在一定的差异，书中难免存在不足之处，还请读者见谅！

云网络跟随云计算技术正在向"云—网—边—端"持续演进，迎接已经到来的万物互联的时代。请读者将这本书作为一个起点，跟随我们一起探索未来更多的可能性，帮助更多企业建立数字化的云连接。

目 录

读者服务

微信扫码回复：41121

· 限时免费加入阿里云云网络人才赋能计划，100+ 课程免费领取

· 获取专家在线对话"揭秘云计算内功修炼之道"直播视频回放。

· 加入本书读者交流群，与作者互动。

· 获取各种共享文档、线上直播、技术分享等免费资源。

· 获取博文视点学院在线课程、电子书 20 元代金券。

第 1 章
云网络的诞生

当下，计算机网络（Computer Network）已经成为海量应用程序及服务的连接基础。企业唯有掌握充足的算力、网络连接能力，以及数据存储能力，才能获得商业战场上的战略制高点。云网络不仅改变了计算和应用的部署方式，而且重构了未来网络的基础设施，让企业可以像使用水电一样使用算力，贴近客户，连接商业伙伴，快速构建和提升商业服务能力。越来越多的企业服务与应用因由云而生、依云而建的云网络而改变。

1.1 什么是网络

网络在当今的生活中无处不在，究竟什么是网络呢？

数据从源节点通过设备之间的连接（链路）送达目的节点。源节点与目的节点通过各种线路、设备（转换）装置连接在一起构成的数据链路就是网络，如图 1-1 所示。

图 1-1 简单的网络模型

当下主流的 TCP/IP 网络，是以"编址＋路由"的方式传递数据的。整个过程涉及以下几个基本概念，如图 1-2 所示。

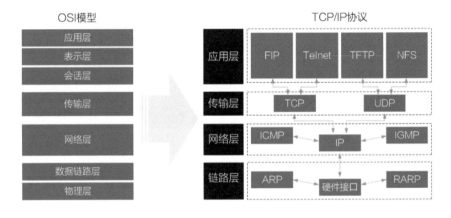

图 1-2 TCP/IP 网络模型

1. 编址

在 TCP/IP 网络中，通常会用 IP 地址、域名地址、MAC 地址来描述数据报文的目的地。IP 地址是 IP 协议提供的一种统一的地址格式。因而互联网上的每一个网络和每一台主机都有一个逻辑地址，以此来屏蔽物理地址的差异。由于 IP 地址具有不方便记忆并且不能显示地址组织的名称和性质等缺点，所以，人们设计了域名，并通过域名系统（Domain Name System，DNS）将域名和 IP 地址相互映射，让人们更方便地访问互联网，而不用记住能够被机器直接读取的 IP 地址串。而 MAC 地址（Media Access Control Address）称为以太网硬件地址（Ethernet Hardware Address）、以太网地址（Ethernet Address）或物理地址（Physical Address）。在 OSI 模型中，第三层网络层用 IP 地址进行寻址，IP 地址用于在网络中标识一个网络或者一台主机。数据链路层用 MAC 地址寻址,标识一个网络接口。一个网络设备具有一个或多个网络接口。

将 IP 世界的编址方式与邮政快递系统进行类比。通常,我们发送包裹时会写上收件人地址,例如"北京市朝阳区绿地阿里中心 B 座,小明,手机号",这与域名地址类似。这个地址会被翻译为一个实际可送达的地址"北京市朝阳区望京东园四区 9 号楼,阿里小邮局,小明,手机号",这就是一个明确的可寻址的 IP 地址。而当快递被送到阿里小邮局后,系统会查找小明的手机号,给他的工号发一封邮件。这个过程就是将公网可达的 IP 地址翻译为内部 IP 地址(工号)。最后,由某个员工将这个包裹送到小明的工位,这个工位与 MAC 地址对应,是在内部可寻址的唯一地址。

2.DNS 域名解析

DNS 服务器是将域名地址翻译为 IP 地址的设备。IP 地址分为公网 IP 地址和私网 IP 地址。只有网站将公网 IP 地址在域名注册商那里注册了之后,用户才能通过域名访问网站,私网 IP 地址只能私网内部访问,如图 1-3 所示。当快递员将货物送到客户手上时,会打电话找到客户,这相当于获得了公网 IP 地址。如果该公司有小邮局,则需要由小邮局通过内部邮件通知收件人,以避免内部的人员直接面向快递员,导致工作被打扰。在 IP 世界里,负载均衡或 NAT 设备便起到了小邮局的作用,它们将公网 IP 地址翻译为内部应用服务器的私网 IP 地址。

图 1-3 DNS 域名解析

3. 数据

有了网络层的地址,接下来就是对数据进行打包传输。通常会使用传输控制协议(Transmission Control Protocol,TCP)和用户数据包协议(User Datagram Protocol,UDP)。通常大家关注的是应用层协议,包括超文本传输协议(HTTP)、远程登录服务协议(Telnet)等,并不关心传输层 TCP 或 UDP。只需要这样简单地理解:TCP 相当于 EMS,有确认机制,信件的传递是有保障的;UDP 相当于普通包裹,在传输过程中可能丢失。

4. 路由

包裹打包完成后，需要选择合适的运输工具，比如面包车、大货车等。由于不同工具的承载量不同，需要对货物进行分包。运输包裹的汽车、高铁、飞机，类似于网络中的骨干网络、专线网络。报文传输会经过多种设备，每一步都在进行路径的选择，即路由。

5. 交换机

报文从主机网卡发出后，用到的第一个网络设备是交换机。交换机查询报文以太网头的目标 MAC 地址，然后往该 MAC 地址所在的端口或主机发送报文。通常在同一个网段内的主机都是通过 MAC 地址来通信的。主机通过 ARP（Address Resolution Protocol）喊话的广播方式来获得对方的目的 MAC 地址，然后发送单播报文。当目的 IP 地址不是同一个网段的主机时，MAC 地址默认为网关（路由器）的地址。

6. 路由器

在报文传输链路的每个十字路口，路由器都会根据报文的目标 IP 地址查询路由表来找到合适的出口。如果发现出口的带宽最大传输单元（Max Transit Unit，MTU）小于报文长度，那么路由器还会进行 IP 分片处理。这是所有网络层 IP 转发设备都具备的功能。当报文标签设置了不能分片的标志时，路由器会把 MTU 值通过 ICMP 返回给源主机，让它重组一个合适长度的报文再进行发送。

7. 防火墙

当源 IP 地址是私有地址，又需要访问公网 IP 地址时，会用到 NAT 地址转换设备，如防火墙设备。通过其源 IP 地址转换（Source Network Address Translation，SNAT）能力，将源/目的地址为私网的报文发送到公网，再经过运营商网络，继续送至数据中心中的应用服务器，完成整个数据链路的传输。为了保护应用服务器免受恶意攻击，通常需要部署防火墙及 DDoS 防护相关设备。

8. 负载均衡

当报文到达应用服务器前，通常需要使用负载均衡（Load Balance）设备对报文进行分发。通常负载均衡服务器会根据后端的负载（会话数/内存）情况，采用轮询法（Round Robin）、最小连接数法（Least Connections）、源地址哈希法（Hash）等算法选择真实的服务器。如前文所述的小邮局，它会将报文的目标地址进行 DNAT 转换，修改为后端真实的服务器私网 IP 地址。同时，为了让回程报文返回到相同的负载均衡设备，会将报文的源 IP 地址做 SNAT，修改为负载均衡服务器的 IP 地址。

经过转换的报文再由路由器设备根据目标 IP 地址所在的路由器出口及路由器中的 ARP 表，重新设置目标主机的 MAC 地址，然后由交换机根据目标 MAC 地址将报文送到主机的网卡。至此一个完整的报文在 IP 网络中传送完成。图 1-4 展示了交换机、路由器、防火墙、负载均衡之间的关系。

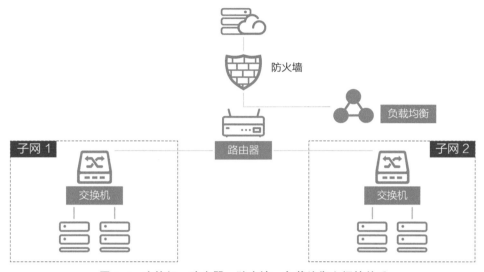

图 1-4　交换机、路由器、防火墙、负载均衡之间的关系

1.2　网络发展驱动应用变革

网络的每次变革与进步，都极大地改变了数字化应用的呈现方式，推动互联网从 PC 互联网、移动互联网到万物互联网的变迁。网络触发的整个产业的布局和竞争是"芯片＋操作系统＋应用"生态的竞争。深刻洞悉网络的发展趋势，对于把握时代脉搏、抓住业务发展机会至关重要。

1.2.1　从局域网到 Internet，带来 PC 的互联网普及

PC 互联网时代发源于美国。3COM 发明网卡，开启了局域网互联时代。思科通过对带宽和路由器的创新，让网络从局域网变成了 Internet。随着越来越多的人需要上网，PC 终端大量普及。在硬件普及后，一大批为 PC 提供互联网应用的名字为 .com 的公司融资上市。2000 年，当 PC 硬件终端（微软操作系统）的渗透率与流量增长接近瓶颈时，美国 PC 互联网泡沫破灭。PC 互联网造就了美国思科、微软、

雅虎等公司的传奇。

中国的互联网时代来得晚一些，直到 1996 年，Windows 95 才逐渐取代 DOS。一批以 Windows 为载体的互联网应用公司，如 3 大门户网站（搜狐、新浪、网易）、电商（阿里巴巴、京东）、社交平台（腾讯）、百度在 1998 年前后诞生，中国正式进入 PC 互联网时代。那时，中国的家庭用户还只能依靠综合业务数字网（Integrated Service Digital Network，ISDN，又称"一线通"）拨号上网。那时的网络以时长计费，为了节省花销，大家通常设置 2 分钟无流量就断网。在一阵吱啦乱响的拨号声后通过小得可怜的 128Kbit/s 带宽上网冲浪。直到 2000 年，中国 ISDN 的用户才达到 69 万户，2001 年达到 93 万户。2001 年，非对称数字用户线路（Asymmetric Digital Subscriber Line，ADSL）宽带业务在中国启动，宽带用户数量急剧增长。2001—2004 年，宽带用户的复合增长率达到了 289.8%，2004 年年底就达到了 2385.1 万户。宽带业务的增长，带来了互联网用户数量的暴增，人们能够通过互联网购物、玩网络游戏、观看视频。2020 年，固定带宽用户数超过 4.5 亿，100Mbit/s 带宽用户数达 3.89 亿。我们已经不再为家庭宽带的速率发愁，一切设备正在变得无线化、移动化。

1.2.2　无线网络带宽提升造就移动互联网时代

2007 年，乔布斯发布移动互联网终端——iPhone，掀起了移动互联网革命。移动互联网启动的底层基础是 3G 网络的覆盖，Wi-Fi 网络的大规模发展进一步推动了数据流量成本的下降，最终实现了 24 小时在线，这让流量比 PC 互联网时代呈现了指数级增长。

网络先行，硬件终端渗透率跟上，然后软件应用大爆炸。随着国产 Android 手机相继发布，2011 年，中国的移动互联网迎来大爆发。2013 年 12 月，中国 4G LTE 开局，可提供下行 100Mbit/s、上行 50Mbit/s 带宽，流量资费的降低让图片、视频的分享成为现实。

移动互联网时代，内容传播的形式从文字转向图片和视频，一批短视频与直播应用应运而生；网络速度提升，内容爆炸式增加，成就了一批内容筛选和精准推送的应用程序。移动终端提供的位置服务能力，使线上线下融合成为可能，各种旅游出行、打车软件、共享自行车、本地生活、移动支付应用成为生活的一部分。

1.2.3　万物互联开启以云计算为中心的产业互联网时代

2020 年，随着 5G 网络的到来，所有的电脑、手机、智能终端，都将连接到一起，进入万物互联的时代。从 PC 时代到移动时代，再到万物互联时代，每个时代形成之后，生态在一开始都是高速变化的，然后趋于稳定。PC 时代，人们基于

Windows、Intel 芯片和 x86 建构应用。移动时代，人们基于 ARM 的 iOS、Android 系统建构应用。进入万物互联时代，新芯片架构，如 AI 芯片，会产生新的操作系统和应用。

从"芯片＋操作系统＋应用"的技术角度看，万物互联时代，芯片和操作系统花落谁家，仍然未定。这里的操作系统不仅指端上智能硬件的操作系统，还泛指万物互联"云＋管＋边＋端"的操作系统组合。从产—供—销—研的产业角度看，产业互联网是商业互联网（会员营销—O2O 零售—批发分销—厂家订货）、工业互联网（区域集群协同生产—设备资源调度—B2B 原材料采购—全球研发设计协同）两部分的和。商业互联网在移动互联网时代已经建立，而工业物联网则需建立在工业软件和云计算厂商提供的如 IaaS、中间件、大数据、人工智能、IoT 平台等企业互联网基础设施之上。

每一代互联网相比上一代，在设备的数量和市场的规模上都会有巨大的增长，这是未来的机会所在。每个成功的企业都应该充分理解并应用不同时代的网络连接能力。

1.3　云网络让"算力共享"成为现实

正如前所述，网络的变革带动了整个产业的巨变。为了更好地理解网络所孕育的能力，本节从技术角度阐述，随着算力、存储介质、终端的变化，为传递数据而生的网络连接方式的变化。

1.3.1　多租户网络带来低成本计算力

CPU 是信息时代算力的基础，从 1971 年 Intel 推出第一款处理器到 2006 年的 30 多年间，一直沿着摩尔定律前行——集成电路上可以容纳的晶体管数目大约每经过 18 个月便会增加 1 倍，晶体管密度和主频处理器提高的性能每隔两年翻 1 倍。当 Intel 的 CPU 主频在 2004 年达到 3.8GHz 以后，由于散热瓶颈，十几年来就止步不前。提升处理器性能的解决之道在于架构优化，特别在采用多核处理器之后，应用软件不能再使用单体进程依赖 CPU 主频来提升性能，而是使用计算虚拟化技术，因此在服务器变成了多个虚拟机后，我们就通过在物理服务器中虚拟化交换机来实现连接。第一个网络虚拟化设备——虚拟交换机诞生了。

随着大数据、人工智能技术的发展，新的芯片产品，比如 GPU 和具备可编程能力的 FPGA 承担了更多的计算任务。虚拟交换机的发展也从 10Gbit/s 服务器时代的内核态交换，发展到 25Gbit/s 网卡时代的用户态交换；到 100Gbit/s 服务器和异构计算时代，则需要采用网卡硬件卸载以提升交换转发性能。高性能的虚拟交换机使得多个租户或应用共享服务器资源成为可能，降低了获取算力的成本。

虚拟交换机的诞生支撑了计算虚拟化，此时数据中心的整个网络还是被多个应用和租户共享的，这对专有云来说问题不大，但对公共云来说就存在不同租户间相互攻击的风险。下一个任务是把数据中心内的路由器、防火墙虚拟化，让企业都可以有自己的 VPC（虚拟专有云）。在公共云上，大家发现 VPC 是免费的，不需要购买交换机、路由器、防火墙就可以在几分钟内完成云数据中心的搭建。为了支持更多的客户使用，云计算提供的转发性能要远远超过各个企业自建性能的规格，使得企业可以非常低的成本获得更高性能的转发。

1.3.2　云网络是云计算弹性的基石

云计算的弹性有几个层面的含义：一是底层资源可以按需无限制地获取；二是要求云提供的各种服务，如 OSS、RDS 等，随着资源的增加，性能也是线性提升的；三是客户自身的业务处理能力在对外接口不变的情况下，也能线性提升。移动互联网时代，用户行为的不可预知，如明星的八卦新闻、双 11 的电商抢购、春节几十亿人次购买火车票等，要求应用必须具备弹性能力。

这种弹性能力要求网络在几个关键节点上的性能是可以灵活增加的：首先是对外提供服务的单个 IP 地址的带宽和安全防护能力；其次是负载均衡可弹性扩展能力，将突发的新增请求分发到成千上万个后端并行处理；最后是后端并行计算的节点需要在不同服务器间进行信息的交换和协同，应用不再关心主机的部署，虚拟路由器为东西向流量提供线性的路由功能。

1.3.3　云网络连接让算力无处不在

云网络对连接不同数据中心的核心路由器进行虚拟化，应用可以跨多个城市进行数据备份、多活部署。例如，在金融行业的两地三中心高可靠场景中，企业不再租用昂贵的长途专线，十几分钟就可以建成底层高可靠的连接环境。对于游戏、直播等时延高度敏感的业务，企业可以服务端就近部署，通过云上数据中心互联能力进行数据同步。

对于需要边缘节点本地处理的业务，如视频缓存，云网络连接到边缘计算节点，可支持云、边协同。对于需要全球服务的应用，如各种旅游生活类应用，可以利用边缘节点进行访问加速。

云网络还通过 SD-WAN 技术将网络虚拟延伸到终端设备，通过虚拟化技术保障了企业数据的安全性和可靠性，让企业快速实现总部、分支、移动办公到云计算的无缝连接。

对于各种 IoT 智能终端设备来说，开放公网很容易受到安全攻击，云网络提供的虚拟连接能力，将安全防护能力集中在云上进行部署。云上的 IoT 服务器也可以通过内网对各种终端进行巡检。

1.4　云网络是未来的网络基础设施

1.4.1　什么是云网络

到底什么是云网络？它和传统的网络有什么不同？当云计算把分散在各企业的算力与存储资源集中起来，并向企业、分支、IoT 终端、家庭、个人移动端传输数据时，基于云连接构建的云网络就是一个面向企业租户和应用的虚拟网络。云网络基于数字经济的云平台，建立面向计算、存储、终端、应用的连接。

云网络具备云计算资源共享弹性伸缩、自助服务、可计量、连接无处不在、兼容性的特征。云网络并不是要重建一个新的网络来取代现有的网络基础设施，而是通信技术（Communication Technology，CT）与信息技术（Information Technology，IT，这里主要是云计算技术）融合的产物，是资源＋技术＋产品＋服务的完整商业体系。接下来，从多个视角来解读由云网络引领的 ICT 融合。

1.4.2　云网络具备云的特征

云网络应该具备的能力如下所述。

1. 资源共享

为了实现资源共享，网络必须虚拟化并安全隔离，这里会用到 Overlay 技术。前面讨论过，网络的技术本质是"编址＋路由"，Overlay 的编址是在数据报文编址上叠加一层租户标识，现在通常使用 VxLAN 技术，在租户报文上增加了 IP+UDP+VxLAN（租户 ID）。其实这个技术并不新鲜，早在 2G、3G 移动网络时代，就使用 GTP（GPRS Tunnel Protocol）来承载手机用户的报文，这样无线核心网络 GGSN/SGSN/RNC 之间的路由器不用感知手机终端地址，大大节省了路由表地址空间。使用 VxLAN 技术对云网络进行编址避免了对物理网络设备（交换机、路由器）的升级。在路由层面是实现路由器表的隔离，这就要求云网络向每个租户均提供虚拟的设备（如虚拟交换机、虚拟路由器、虚拟防火墙、虚拟负载均衡等）。由于多租户共享了物理网络，所以保障每个租户间的 QoS、限速和调度能力尤为重要。

2. 弹性伸缩

网络处理能力主要由转发能力与控制能力决定。对于传统设备来说，转发单板即接口处理板用于处理转发，通常有多块。控制单板用于路由的学习与配置下发。为了保证可靠性，控制单板采用 1+1 主备部署。传统设备买回来，处理性能就确定了。为了实现弹性伸缩，需要将控制面与转发面分离部署，并且采用集群的方式支持扩展。从软 / 硬件的体系结构看，对于复杂的 4~7 层协议，如 DNS 防火墙协议解析、会话识别、负载均衡 HTTP 处理、会话保持、VPN 的协商协议连等都适合采用 CPU 软件实现。对于 2~3 层交换、路由、无状态的 ACL 过滤，采用硬件对算法进行固化性能更高。云网络的虚拟设备分布式部署后，可以采用集中的流量调度进行网络资源的优化。

3. 自助服务

自助服务是从用户视角看到的云网络与传统网络的最大区别。传统网络采用分布式智能控制，支持人一机接口对多台设备进行配置，需要专业网络管理员通过 CLI（Command Line）命令行进行配置。而云网络支持机一机接口，可实现集中管理。通过编程或者集中的控制台就可以完成网络搭建。

4. 可计量

云网络改变了原有设备的购买方式。传统网络设备商会根据路由器、交换机等设备的性能规格、功能特性、维保进行收费，因此，有的企业即使设备利用率不到 30%，也会超额购买。而云网络借鉴了 CT 领域按量计费的方式，支持采用预付费或者后付费方式，根据企业实际使用量进行收费。因此，云网络针对每个租户的处理能力、转发的流量进行定时打点计费、出账单。

5. 连接无处不在

传统网络时代，厂商通过多年的积累，沉淀了很多标准，各品牌设备是可通信的。云网络时代，只需将各云厂商提供的云网络看作一台超级路由器，在边界上通过标准协议与传统网络实现对接，利用云网络资源的广泛覆盖和渗透力，实现无处不在的连接。

6. 兼容性

兼容性是云网络技术保持旺盛生命力、快速发展的基础，与现有的物理网络在对接标准上求同：一是由设备购买方式走向服务购买方式；二是在网络体系上，从分布式智能走向集中智能；三是在配置方式上，由人一机分布式（Command-line Interface，CLI）配置走向机一机（Application Programming Interface，API）集中配置；

四是在处理性能上，由固定配置走向集群化、分布式部署。

1.4.3　云网络改变商业模式

在传统的购买方式中，提供应用服务的企业为了搭建数据中心，需要购买各类软硬件及服务，包括向集成商购买咨询与交付服务；向多家设备商分别购买交换机、路由器、防火墙、负载均衡设备、服务器（含网卡）、维保服务；向云计算软件厂商购买或利用开源搭建虚拟化环境；向多家运营商购买带宽与专线。这需要漫长的协调和沟通过程，会耗费大量的时间与精力。

当云网络出现后，有技术能力的互联网企业，可以根据应用部署的规划，直接在控制台或者通过程序调用云网络 API，很快完成部署。技术能力欠缺的企业，也可以通过找到管理服务提供商（ Management Service Provider，MSP ）来完成云环境的搭建。

通过云网络的服务化提供方式，企业可获得许多在传统网络中无法获得的能力，例如，全球部署的互联与加速能力，云—管—边—端的连接能力，应用的实际使用量与网络服务质量的感知能力、总部、分支、移动办公等向云的平滑迁移能力等。

在采用云服务后，网络工程师不再需要获得各种设备厂商的认证，但需要了解计算、安全、数据库、大数据、AI 等基础知识，懂得应用部署方式，才能更好地进行网络规划与设计，可以通过编程根据应用需求灵活调度网络服务。

1.4.4　DevOps 变革产业生态

在构建网络时，传统运营商首先要考虑互通标准以降低总体成本。形成标准的时间很长：回顾从 2G 到 5G 的发展历程，基本上从标准制定到商用需要 5 年以上的时间。网络设备的发展经历了技术、竞争、场景的不断叠加，在特定场景中会发现某类网络设备中包含了很多无用的功能。

为了提升服务发布效率，云网络采用了自研方式。以开源 OpenvSwitch 为例，为了避免对 Linux 内核的改造，充分复用 Linux TCP/IP 协议栈的特性与能力，然而 OpenvSwitch 在内核上的处理性能并不理想，在 10Gbit/s 服务器时代还可勉强应付，但升级到 25Gbit/s、100Gbit/s 以后就难以维持了。为了提升转发处理性能，软件与硬件的结合给网卡芯片、交换芯片提供商带来了新的机会与挑战，从而促使云网络产品快速发展。

云网络的技术架构与开发模式，对传统的物理网络设备带来一些冲击，主要包括交换机、路由器、负载均衡和防火墙等。由于服务器与存储间的物理连接依然存在，对物理交换机、路由器的影响有限，依然要求它们具备高性能、低时延的转发性能。由于云网络中的虚拟交换机采用 VxLAN 等 Overlay 技术，对物理交换机的表项要求变小了。当复杂的应用协议层被剥离到云网络虚拟化层后，物理连接层尽量减少使用二层部署，以避免随之而来的环路问题。同时，对底层物理交换机的功能需求会减少。为了提升运维效率，要求物理网络的监控功能提升，由人—机 CLI 转变为 API，以实现机—机监控。但由于各厂商的标准不统一，交换机有被云厂商白盒化的趋势。云网络对于 4/7 层防火墙、负载均衡等网络设备的冲击尤为巨大，简单地把传统的设备进行软件化，并不能带来弹性伸缩能力，很多原有的 4/7 层网络设备正被取代。

由于采用了 DevOps 方式，云厂商同时具备开发与运维的能力，可以根据实际运维过程中的需求，在开发时快速提供管理接口。由于涉及众多租户和应用在线不间断使用的问题，靠人使用脚本方式来管理已经不可能，要以更智能的方式对网络进行监控、故障逃逸、版本升级管理。云网络要求在新、旧版本之间进行平滑升级与回滚。

对企业来说，管理运维云网络的方式也发生了巨大的变化。因为已经看不到实体设备，很多网络的管理工作交给了云厂商，但是依然需要从应用的视角去感知网络的质量与故障，进行应用层的可靠性保障。

在过去的 10 年间，大部分的互联网企业已经将应用部署在云上，充分利用云网络的能力为消费者提供服务。云计算已经成为互联网时代的基础设施。变革已至，未来已来。企业上云，网络先行，云网络必将携互联网新技术惠及各行业。

第 2 章

云网络产品体系

云网络改变了用户购买和使用网络的方式。用户不再需要购买硬件设备,而是通过购买云网络产品和服务来满足业务需求。因此,在云计算时代,用户使用网络,实际上是在使用云网络产品。

2.1 云网络产品体系的演进

云计算驱动云网络的诞生。云网络是随着云计算的演进而发展的。纵观整个云网络的发展，截至 2020 年，大概可以分为四个阶段，云网络 Beta，即云上传统网络；云网络 1.0，即云数据中心网络；云网络 2.0，即云广域网络；云网络 3.0，即应用一云一边一体网络。

1. 云网络 Beta（2009—2014 年）：云上传统网络

这是云网络的早期阶段，被称为传统网络或经典网络。虽然历时较长，但在产品方面并没有大的变革，主要提供的相关产品是负载均衡、公网 IP 地址、私网 IP 地址、DNS 和 DDoS 防护服务。这一阶段云网络产品最大的变化是支持虚拟机私网 IP 地址和公网 IP 地址。

众所周知，传统网络都是基于网卡、网线 / 光纤和交换机 / 路由器的连接组建起来的，而云上传统网络相当于由虚拟化主机与传统网络组成。随着企业级用户上云，以及云上用户越来越多，云上传统网络逐渐暴露了在安全隔离、规模性和特性丰富度上的缺陷，并且，这些缺陷被逐渐放大，不管对用户还是对云服务商来说，都不能满足业务发展的需求。

对云服务商来说，首先，随着虚拟化技术的发展，单物理机的业务虚拟比在逐步提高，对网络设备提出了非常高的要求，很难找到满足业务虚拟比的网络设备了。其次，我们知道，网络设备都是有规格的，比如支持的 MAC 表或 ARP 表的数量等，超出或者逼近规格上限就会造成网络业务的不可用。主机虚拟化，使得在传统网络里面经常发生的广播风暴和组播风暴，在经典云网络中发生的概率提升了数十倍。一旦引发广播风暴，用户就会遭遇网络的不稳定、批量宕机等问题。支持单个用户的超大规模网络，一直是经典云网络的短板之一。云上传统网络的安全隔离是另一个让人头疼的问题。租户和租户之间需要很强的安全隔离策略，而这些安全隔离策略必须通过传统网络的访问控制能力（ACL）来实现。网络设备的访问控制能力是很重要也很脆弱的，从访问控制能力被使用的第一天开始，生产系统一上线就引发了无数的问题。在大规模分布式系统里，安全有效地管理各种网络设备的 ACL 功能，一般都被认为是不可能完成的任务。此外，还有迁移域过小导致成本增加等一系列问题。

随着更多用户上云，尤其是大型互联网企业和传统企业上云，用户对云上网络管理的需求也与日俱增。比如，用户在云上多地域部署业务，需要多地域内网互通，或者把云下 IDC 和云上网络互通，构建混合云等，而当时云上的传统网络服务方式都难以满足这些需求。

因此，不管是用户，还是云服务商，都迫切需要对网络进行创新以满足业务的发展。2014 年，阿里云发布了虚拟 VPC 产品，标志着云上网络进入了新的阶段。

2. 云网络 1.0（2014—2015 年）：云数据中心网络

云数据中心网络的代表产品是 VPC。VPC 是对云上传统网络在安全性和灵活度上的全面升级，赋予每个用户独立的地址空间完全隔离的网络。和云上传统网络完全不同，用户不仅使用这一网络，而且具备配置这一网络的能力。

最重要的当然还是对安全隔离性的提升。VPC 的产品一般基于隧道技术实现，不管是标准的 VxLAN 还是 GRE 隧道，不同用户的流量都只在各自的隧道里流动，在默认情况下是不能互通的，就好像是大家都在不同的平行世界，彼此之间互相不认识。相比经典云网络不同租户都在同一个网络里面，靠设备的访问控制能力来隔离，VPC 的隔离和安全能力提升了不止一个等级。

和传统网络类似，VPC 的用户默认获得一台虚拟的路由器，可以通过在路由器下创建虚拟的交换机来配置子网。实际上，用户可以根据不同业务的网络域来规划网络，例如把开发的服务器可以放到虚拟交换机 A 下，测试的服务器可以使用虚拟交换机 B。在不同的虚拟交换机上，还可以绑定不同的路由表（Route Table）和访问控制列表（ACL），应用不同的安全策略和路由规则，满足中大型企业级用户的需求。在 VPC 里，用户可以把丰富的云服务，例如数据库服务（RDS）放到某一个虚拟交换机下作为一个节点存在，受网络安全策略的管理。

VPC 虚拟机的公网能力相对于经典云网络提升了灵活度。在 VPC 里，公网 IP 地址不再作为 VPC 虚拟机的内部固定能力，而是作为独立的云网络产品——弹性公网 IP 存在。用户可以根据需要自由地绑定弹性公网 IP 到虚拟机或服务上，不需要时可以解绑释放。

VPC 的网络功能也得到了丰富。在传统网络里，网络设备上普遍存在多个内网设备共用一个 IP 地址来访问公网的产品形态；在 VPC 里，同样存在类似网络功能的产品，几大云厂商一般称之为网络地址转换网关，即 NAT 网关，来满足用户节省 IP 地址、屏蔽内网拓扑的需求。此外，还有负载均衡 SLB 等主要产品组成云数据中心网络产品矩阵。

3. 云网络 2.0（2015—2020 年）：云广域网络

云广域网泛指混合云网络和多地域互联网络。

混合云网络

对于很多中大型的用户，尤其是在线下已经部署了业务的用户来说，云计算仍然是一个新兴事物，完全接受云化是一个很难的抉择。同时，云化本身是一个长期的过程，一定存在一个云上和云下同时部署业务的中间态。这种中间态就是混合云，即把云上 VPC 和云下的 IDC 连接到一起，成为一朵云。Gartner 的成熟度曲线显示，2015 年，混合云开始成为趋势，各大云厂商也开始了对混合云产品领域的布局。中大型的企业用户使用物理专线的方式，通过就近机房的阿里云专线接入点，与云上建立网络连接。通过这根专线，用户可以完成逐渐上云的过程。还有部分用户把业务同时部署在云上和云下，让云上和云下形成互为备份的关系，或者让云上作为云下处理突发事件的扩容节点来进行按量的使用和弹性扩容，这样就取得了可靠性和成本的平衡。

随着混合云的理念越来越被大家接受，专线的高成本成为拦路虎。这个时候，在传统网络的办公网络互连中普遍使用的一种网络设备——VPN 网关也进入了云网络的产品体系，成为中小企业建立混合云的标准的低成本的产品方案。但是，VPN 网关也存在不少问题，例如配置和诊断非常复杂，尤其是在和线下很多网络设备商的设备进行对接的时候，各种各样的问题都会出现。另外，VPN 网关一般基于互联网的连接，互联网本身的稳定性相比专线差了不少，这也是低成本的 VPN 网关的双刃剑。

2018 年，阿里云网络基于 SD-WAN 技术发布了云接入网产品智能接入网关 SAG：基于云端一体的产品体系，一方面 SAG 主打免配置，解决 VPN 网关配置复杂的问题，同时提供设备、应用、SDK 和镜像的多种产品形态，全面覆盖用户应用场景；另一方面，结合自研的协议优化和前向纠错 FEC 技术，SAG 有效弥补了互联网的不可靠抖动这一缺陷，极大扩展了基于互联网的 VPN 技术的应用场景。

多地域互联网络

随着云上用户业务的发展，多地域部署业务系统势在必行。特别是随着全球化趋势的兴起，很多用户开始基于云在全球部署业务系统，最终衍生了云网络的重要的产品体系——多个地域 VPC 的网络互联。

用户的实际需求不尽相同，部分用户希望通过云上的 VPC 网络，进行子网之间的路由连通，对这类用户，云网络一般提供对等连接产品。用户可以在自己的多个 VPC 之间建立对等连接，配置到对端的路由表项，这样就可以把两端的 VPC 内的子网连通起来了。

2017 年，传统企业开始出海布局，以游戏、在线教育等为代表的互联网应用业务的全球化大规模兴起，多地域和超大规模开始成为全球化业务的典型特征。原本的对等连接产品在连接多个 VPC 时开始力不从心，用户只有进行非常复杂的配置，才能建立一个多于 10 个 VPC 的网络连接。但当用户同时使用了混合云网络时，这种复杂度更是超出了一般用户的运维能力。

阿里云同年对多个 VPC 网络互联的产品性能进行了升级，推出了全新的云企业网产品，主打多地域、多 VPC、多网络的全球自动连接能力。只要用户的一个 VPC 或者一个线下的 IDC 加入了云企业网，就具备了和全球网络互联的能力。这样做就把各种复杂的连接配置，归一到了加入网络这一个动作里。云企业网的后台把路由和配置同步到已经加入云企业网的每个网络里。

基于虚拟 VPC、云企业网 CEN 和云连接网 CCN，阿里云云网络形成了自己独特的全球一张网的云网络产品体系。

4. 云网络 3.0（2020 年至今）：应用—云—边一体网络

2020 年，边缘计算开始更多地应用于各行业，云网络也从 1.0 的云数据中心网络和 2.0 的云广域网络走出，向边缘网络迈进，构建云网络 3.0，即应用—云—边一体网络，让边缘的用户拥有和云数据中心（Region）一样的体验。分布式边缘云相对中心云而言，在更靠近用户的地方部署弹性计算资源，为用户提供更高的处理带宽、更快的响应时延，使用户获得更好的体验。在 5G 兴起后，5G 的核心能力，即高带宽、低时延、大链接，也必将进一步驱动分布式边缘云的发展。这个阶段的技术特点是边缘云的轻量化和小型化，同时通过云边一体的协同技术，构建万物互联的网络。

对网络而言，通过云—边一体网络，可以将中心云 VPC 延伸到边缘云，比如 VPC 的一些子网在中心云，而另一些子网在边缘云。这种原生 VPC 延伸的技术，可以让用户同时管理和使用中心和边缘的弹性计算资源时具有更好的使用体验。同时边缘云可以基于不同诉求连接公网、专线及网络的各种高阶服务等，满足边缘上丰富的业务诉求。

云网络 3.0 是应用—云—边一体网络，是面向万物互联的网络，也是面向产业互联网的网络。未来的网络是云网一体，应用和网络无缝集成。

2.2 云网络产品体系概述

在介绍云网络产品体系前，先介绍几个与云计算相关的基础概念。

阿里云在基础设施层面分为地域和可用区两层，关系如图 2-1 所示。在一个地域内有多个可用区，每个地域完全独立，每个可用区完全隔离，同一个地域内的可用区之间使用低时延链路相连。

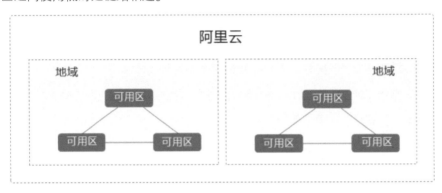

图 2-1 地域和可用区

地域

地域（Region）指物理的数据中心。资源创建成功后不能更换地域。用户可以根据目标用户所在的地理位置选择地域，不同地域的相同产品之间，一般不能直接在内网通信；同时，从产品维度看，不同地域的资源价格可能有差异。

可用区

可用区（Availability Zone，AZ）指在同一地域内，电力和网络互相独立的物理区域。同一可用区内实例之间的网络延时更小。在同一地域内的可用区与可用区之间内网互通，可用区之间能做到故障隔离。

接入点

接入点（POP 点）指一般物理专线接入阿里云的地理位置，在每个接入点有两台接入设备。每个地域下有一到多个接入点，本地数据中心可以从任意一个接入点与 VPC 相连。

基于上述云计算的基础概念，云网络产品体系主要分为云数据中心网络、跨地域网络和混合云网络三大部分，如图 2-2 所示。

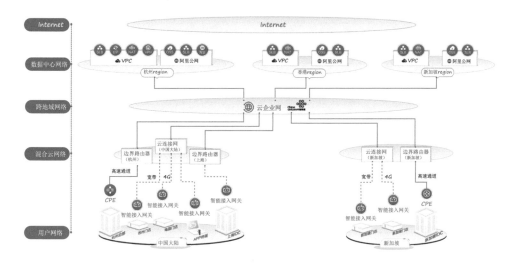

2-2 云网络产品体系架构图

云数据中心网络产品具备让用户在云上某个地域构建业务系统的网络能力，包括基础网络、公网带宽、网元功能等。其中：基础网络提供一个网络环境，包括 VPC、IPv6 等；公网带宽包括弹性公网 IP、带宽包等产品；网元功能指的是借助网元，搭建更敏捷的网络功能，从而降低了运营支出和资本支出。在云网络中，网络元件（Network Element），简称网元指的是使用与底层硬件分离的软件来实现的网络功能单元，交换机、路由器、NAT 网关、负载均衡等都是网元。

跨地域网络产品为用户提供了多地域私网互联和跨地域公网加速能力。通过跨地域网络产品可以满足用户多地域，甚至全球化部署业务系统的需求。跨地域网络产品主要包括云企业网和全球加速。

混合云网络产品可以为用户构建云上云下互通的混合云，为传统用户提供快捷的上云通道，包括 VPN 网关、智能接入网关、高速通道。

主要产品中英文名称和简称如表 2-1 所示。

表 2-1　主要产品中英文名称和简称表

产品名称（中文）	产品名称（英文）	简称
虚拟 VPC	Virtual Private Cloud	VPC
IPv6 网关	IPv6 Gateway	无
私网连接	Private Link	无
负载均衡	Server Load Balance	SLB
NAT 网关	NAT Gateway	NAT

续表

产品名称（中文）	产品名称（英文）	简称
弹性公网 IP	Elastic IP Address	EIP
共享带宽	无	无
对等连接	VPC Peering	无
云企业网	Cloud Enterprise Network	CEN
全球加速	Global Accelerator	GA
VPN 网关	VPN Gateway	VPN
智能接入网关	Smart Access Gateway	SAG
高速通道	Express Connect	无
DDoS 防护服务	Anti-DDoS Service	无
云防火墙	Cloud Firewall	无
Web 应用防火墙	Web Application Firewall	WAF
云服务器	Elastic Compute Service	ECS

如图 2-3 所示，云网络的底层是全球网络基础设施，其上是飞天洛神云网络平台，再上一层是云数据中心网络、跨地域网络和混合云网络三大产品体系，之上是云网络的智能网络和开放网络，分别通过网络分析平台和网络开放平台承载。最上层是云网络解决方案，包括通用网络解决方案和行业网络解决方案。

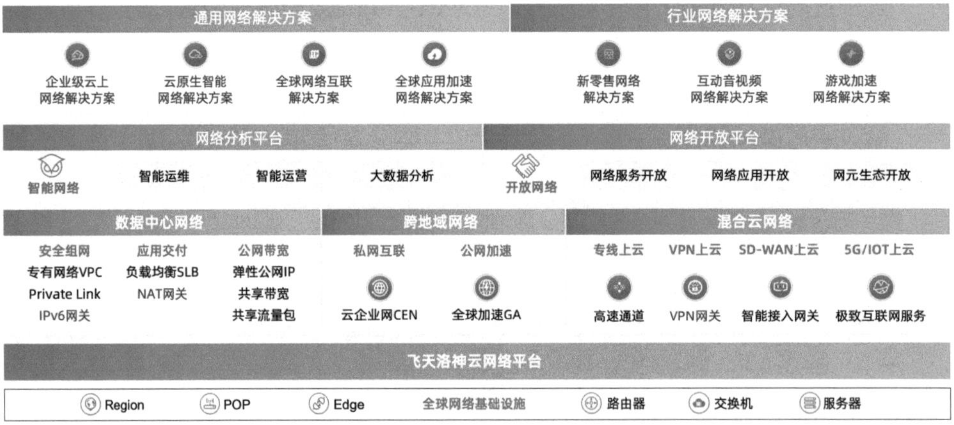

图 2-3 完整的云网络产品和解决方案

2.3 云网络产品体系的特点

云网络产品体系经过多年的发展，已经具有显著的特点。接下来我们将从云网络的产品体系、产品能力和商业模式来详细介绍。

2.3.1 全面的网络体系覆盖

云网络的产品体系如表 2-2 所示，它是传统网络世界的映射。

表 2–2 云网络的产品体系

物理网络分类	物理网络典型产品	云网络分类	云网络典型产品
云数据中心网络	路由器、交换机、公网 IP 和带宽、负载均衡、防火墙	云数据中心网络	VPC、虚拟路由器、虚拟交换机、EIP、负载均衡、NAT 网关、云防火墙、DDoS 防护
广域网	DCI、专线带宽	跨地域网络	CEN，跨域带宽包
接入网络	专线、VPN	混合云网络	高速通道、VPN 网关、智能接入网关

2.3.2 全面托管

云网络的产品体系，是建立在传统网络基础上的，从技术上看，是对传统网络的虚拟化。云网络不仅映射了传统网络的云数据中心网络、广域网、接入网络的产品体系，更重要的是对传统网络产品的产品能力进行了升级。

云网络产品本质上是提供了网络的托管服务，包含对资源、功能和网络运维的托管。云网络产品的设计目标，就是让网络更简单，通过托管服务，降低网络的使用门槛，普惠中小用户。

1. 整合全球运营商资源

云网络建立在传统网络之上，因此具备了整合全球运营商资源的条件。通过网络调度，云网络具备全球云端一体的能力。在传统网络里面，带宽一般由本地运营商提供，覆盖的是单一运营商的线路，例如国内的三大运营商，分别售卖各自的带宽，而海外带宽需要海外的运营商提供。这种形态对全球化的企业级用户是非常不友好的。云网络则不同，用户可以从云网络直接获得全球不同地域的带宽，而不需要关心带宽背后的运营商。

另外，在同一个网络传输方向上，一般包含多个运营商的线路，而同一个运营商线路的不可用故障是不可避免的。云网络具备在不同运营商之间调度的能力，当某个运营商出现拥塞时，主动将流量调度到其他线路，提高了线路的可靠性和稳定性。

2. 基于 API

云网络带来了一个重大变革，就是改变了使用网络的传统方式。在传统网络下，企业用户要设计网络架构、租用 IDC 和机柜、购买路由器 / 交换机、购买防火墙网关等，找运营商购买带宽、上架、上电、接入、调试，得一到两个月才能完成整体网络的交付。

云网络则通过控制台和 API 创建、使用网络。在完成基础的网络规划之后，用户通过调用 API 和在控制台上操作，1 分钟内就可以创建一个虚拟网络，负载均衡、NAT 网关、VPN 网关等网络功能实例也可以通过控制台、API 创建和配置，完全避免了传统网络在线下的复杂流程。传统网络设备的配置，需要登录到网络设备上进行黑屏的命令行操作，云网络的白屏控制台和 API，也降低了运营的门槛和成本。

结合资源编排模板类的云网络产品，用户可以通过一个脚本创建出包含各种服务的网络，并进行网络配置，让网络快速达到可用状态。基于弹性伸缩类的云产品，用户还可以根据负载情况，对网络进行动态扩 / 缩容，在满足峰值能力的同时，达到成本的最优。

3. 自服务

云网络提供的带宽、网络、网元等的托管服务，使得要用户不必关心网络的运营。从产品能力看，云网络提供了超强的弹性和可靠性。

传统网络的运维人员非常关注网络带宽和网络设备的规格，当运行水平接近规格对应的处理能力的 50% 时，用户就需要扩容。但是在云网络里，由于多个用户共享的整体资源池很大，基于分布式系统实现的网元处理能力也很强，用户可以获取远比单台网络设备或者单条网络线路更强的能力，并且云网络产品本身会根据负载大小自动扩容。

例如，对于应用型负载均衡产品，用户创建实例即可获得一个初始的处理能力，这个处理能力，对于中小型企业级用户来说是足够的。当用户业务请求量逐步攀高时，只要请求突发的速度在承受范围内，系统就可以通过自动扩容来满足需求，如果是超快的突发，则需要通过提前报备和预热来满足需求了。另外，云网络凭借领先的网络虚拟化技术和高效的运维体系，提升了整体系统的可靠性和稳定性，可以承诺用户更高的产品 SLA，用户的运维成本因而也大幅下降。

4. 数据智能

对用户来讲，云网络产品不仅仅是使用方式的变化，而且在产品能力上也有质的飞跃。这些变化，实际上来自云网络背后庞大的大数据集群。相对于传统网络，云网络从诞生的第一天开始，就带了大数据和智能驱动的基因。

云网络产品给用户提供了丰富的数据能力。云网络的每一个产品都有详细的监控图表，同时用户可使用 API 直接获取原始数据，用于分析；负载均衡等服务类产品给用户提供了全量的 L4/L7 层访问日志；基于转发网元上面的 FlowLog 能力，用户可以获取网卡 / 网元上基于流的详细访问日志信息，用于日志留存和财务分账；云网络还提供了秒级监控能力，这是传统网络中从来没有过的。

数据智能还有一个重要的作用。通过实时对集群和网络的状态进行采集、分析、预测趋势，提前发现故障和调度流量，最终避免故障的产生，减少对业务的影响，提高云网络的稳定性和 SLA。

5. 开放

云网络产品定位为网络服务商，还有一个重要的特点，就是开放。第三方网络设备服务商可以很容易地被集成到用户的云网络里面。用户可以使用云网络产生的各种原始数据，也可以接入第三方的分析平台获取数据。图 2-4 为云网络产品开放能力全景图。

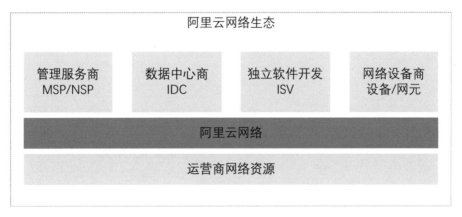

图 2-4　云网络产品开放能力全景

2.3.3　普惠的商业模式

云网络除了在产品形态上的创新，在商业模式上也是普惠的，极大降低网络使用成本。这种商业模式的最大特点，就是按量付费（Pay as You Go）。

在云网络出现之前，对于传统的企业级网络，企业需要预先付一笔开通的费用（初装费），购买网络设备，再按月或者按年支付带宽的费用。之后在使用过程中，企业所购买的独占的带宽，尤其是设备能力，在不少时间都是闲置的，造成了很大的浪费。

云网络提供了资源、运维和功能的托管服务，基于虚拟化技术，充分利用闲置资源降低成本。云网络的全系列产品，均支持按量付费。以云网络的 SLB 产品和传统厂商的负载均衡产品的定价为例，阿里云云网络的 SLB 产品的一个实例对应了传统的负载均衡的一台设备。SLB 实例的费用分为两部分，一部分是实例费，定价0.1 元 / 小时，一部分是处理费，根据实际处理的流量照实收取，而传统的负载均衡设备的费用就高达几十万，对比下来，二者差距明显。网元定价模式和设备定价模式对比参考图 2-5。

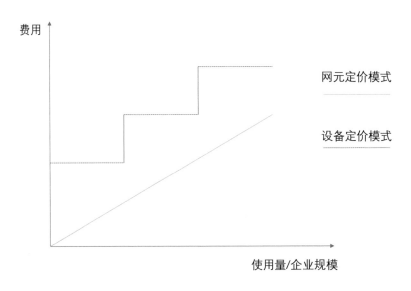

图 2-5　网元定价模式与设备定价模式的对比

第 3 章

云数据中心网络

以往用户构建数据中心往往需要租赁机柜，购买如路由器和交换机等网络设备，还得进行很多相关配置，有了云数据中心网络产品，用户只需在线购买服务就可以在云上某个地域构建云数据中心网络。

用户在使用云下数据中心构建业务系统时，往往需要通过以下步骤构建网络。

（1）寻找合适的数据中心，租赁机柜。

（2）从运营商处购买 IP 地址和 Internet 带宽。

（3）购买网络设备，如路由器和交换机。

（4）配置网络设备，如划分 VLAN、配置 IP 地址等。

完成这些步骤后，数据中心的基础网络环境就配置好了，但还不够，一般还需要购买和配置负载均衡设备，进行流量调度和实现系统高可用，此外，往往需要购买和配置防火墙设备等。

有了云数据中心网络产品，用户只需要在线购买服务，就可以在云上某个地域（Region）构建云上云数据中心网络。图 3-1 是某地域的云数据中心网络典型产品架构图。

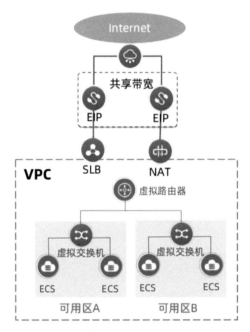

图 3-1　某地域的云数据中心网络典型产品架构

3.1　VPC

3.1.1　什么是 VPC

VPC 是用户在云上可自己掌控的私有网络环境，例如选择 IP 地址范围、配置路由表和网关、构建混合云等。用户还可以在自己定义的 VPC 中使用如云服务器、云数据库和负载均衡等产品。

　　VPC 初期主要解决两个核心问题：一是多租户网络隔离问题，二是随之带来的用户从 VPC 内访问众多云服务的问题。随着越来越多的企业用户上云，企业级网络的需求越来越多，VPC 要解决的问题也包括帮助企业更平滑地上云，让企业在线下 IDC 里的网络架构、运维管理体系能平滑地迁移到云上。

　　VPC 的核心是为每个租户都提供一个类似于线下 IDC 那样的完全隔离的、可自定义的网络环境。在 VPC 中，有和线下 IDC 对应的虚拟路由器、虚拟交换机和虚拟防火墙。这些虚拟路由器、虚拟交换机、虚拟防火墙对于大多数场景是免费的，用户还可以自定义各种配置，如图 3-2 所示。

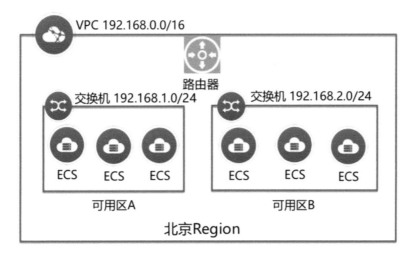

图 3-2　可自定义的网络环境

3.1.2　VPC 的组成

　　云网络颠覆了传统数据中心的组网方式。VPC 让用户感知不到线下数据中心各种复杂的物理网络设备和物理连线。用户在 VPC 中看到的是虚拟交换机和虚拟路由器。

1. 虚拟交换机

　　在一个 VPC 内部一般有多个不同的子网。一个虚拟交换机（vSwitch）对应一个子网。每个子网都可以对应不同的功能、业务，或业务部门，如图 3-3 所示。

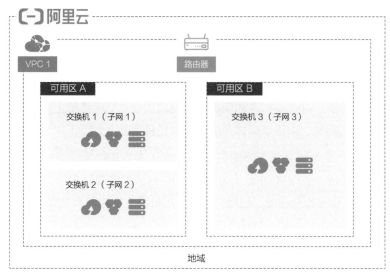

图 3-3　虚拟交换机

网络是为上层应用和业务服务的，对应于不同的应用和业务架构有不同的子网。对于中大型企业，每个业务部门都有不同的业务和应用，子网划分会变得更加复杂，原则如下。

（1）**不同功能区划分不同子网**。最直观的例子就是把网络划分为公有子网和私有子网。公有子网对应线下 IDC 的 DMZ 区，和互联网直接交互。私有子网对应线下 IDC 的应用服务器区，不直接和互联网交互，而是和 DMZ 的前置机交互。

（2）**不同应用划分不同子网**。如果企业内部有多个不同的部门，或者有多个相对独立的不同应用，那么可以把不同部门或不同应用划分到对应的子网，对不同子网内的资源进行相对独立的管理，还可以在子网边界上通过网络 ACL 设置相应的安全策略和访问控制。

2. 虚拟路由器

虚拟路由器（vRouter）是 VPC 的枢纽。作为 VPC 中重要的功能组件，它可以连接 VPC 内的各个交换机，同时是连接 VPC 和其他网络的网关设备。每个 VPC 创建成功后，系统都会自动创建一个路由器，每个路由器都关联一张路由表。在云网络中，大部分路由都是默认添加好了的，如果用户没有特殊需求，不需要额外配置，但用户在自定义网关和代理、混合云、多 VPC 互联等场景下需要在虚拟路由器上自定义路由的配置。

主路由表

每个 VPC 都只有一个主路由表。主路由表里有 VPC 网段的本地路由，还有云服务的系统路由。用户在主路由表里可以配置自定义路由，自定义路由的下一跳为 ECS 实例、弹性网卡、VPC Peering、虚拟边界路由器等。

子网路由表

主路由表是 VPC 粒度的，子网路由是子网 / 交换机粒度的。如果交换机关联了子网路由，那么会优先查子网路由表里的路由。通过子网路由，用户的网络将具备一些高级的功能，如在 VPC 中部署集中式防火墙，或者后端应用子网只关联私网路由表，前端 DMZ 子网关联公网路由表。

3.1.3　VPC 网络规划

对一个网络来讲，网络规划是最基础的，也是第一步。对于云上网络规划，我们要考虑的常见问题包括：需要使用多少个 VPC；需要使用多少个交换机；选择什么地址段；每个地址段规划多大；未来业务会如何发展；云上 VPC 和云下 IDC 构建混合云，怎么规划地址空间；如何避免地址冲突。在创建 VPC 和交换机前，需要结合业务的具体情况来规划 VPC 和交换机的数量及网段等。

1.VPC 数量规划

如果用户没有多地域部署系统的要求，各系统之间也不需要通过 VPC 隔离，那么可以考虑使用一个 VPC。反之，如果用户有在多地域部署系统的需求，或者在一个地域的不同业务系统间需要隔离，则需要使用多个 VPC。例如，生产环境和测试环境的隔离，如图 3-4 所示。

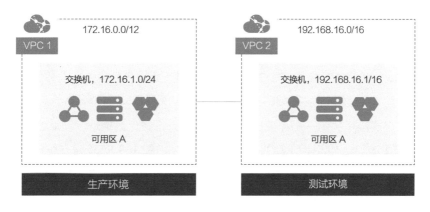

图 3-4　生产环境和测试环境的隔离

另外，集团企业不同于子公司的业务系统往往也要求进行业务隔离，此时，可以考虑为每个子公司配置一个 VPC，但对有通信需求的子公司 VPC，可以加入云企业网，通过路由等策略进行进一步的通信控制。

2. 交换机数量规划

即使只使用一个 VPC，也尽量使用至少两个交换机，并且将两个交换机布置在不同可用区，这样可以实现跨可用区容灾。

同一地域不同可用区之间的网络通信时延很小，但也需要经过业务系统的适配和验证。系统调用复杂、应用层处理时间长、跨可用区多次调用等原因，可能产生期望之外的网络时延，需要进行系统优化和适配，在高可用和低时延之间找到平衡。

使用多少个交换机还和系统规模、系统规划有关。如果前端系统可以被公网访问并且有主动访问公网的需求，考虑到容灾的需要，可以将不同的前端系统部署在不同的交换机下，将后端系统部署在另外的交换机下。

3. 地址空间规划

对于 VPC 网段的选择，用户可以使用 192.168.0.0/16、172.16.0.0/12、10.0.0.0/8 这三个私网网段及其子网作为 VPC 的私网地址范围。在规划 VPC 网段时，请注意：

◎如果云上只有一个 VPC 并且不需要和云下数据中心互通，那么可以选择上述私网网段中的任何一个网段或其子网。

◎如果有多个 VPC，或者有 VPC 和云下数据中心构建混合云的需求，那么建议使用上面这些标准网段的子网作为 VPC 的网段，掩码建议不超过 16 位。

对于交换机网段的选择，首先，交换机的网段必须是其所属 VPC 网段的子集。例如，VPC 的网段是 192.168.0.0/16，那么该 VPC 下的交换机的网段可以是 192.168.0.0/17，一直到 192.168.0.0/29。其次，在规划交换机网段时，请注意：

◎交换机的网段大小在 16 位网络掩码与 29 位网络掩码之间，可提供 8~65536 个地址。16 位掩码能支持 65532 个 ECS 实例，对于绝大多数用户来说都是够用的。而对于小于 29 位掩码的，容纳的实例数量太少，没有意义。

◎每个交换机的第一个和最后三个 IP 地址为系统保留地址。以 192.168.1.0/24 为例，192.168.1.0、192.168.1.253、192.168.1.254 和 192.168.1.255 是系统保留地址。

对于多 VPC 互通或者构建混合云的场景，确保 VPC 的网段和要互通的网络的网段都不冲突，建议遵循以下网段规划原则：

◎尽可能做到不同 VPC 的网段不同，不同 VPC 可以使用标准网段的子网来增加 VPC 可用的网段数。

◎ 如果不能做到不同 VPC 的网段不同，则尽量保证不同 VPC 的交换机网段不同。

◎ 如果也不能做到交换机网段不同，则保证要通信的交换机网段不同。

有的云服务商提供了私网 NAT 产品来解决地址冲突又需要通信的问题，我们建议在规划时就避免这个问题。

地址空间规划中一个需要重点考虑的问题是 VPC 或者交换机能容纳的实例数量，也就是业务规模。对于大部分用户来说，这可能不是问题，但对于部分企业级大用户，尤其是采用云原生技术架构的用户来说，单 VPC 可能需要容纳几万，甚至更多的实例。

4. 不同规模企业地址空间规划实践

拥有 50 台左右服务器的中小企业，没有多地域部署和混合云需求，在大部分情况下，一个 VPC 就够用了，选择系统默认的 192.168.0.0/16、10.0.0.0/8、172.16.0.0/12 三个网络地址段之一即可。它们都是 RFC1918 定义的私网地址段，网络地址掩码不同，每个网段容纳的主机数量也不同。但不管哪个地址段，对于中小企业来说都是够用的。所以，根据历史习惯，选择对应的网段即可。

对于交换机，默认建议至少使用两台交换机，并且这两台交换机分布在不同可用区。当然，分布在不同可用区，时延可能会稍微增加，用户可以根据自己的业务系统对时延的要求做出选择。

中大型企业，出于高可用和提升用户体验的目的，往往在不同地域部署业务系统，这些业务系统有内网通信需求。为了做到跨可用区容灾，每个地域还需要把业务系统部署在多个可用区。此外，还涉及和线下 IDC 互通、生产和测试系统严格隔离等需求。此时，VPC 的地址空间规划就会稍微复杂一些。整体原则是保持可扩展性，避免地址冲突。

多地域部署业务系统，必然需要使用多个 VPC，而默认的 VPC 地址段有三个，为了避免地址冲突，除上述提到的用不同网段的地址空间外，还可以把一个类型的网段的网络掩码变长一些。比如 10.0.0.0/8 的地址空间可以被拆成 10.1.0.0/16、10.2.0.0/16……10.255.0.0/16，共 256 个子地址空间。我们可以把 VPC 的地址空间规划成 /16 掩码的，这样每个 VPC 的地址空间都是独立和互不冲突的。同时，需要保证线下 IDC 的地址空间不发生冲突。对于生产环境和测试环境的严格隔离，只需要把生产系统和测试系统分别部署到不同 VPC 即可，但考虑到未来可能的通信需求，也建议在规划时考虑地址冲突问题。因为需要跨可用区容灾，所以在每个 VPC 内至少要使用两台交换机。

为了满足多地域和混合云内网通信需求，必然要使用云企业网。和 VPC 是地域级别的网络不同，云企业网是一个全球网络，绝大多数用户使用一个云企业网即可。云企业网提供了强大的路由控制能力以实现云企业网内不同的实例之间精细的访问控制。

3.1.4　VPC 网络高可靠设计

网络设计中十分关键的一环就是高可靠设计。网络可靠性涉及网络部署、网络链路等层面。从 VPC 角度看，主要是业务部署的可靠性。多可用区、多地域的网络部署可以让网络的可靠性级别呈数量级的提升。业务部署主要从多地域多可用区、单地域多可用区、单地域单可用区这三层次来考虑可靠性。

1. 单地域单可用区部署

单地域单可用区部署指只在某一个地域的某一个可用区部署业务系统，这样的业务部署可以获得最低的网络时延，但如果业务部署所在的可用区出现故障（概率低），或者某个可用区的业务系统本身出现故障，那么整个业务系统将不可用。从可靠性角度来说，这是不推荐的业务部署方式。

2. 单地域多可用区部署

单地域多可用区部署指在某一个地域的多个可用区部署业务系统。即使用一个 VPC，且 VPC 内至少使用两台分布在不同可用区的交换机，如图 3-5 所示。在业务系统支持的情况下，单地域多可用区部署业务系统可以避免单个可用区故障导致的系统不可用。单地域部署不能避免的是整个地域不可用导致的系统不可用，当然发

图 3-5　单地域多可用区部署

生这种情况的概率极低。将子网分布在不同可用区，在不同可用区同时部署业务，可以支持同城双活和同城多可用区高可靠解决方案的构建，云网络是天然支持这种部署方式的。

需要注意的是，阿里云的子网只能归属到一个可用区。构建同城双活、同城多可用区高可靠方案，需创建多个对应的子网。

3. 多地域多可用区部署

多地域多可用区部署指在多个地域，且在每个地域的多个可用区部署业务系统。这是最可靠的业务部署方式。对于一些大企业用户，单地域多可用区的高可靠方案，仍然无法满足其高可靠需求，此时需要使用多地域多可用区的高可靠方案，如银行的两地三中心方案。这种多地域业务部署的网络互联方案可以通过云网络产品构建。云企业网可以把多个地域的不同 VPC 连接起来，让用户方便地部署多地域多可用区的网络架构，如图 3-6 所示。

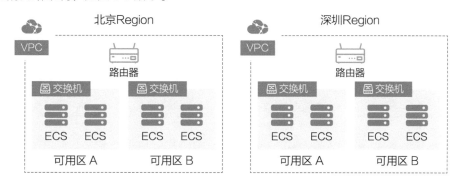

图 3-6　多地域多可用区的部署

3.1.5　VPC 网络安全设计

网络安全是关键一环，涉及面非常广，包括租户安全隔离、通信安全、安全防护等。这里仅从 VPC 角度出发介绍相关的网络安全设计，包括网络层面的访问控制、网络流量的加解密，以及为了实现更高级别的应用层安全所需要的流量镜像等。

1. 网络 ACL

网络 ACL（Network Access Control List）是 VPC 中的网络访问控制功能。用户可以自定义设置网络 ACL 规则，并将网络 ACL 与交换机绑定，实现对交换机中云服务器 ECS 实例的流量访问控制。

子网间网络访问控制策略：网络安全设计中很重要的一点是划分网络安全边界。

在把不同业务或不同部门划分到 VPC 的不同子网后，可以通过网络 ACL，在不同的子网边界部署安全访问控制策略，以实现网络的安全访问控制。

网络 ACL 的规则是无状态的，在设置入方向规则的允许请求后，需要同时设置相应的出方向规则，否则可能导致请求无法响应。

VPC 边界的网络访问控制策略：VPC 存在和外部网络互联的边界，将网络 ACL 应用到对应的子网 / 交换机可以实现对互联网流量的网络访问控制，如图 3-7 所示。

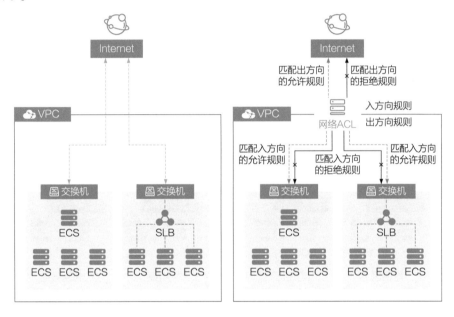

图 3-7　VPC 边界的网络访问控制策略

比较典型的应用场景包括：

◎黑白名单：明确拒绝或接受一些公网 IP 地址的流量。

◎主动安全防护：仅放行一些特定协议和端口的流量到后端。

2. 安全组

网络 ACL 是对应子网粒度的访问控制策略，而对应主机粒度的访问控制策略，是安全组。

安全组是一种虚拟防火墙，具备状态检测和数据包过滤的功能，用于在云端划分安全域。通过配置安全组规则，可以控制安全组内 ECS 实例的入流量和出流量。

安全组是有状态的。例如，在会话期内，如果连接的数据包在入方向是被允许的，则在出方向也是被允许的。

3. 流量加密

VPN 产品访问云上的数据通过 IPSec 和 SSL VPN 方式进行加密，负载均衡产品访问云上的数据通过 HTTPS 方式进行加密。一些对安全性要求较高的行业，对于 VPC 内私网数据也有加密的需求。

4. 流量镜像

在一些场景下，用户需要对流量做深层次的分析，例如详细的流量内容审计或者深入的安全趋势分析就用到了流量镜像。

流量镜像将用户想要分析的流量镜像发送到一个目的地址，此时发送的流量包含报文头和流量负载内容，如图 3-8 所示。

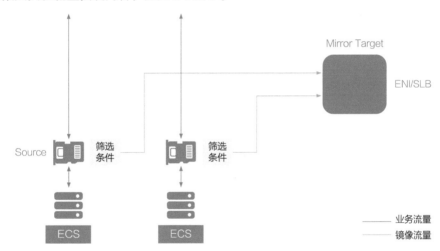

图 3-8　流量镜像

3.1.6　VPC 的运维管理

企业级云网络对运维和管理的要求较高，包括分权分域维护、流日志管理等。

1. 共享 VPC

中大型企业用户的 IT 架构一般比较复杂，对网络的运维能力要求也比较高，很多大企业的网络运维团队和业务运维团队是分开的，对资源的分权分域要求也比较高，因此，阿里云推出了共享 VPC（Shared VPC）功能，如图 3-9 所示。

共享 VPC 的核心是支持网络架构由网络管理员统一构建、设计和管理，可以做到业务运维团队感知不到底层的网络架构，专注于服务器、数据库等应用资源的管理和维护。网络管理员在部署完成整个云网络架构后，可以通过共享 VPC 把不同的子网 / 交换机共享（分配）给不同的业务团队使用，业务团队只需要在子网中部署应用系统，无须关注 VPC 间的互联方案、防火墙、安全、公网等较复杂的网络配置。

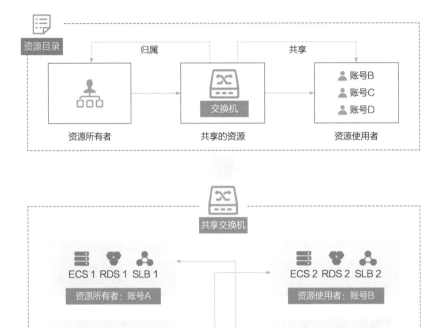

图 3-9　共享 VPC

2. 流日志

VPC 提 供 流 日 志（Flowlog）功 能， 可 以 记 录 VPC 中 弹 性 网 卡（Elastic Network Interface，ENI）传入和传出的流量信息，帮助用户检查访问控制规则、监控网络流量和排查网络故障。

用户可以捕获指定弹性网卡、指定 VPC 或交换机的流量。如果选择为 VPC 或交换机创建流日志，则会捕获 VPC 和交换机中所有弹性网卡的流量，包括在开启流日志功能后新建的弹性网卡。

流日志功能的流量信息会以流日志记录的方式写入日志服务中。每条流日志记录会捕获特定捕获窗口中的特定五元组网络流。捕获窗口大约为 10 分钟，流日志服务在这段时间内会先聚合数据，再发布流日志记录。

3.2　弹性公网 IP

云面向大众提供各种各样的、随时可获取的云服务，包括各种计算、存储、数据库服务，也包括人脸识别、人工智能服务。互联网是连接用户和云服务的媒介，弹性公网 IP 就是这个媒介产品化的形态。

3.2.1　什么是弹性公网 IP

我们通常用域名访问某一个网站，但这个域名最终还是会通过 DNS 被解析成一个具体的公网 IP 地址，网络中的物理路由器和交换机是通过这个具体的公网 IP 地址找到具体服务器的。所有对 Internet 提供服务的服务器都必须具备全球唯一的公网 IP 地址，这个公网 IP 地址在云网络产品中就是弹性公网 IP，简称 EIP。EIP 是可以独立购买和持有的公网 IP 地址资源，由一个公网 IP 地址和一份公网带宽构成。目前，EIP 可绑定到 VPC 类型的 ECS 实例、私网 SLB 实例、NAT 网关和弹性网卡上。EIP 的最大特点就是可以随时与云产品绑定和解绑，和云产品是松耦合的关系。松耦合的架构带来了管理的灵活性和高可用性，如图 3-10 所示。

图 3-10　EIP 松耦合的架构

3.2.2 弹性公网 IP 的类型

1. 多线 EIP

有资质的云服务提供商的公网 IP 地址一般会通过 BGP（自治系统路由协议）将与多个运营线直连的链路播报给运营商。运营商就具备了这些公网 IP 地址的路由，运营商网络中的客户可以像访问内网资源一样访问这个公网 IP 地址，所以不存在跨运营商互访导致的访问体验变差的问题。我们把这种类型的公网 IP 地址称之为多线 EIP，如图 3-11 所示。

图 3-11 多线 EIP

2. 任播 EIP

普通的弹性 EIP 只会从一个地域发布，如中国香港的 EIP 资源只会从中国香港地域发布，如果新加坡的用户访问中国香港的 EIP，那么得通过运营商的国际骨干网到新加坡，而运营商的国际骨干网是有可能出现拥塞的，一旦网络拥塞，就会增加业务的访问时延和丢包，如图 3-12 所示。这对游戏、实时音视频行业客户的上层业务影响较大。

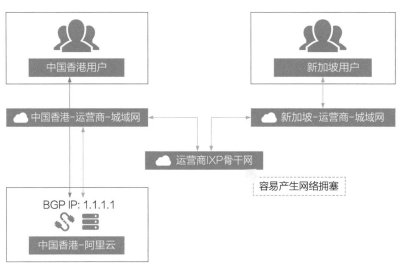

图 3-12 跨地域访问容易产生网络拥塞

　　一些国际化的游戏和实时音视频行业客户，希望获取比普通 EIP 更稳定的公网服务，任播 EIP 应运而生，其技术架构如图 3-13 所示。

　　◎任播 EIP 会把一个 IP 地址从多个 POP 点发布出去，而这些 POP 点是处于不同地域的，这样就能够让用户通过一个 IP 地址就近接入阿里云 POP 点。

　　◎阿里云不同 POP 点之间是通过阿里云内部专线网络连接在一起的。用户通过任播 EIP 就近接入 POP 点后，会通过阿里云专线网络访问后端的源站服务器。这样就避免了国际骨干网的拥塞问题，进而提供更稳定的网络。

图 3-13　任播 EIP 的技术架构

3. 单线静态 EIP

　　单线静态 EIP 只有国内云厂商才有对应的产品形态。国内云厂商支持单线静态 EIP 的产品形态是为了和 BGP 类型的带宽做区分。BGP 类型的带宽具备动态路由收敛能力，可靠性和抗 DDoS 能力好，但价格昂贵。静态带宽不具备动态路由收敛能力，可靠性较低，无抗 DDoS 能力，但价格较低。

　　在涉及大带宽的数据搬运不需要太高的可靠性时，由于流量价值较低也不会被黑客进行 DDoS 攻击，如果用 BGP 带宽进行此类数据的公网传输，其性价比是很低的，那么比较合理的方案是用单线静态 EIP 进行数据传输。

4. 精品 EIP

　　如果服务器部署在中国香港并绑定普通的 EIP，那么在一般情况下，中国内地的用户访问中国香港的服务器的体验较差，因为 EIP 默认走运营商的国际互联网出口，可能先到美国绕一圈再到中国香港。有一些在中国香港部署业务的证券应用希望为其中国内地的客户提供优质的公网访问体验。在这种场景下，阿里云包装出了精品 EIP，如图 3-14 所示。

图 3-14　精品 EIP

需要说明的是，精品 EIP 全链路的流量都是在运营商的公网上传输的。

5. 识别不同类型的 IP 的地址

前文提到了很多类型的公网 IP 地址，如何识别一个公网 IP 地址是多线地址、单线地址还是主播地址呢？

对于国内的 IP 地址，最简单的方式是通过类似于 IPIP.net 等第三方工具进行查询。比如说，阿里云杭州的多线 EIP 地址为 121.40.142.XXX，通过 IPIP.net 查询出其发布的线路是阿里云—电信—联通—移动—铁通，还是教育网，如图 3-15 所示，这个查询结果是阿里云实际互联的 BGP Peer 的子集，可以看出这个地址的类型是多线 EIP。

图 3-15　多线 EIP

对应到杭州移动的 IP 地址，117.147.204.XXX，通过 IPIP.net 可以很清晰地查到，这个 IP 地址是杭州移动的单线 IP，如图 3-16 所示。

图 3-16　单线 IP

3.2.3　弹性公网 IP 功能

EIP 除了可以独立持有和绑定各种云资源，还提供了一些高级功能。

1. 自带公网 IP 地址上云

公网 IP 地址就像手机号码一样，可以让外界访问用户。有一些企业用户有自己的 IP 地址，这些用户上云前需要解决的最大问题是如何保持公网 IP 地址不变。就像手机可以想换就换，但更换手机号码是很痛苦的事情，因为手机号码很多时候在第三方是有备案的，比如银行、邮箱。

为了解决这种场景下的问题，阿里云云网络在中国内地之外的地域推出了自带公网 IP 地址上云的产品功能。用户仅需要在 Internet 注册机构的网站将 IP 地址端的 AS 号修改为阿里云的 AS45102，并提交工单即可。此时 IP 地址的归属信息并未改变，只是发布的 AS 号变更到了阿里云，相当于"携号转网"。在工单处理完之后，用户可在云上以 EIP 的产品形态使用自己之前的公网 IP 地址。

2. 尽力找回公网 IP 地址

前面提到，公网 IP 地址和我们的手机号码差不多。那么，如果公网 IP 地址不小心被用户误释放掉，用户想找回这个公网 IP 地址怎么办？对于这种场景，阿里云提供了类似于公网 IP 地址找回的功能。但这个"找回"是尽力而为，如果这个公网 IP 地址已分配给其他用户，那么是无法找回的。

3. 连续 EIP 地址分配

在很多场景下，企业用户希望能分配到连续的公网 IP 地址，即类似从 8.210.1.1

到 8.210.1.31 的地址。在这种场景下，用户真正的需求是简化第三方为用户加白名单。比如一个大型企业，需要为其多个公网 IP 地址加白名单。如果是 32 个不连续的公网 IP 地址，那么对方需要加多条白名单，而对于连续的公网 IP 地址，对方仅需要加一条白名单。

4.EIP 的 Anti DDoS 和安全清洗

公网业务是容易被黑客进行 DDoS 攻击的。如果一个用户的超大攻击流量不及时被"黑洞"掉，那么会影响这个地域其他用于正常业务的流量。所以每个 EIP 都有一个默认的黑洞阈值，这个值是和购买的带宽正相关的，如果用户被攻击的流量超过了黑洞阈值，阿里云就会针对这个地址向外发黑洞路由，把攻击流量"黑洞"在运营商侧，以保护阿里云整体的公网出口的带宽。

当然，阿里云也会为用户提供一定额度的免费清洗攻击流量的服务，在一定阈值内，会把攻击流量中的垃圾流量清洗掉，然后把干净的流量回注到用户的 VPC 中。

3.2.4　公网计费方式

云厂商的公网带宽主要是向运营商采购的，云厂商和运营商之间的公网带宽结算方式为在入方向和出方向取较大值进行收费。讲清楚了云厂商和运营商之间的结算方式后，再讲云厂商的公网计费方式会很好理解。

1. 按流量计费

按流量计费是主流云厂商都支持的计费模式。当前大部分云厂商在一般情况下，只收取出云流量费。在云计算发展初期，云上的流量模型主要以出方向为主。云厂商和运营商结算时，由于整体上出云带宽比入云带宽要大，运营商按照出云带宽向云厂商收费。云厂商的公网主要成本是出云流量成本，基于成本定价的思路，云厂商只向用户收取出云流量费。

但随着云计算和移动互联网的快速发展，大量智能终端开始向云上传数据，云上的流量模型已经发生了变化。在一些地域，阿里云的入云方向带宽已经大于出云方向带宽，开始按照入云方向带宽和运营商进行成本结算。国外云厂商在一些新产品上线时，开始对入云方向进行收费，如 Azure 的 Front Door 等。

2. 按固定带宽计费

按流量计费方式是一种特别简单明了的后付费方式。但在一些场景下，尤其当持续有出方向流量时，如游戏，按流量计费的总体费用是很高的。为了降低这类客户的公网费用，按固定带宽计费的模式应运而生。比如用户购买 100Mbit/s 的固定带宽，入云方向会有 100Mbit/s 的带宽，出云方向也有 100Mbit/s 的带宽，超出带宽部分的流量会被限速丢弃。

阿里云除了支持单 EIP 实例的按固定带宽计费模式，还支持多个 EIP 实例按固定带宽计费的模式，也就是共享带宽的计费模式。

用户在一个地域下只需购买一份共享带宽，整个地域下所有公网相关的云产品都可以绑定 EIP 统一使用共享带宽，如图 3-17 所示。

图 3-17 共享带宽

按带宽计费相对于按流量计费，对云厂商后端的限速逻辑和技术要求较高，很多海外云计算厂商还不支持按固定带宽计费。

3. 按 95 去峰带宽计费

按固定带宽计费的模式在一些场景下为用户节省了公网成本，但超出购买带宽的流量会被限速丢弃，一些业务量波动较大的行业客户对此是无法接受的。

为了让用户的公网带宽具备一定的弹性，按 95 去峰带宽计费模式应运而生，这是一种只需预先支付少量保底带宽费用，即可享受多倍弹性峰值带宽，并在月底按多次去峰后的带宽峰值和实际使用时长收费的计费模式。

一般情况下，在线教育、实时音视频行业客户的主要业务时间和工作时间重合，夜间没有流量，选择按流量计费比较节约成本。

游戏行业、电商行业白天和夜间都有业务流量，一般情况下选择按固定带宽计费或按 95 去峰带宽计费比较划算。

3.3 NAT 网关

弹性公网 IP 地址可以直接绑定到服务器上，但也暴露了服务器的公网 IP 地址。

因此，绝大多数用户都需要一个能隐藏内部服务器真实 IP 地址的网关设备，借助该设备与公网通信。在云网络。我们提供了一个即开即用的 IP 地址转换网关设备——NAT 网关。用户只需要在控制台上点点鼠标，就能即时交付企业级的 NAT 网关。

3.3.1 什么是 NAT 网关

NAT 网关（NAT Gateway）是一款企业级的 VPC 公网网关，可以让无公网 IP 地址的 ECS 访问互联网或者让用户通过互联网访问 ECS 上的网站或应用，即提供 SNAT 和 DNAT 功能。NAT 网关通常和 EIP 及共享带宽包配合使用，可以组合成高性能、配置灵活的企业级网关。

3.3.2 NAT 网关的主要特点

高安全性：通过 NAT 网关的 SNAT 功能访问公网时，用户 ECS 只能主动从 NAT 网关访问公网，通过公网是无法直接访问 VPC 内的 ECS 的。另外，用户可以通过 NAT 网关提供的 SNAT 规则配置功能，选择 ECS 粒度或者交换机粒度的规则指定特别的 ECS 来访问公网，控制 NAT 网关的出口公网访问源。

高可用性：在公共云的业务部署架构中，用户非常关心基础组件的高可用能力，因为一旦单 AZ 出现故障，如果基础组件没有高可用的能力，那么将对业务运行有严重的影响。NAT 网关在部署架构中采用的是双可用区的部署架构，所以当单可用区出现故障后，NAT 网关可以实现快速业务切换，保障用户业务的连续性。同时，NAT 网关采用多机部署的方式，单台机器的故障不会影响业务。

易用性：NAT 网关可以即开通即用，在考虑公网出口安全的前提下最大限度地简化用户的操作，用户可以在官网控制台或者通过 OpenAPI 的方式开启 VPC 网络的 NAT 功能，以使 VPC 内的 ECS 能高效地访问公网。同时，NAT 网关提供一系列便捷的操作，以支持用户的配置，如 NAT 网关和 EIP 组合购买、控制台的操作配置指引等。

高性能：NAT 网关作为一款公网出口的产品，提供超高的产品性能，NAT 网关已经连续多年在"双 11"、春节红包活动中经受高流量、高并发的考验。除了提供千万级别的并发连接性能，用户也可通过 NAT 池网关的方式，横向扩容，以提升针对同一个公网目的地址的并发能力。

另外，可以在一个 VPC 中扩容多个 NAT 网关，通过对子网路由的拆分，使不同子网的流量走不同的 NAT 网关，这对用户的业务拆分、针对不同子网的安全防控，以及 NAT 网关性能的横向扩容都有着重要的意义。

弹性计费：NAT 网关支持按使用量计费，用户在弹性范围内可以按照使用量来付费，最大限度为用户节约使用成本，如图 3-18 所示，在用户业务模型不变的情况下，选择按使用量计费的方式可以帮用户节约成本。

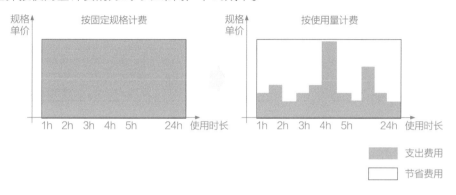

图 3-18　两种计费类型的费用对比

3.3.3　NAT 网关的主要应用场景

NAT 网关提供 SNAT（源网络地址转换）、DNAT（目的网络地址转换）和共享带宽功能。

VPC 内的用户在和公网业务通信时，最关注的就是安全，如避免公网上普遍存在的攻击、入侵等问题。VPC 内可以访问公网的主机想要细粒度的安全控制方案，需要默认拒绝公网上对 VPC 的主动访问，避免 VPC 内的主机主动暴露在公网上。NAT 网关可以很好地解决以上问题。

SNAT

当云上业务需要访问公网上的服务时，可以创建一个 NAT 网关，通过配置 SNAT 规则来控制可通过 NAT 网关访问公网的机器，并支持交换机和 ECS 的粒度。

如图 3-19 所示，用户在 NAT 网关上绑定了弹性公网 EIP-1，在用户 VPC 内有两个子网，当用户配置了基于这两个子网的 SNAT 规则后，属于这两个子网的 ECS 即可通过这个弹性公网 EIP 访问公网上的服务。

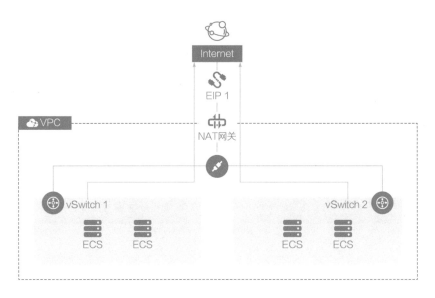

图 3-19　SNAT 功能

如果用户需要将对接公网的入口都放在一台 NAT 网关设备上，以便整体观测网关层面的总出入流量，或者需要将某一台设备的部分或者全部暴露到公网上，那么可以选择使用 NAT 网关的 DNAT 功能。

DNAT

当 VPC 内的业务需要对公网提供服务时，通过设置 DNAT 规则使公网上的业务可以访问 VPC 内的服务，当前 NAT 网关的 DNAT 规则支持指定固定端口和任意端口来提供公网访问服务。

如图 3-20 所示，用户的 NAT 网关上绑定了 EIP-1 和 EIP-2，在用户 VPC 内有四台 ECS，用户配置了如下规则可以实现对应的访问类型：

◎ EIP-1：PORT1 -> ECS1：PORT2：公网上的业务可以通过 EIP-1 的 PORT1 访问 ECS1 的 PORT2 端口；

◎ EIP-2：ANYPORT -> ECS4：ANYPORT：公网上的业务可以通过 EIP-2 访问 ECS4 的任意端口。

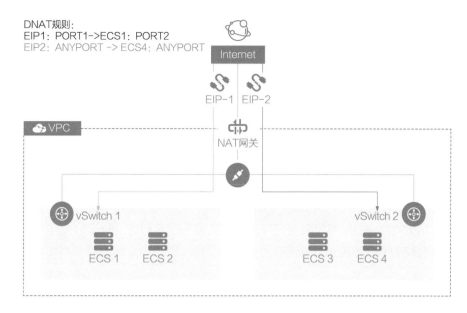

图 3-20 DNAT 转发

共享宽带

在给 NAT 网关绑定 EIP 后，可以将 EIP 加入共享带宽中。EIP 在加入共享带宽后，可复用共享带宽中的带宽，节省公网带宽的使用成本。

3.4 IPv6 网关

3.4.1 什么是 IPv6 网关

2017 年，中国推出了 IPv6 规模部署计划。云网络对 IPv6 的支持是一个系统工程，包括内网通信支持 IPv6，如 VPC 支持 IPv6、CEN 支持 IPv6、高速通道支持 IPv6 等，用户可以在云上建立纯 IPv6 通信网络。此外，还包括公网通信支持 IPv6，如 SLB 支持 IPv6、IPv6 网关等。云网络还为其他产品提供了 IPv6 支持，如 CDN、安全、数据库等，用户可以基于云构建完整的 IPv6 网络。下面重点介绍 IPv6 网关。

IPv6 网关（IPv6 Gateway）是 VPC 的一个 IPv6 互联网流量网关。用户可以通过配置 IPv6 互联网带宽和仅主动出规则，灵活定义 IPv6 互联网出入流量。

3.4.2 IPv6 网关设计思路

相对于 IPv4 的 VPC，IPv6 在产品形态上是有所不同的。

IPv4 的 VPC 地址空间规划一般采用私网地址。因为 IPv4 的公网地址有限，没办法给 VPC 中的每台 ECS 都分配一个公网 IP 地址，所以需要在 VPC 边界通过地址转化 NAT 复用公网 IPv4 地址。在 IPv4 场景下，网络工程师需要大量的时间和精力去解决各种地址冲突的问题。但对于 IPv6 的地址空间来说，全局单播地址（Global Unique IPv6 Addresses，GUA）充足到可以给地球上每粒沙子都分配到。阿里云当前储备的 IPv6 GUA 很充足，可给 VPC 中的每个计算节点和云服务分配一个 GUA，不会产生地址冲突的问题，网络架构的设计和上层应用系统的实现会简化很多。所以阿里云 VPC 中分配的 IPv6 地址，都是 GUA。这是和 IPv4 景最大的区别。在默认情况下，GUA 既不能被公网访问，也不能主动访问互联网。如果用户希望 VPC 中的 GUA 可以与公网互联，那么需要显示配置 IPv6 网关，并为其购买 IPv6 公网带宽，如图 3-21 所示。

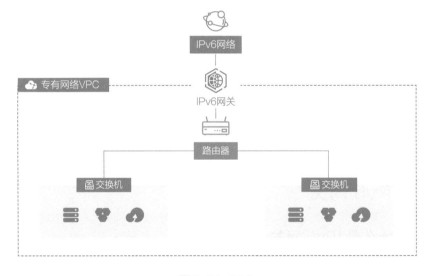

图 3-21　IPv6

3.4.3　IPv6 网关的主要应用场景

1.IPv6 私网通信

默认的 VPCIPv6 地址的互联网带宽为 0Mbit/s，受 IPv6 网关保护，只具备私网通信能力。VPC 中的云实例只可以通过 IPv6 地址访问同一个 VPC 中的其他 IPv6 地址，不允许通过该 IPv6 地址访问公网，也无法被公网的 IPv6 终端访问。

2.IPv6 互联网通信

用户可以通过为申请的 IPv6 地址购买公网带宽的方式，让 VPC 网络中的云实例通过该 IPv6 地址访问公网，同时允许 IPv6 客户端通过公网访问 VPC 网络中的云实例。用户可以随时将 IPv6 地址中的公网带宽设置为零。设置后，该 IPv6 地址只拥有私网通信能力。

3.IPv6 互联网通信——仅主动访问

用户通过配置仅主动出规则，使 IPv6 地址主动访问互联网，但不允许 IPv6 客户端通过互联网访问 VPC 中的云实例。用户也可以随时删除主动出规则。删除后，具有公网带宽的 IPv6 地址可主动访问互联网，同时允许 IPv6 客户端通过互联网访问 VPC 中的云实例。

3.5　对等连接

VPC 解决了租户之间网络环境严格隔离的问题，不同 VPC 之间默认不能通信。但有的用户有两三个 VPC，希望这些 VPC 内的实例可以通过私网互通。这种少量 VPC 互通的需求可以通过对等连接实现。

3.5.1　什么是对等连接

对等连接（VPC Peering）主要用于同地域 2 到 3 个 VPC 简单互联的场景。通过对等连接可以对两个不同的 VPC 在网络层面建立一个专属的数据通道。用户可以在每个 VPC 中自定义到对端 VPC 的明细路由，在路由层面控制两个 VPC 中的资源互通范围，如图 3-22 所示。

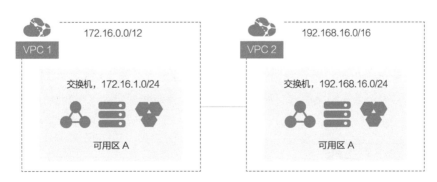

图 3-22　对等连接

3.5.2　对等连接和云企业网的异同

多个 VPC 的内网互通既可以使用对等连接实现，也可以使用云企业网来实现。

那么，这两个产品有什么不一样呢？

一是产品定位不一样。对等连接的定位是少量（通常 2、3 个）VPC 的简单互通，没有太多高级的网络功能。而云企业网的定位是用户的全球级的核心网络，可以为云上多 VPC 和云下多 IDC/ 分支机构等构建一个云上云下一体的企业级核心网络。

二是用户使用体验不一样。对等连接在使用上略显复杂，不管同账号互通还是跨账号互通都需要用户显式配置 VPC 路由。自定义路由这种方式，可以更自主地管理自身的网络，有网络运维经验的工程师比较喜欢，但对于缺乏相关运维经验的工程师不是很友好。而云企业网支持路由的自动学习和配置，优化了用户的使用体验。

3.5.3 对等连接的主要应用场景

1. 同账号两个 VPC 的互通

对等连接支持将同账号在同一个地域的两个 VPC 打通。对于同账号两个 VPC 打通的场景，可同时创建发起端和接收端，创建完成后即建立起两个 VPC 的数据通道。用户在 VPC 手动配置对应的路由后，就在网络层面打通这两个 VPC。

2. 跨账号两个 VPC 的互通

对等连接还支持将不同账号在同一个地域的两个 VPC 账号。在跨用户 VPC 打通的场景下，只能单独创建发起端或接收端，比如账号 A 创建发起端并指定要互联的 UID 和 VPC ID，账号 B 创建接收端并指定要互联 UID 和 VPC ID。相对于同账号两个 VPC 的互通，跨账号的互通方式略显复杂，主要原因还是出于安全方面的考虑，必须验证连接的合法性。

在建立好对等连接后，要实现两个 VPC 中的计算资源的互通，不仅要在 VPC 中配置对应的路由，还要注意网络 ACL 的安全组是否设置了对应的放行规则。需要注意，对等连接在网络层面打通两个 VPC 时，要避免两个 VPC 的地址重叠。

3.6 私网连接

前面讲到 VPC 网络具有隔离性，VPC 之间无法通信。当一个 VPC 中的终端需要访问部署在另一个 VPC 中的服务时，就产生了 VPC 间的通信需求。这个时候，有两种选择：一种是通过公网通信，可以让服务提供方的 VPC 暴露公网服务到互联网，服务使用方 VPC 通过公网来调用，而这会让 VPC 资源面临安全风险；另一种是通过私网通信，可以通过 VPC 对等连接打通两个 VPC 的私有网络，但这种方式打破了 VPC 之间的隔离性，将不同 VPC 的网络连接成了一个大的网络，需要通过部署其他的安全策略确保服务使用方和服务提供方各自的安全。这种方式更加适用于一个组织内部，并且是可以进行统一运维管理的网络。如果服务提供方和服务使用方的网络都是独立运维和管理的，甚至属于不同的组织，并不希望把网络直接打通，那该怎么办呢？

试想一下，有没有一个模型，类似于在服务使用方的 VPC 和服务提供方的 VPC 之间接上一根虚拟电缆，这根虚拟电缆的连接不需要通过互联网或 NAT 网关，且电缆的两端，分别在自己的 VPC 之内，同时又分别在对方 VPC 之外，这样既满足了网络隔离的要求，又满足了服务互通的要求。

这个模型就是私网连接（PrivateLink）产品的设计思路。

3.6.1　什么是私网连接

私网连接允许用户在自己的 VPC 内通过私网访问阿里云服务、第三方服务或者自己发布的服务，这些服务都部署在服务提供方的 VPC 内。

服务使用方使用私网连接在自己的 VPC 内创建终端节点时，使用的是弹性网络接口（ENI）和自己 VPC 子网内的 IP 地址，是可以使用安全组（Security Group）来管理终端访问的。

服务提供方使用私网连接，可以在自己的 VPC 发布私网服务，也可以自主控制连接过来的终端，实现服务的发布、管理和售卖。

与 VPC 对等连接等方式不同，私网连接并不是直接将两个 VPC 连接在一起，变成一个网络空间，而是更像通过一个"虫洞"将两个网络空间打通。服务使用方可以在 VPC 中通过 PrivateLink 提供的入口（即终端节点）单向访问服务提供方在其 VPC 中提供的特定服务（即终端节点服务）。使用私网连接的方式，双方可以各自独立规划和管理自己的 VPC，不用担心网络地址冲突，也无须配置复杂的网络路由，如图 3-23 所示。

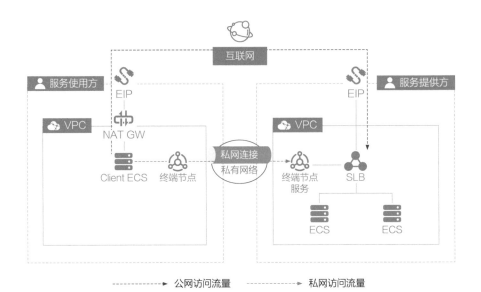

图 3-23 私网连接

3.6.2 私网连接的组成

私网连接可以分为服务使用方组件和服务提供方组件两大部分。服务使用方和服务提供方可以是同一个阿里云账号，也可以是不同的阿里云账号。

服务使用方最重要的组件是终端节点。终端节点代表了服务使用方 VPC 中的服务入口。当服务使用方需要使用某个服务时，可以创建一个连接到这个服务的终端节点，参考图 3-24。

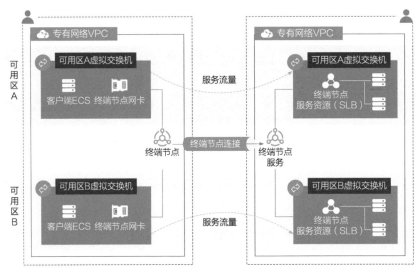

图 3-24 终端节点

终端节点是一个逻辑上的组件，访问服务的请求流量实际发送到了与终端节点相关联的弹性网卡上。与 ECS 上的弹性网卡一样，终端节点网卡需要连接到服务使用方 VPC 的 vSwitch 上，并且分配一个 vSwitch 私网地址段的 IP 地址。服务使用方所访问的服务地址，就是这个 ENI 的私网 IP 地址。

服务提供方最重要的组件是终端节点服务。终端节点服务代表了一个服务提供方所提供的云服务。终端节点服务可以接收终端节点的连接请求。服务提供方可以选择自动或者手动控制是否接受连接请求。

终端节点服务是一个逻辑上的组件，真正提供服务的是与终端节点服务所关联的服务资源。目前，阿里云支持将 SLB 作为私网连接的服务资源，后续还将支持更多类型的网元作为服务资源。

需要注意的是，私网连接只会转发同可用区的流量。也就是说，发给某个可用区 vSwitch 终端节点网卡的请求，只会转发到同一可用区的终端节点服务资源（即 SLB 集群）。所以当服务提供方没有在某个可用区提供服务资源时，服务使用方也无法在对应可用区的 vSwitch 中创建对应的终端节点网卡。

3.6.3　私网连接的优势

私网连接是云网络独有的服务连接方式，充分发挥了虚拟网络在多租户网络隔离和服务互通方面的灵活性。与公网、VPC 对等连接等方式相比，私网连接在安全性、简化管理等方面有比较大的优势。

（1）**安全访问云上服务**。与公网提供的服务相比，通过私网连接提供的服务具有更好的私密性。这一方面体现在，流量本身不会离开内网，甚至不会进行跨机房的传输。另一方面，服务本身的发布、连接和访问都在双方的 VPC 中进行，不需要任何的公网出入口，避免了公网攻击等网络安全问题。

（2）**保持监管合规性**。金融服务、医疗保健行业和政府部门的敏感数据保护尤为重要，防止敏感数据（如用户记录）进入互联网有助于用户遵守相关的隐私保护法规。借助阿里云私网连接，阿里云资源、VPC 和第三方服务之间的数据将停留在云网络上，而云网络有强大的控制措施来维护安全性和合规性。

（3）**访问精确可控**。服务的提供方利用私网连接可以精确控制允许哪些用户账号建立终端节点连接，并且控制每个连接的带宽。服务的使用方也可以通过 VPC 的网络访问控制列表（Network Access Control List，NACL）、安全组等，控制对特定服务的访问。由于私网连接只提供单向的访问，也不会对服务使用方的 VPC

造成入方向的安全威胁。

（4）**低时延、高可靠**。由于私网连接只进行同可用区的流量转发，所以，用户可以自己控制所访问服务资源的位置。对于时延非常敏感的服务，用户可以访问同可用区的服务资源，有效控制网络时延，获得更高的网络质量。同时，用户可以在多个可用区中创建终端节点网卡，并利用服务域名获得多可用区的高可用能力。

（5）**网络管理解耦**。私网连接保持了服务双方的网络隔离，无须担心地址冲突问题，无须配置复杂的网络路由，也无须部署额外的安全策略。另外私网连接天然支持跨账号的服务访问，大大简化了不同账号之间的服务访问配置。

3.6.4　私网连接的主要应用场景

私网连接为云上服务的交互提供了一种全新的方式，类似云服务总线，既可以帮助用户更加方便安全地访问云上的服务，也可以帮助用户更加方便地构建服务化的云上网络。更重要的是，私网连接为企业 SaaS 服务生态的发展打开了一扇新的大门，让服务提供商能够以一种全新的方式为云上客户提供更加安全的服务访问。下面我们介绍私网连接的三种典型主要应用场景。

（1）**访问云服务**。云上用户可以通过创建 VPC 中的终端节点访问特定的云服务。由于终端节点网卡使用的是 VPC 的私网地址，用户可以非常方便地进行网络地址规划，便于在多 VPC、跨 VPC 和混合云的场景下访问云服务。

（2）**访问企业内部服务**。利用私网连接，企业可以将内部的公共服务提供给各个业务的 VPC 访问，同时保持公共服务的网络与业务的网络环境相互隔离，以满足运维管理和安全隔离的要求。采用这种方式，可以大大简化企业云上网络的管理，避免复杂的路由和安全策略配置。

（3）**云上应用生态**。企业级应用往往对于安全性有更高的要求，不适合通过互联网发布和访问。利用私网连接，企业 SaaS 应用的提供商可以在云上私有网络中发布和提供服务，所有的交互数据都不经过互联网，更加安全可靠。结合阿里云的混合云产品，企业线下数据中心和分支的终端也能够访问发布在阿里云上的企业应用和服务。

3.7　负载均衡

随着移动互联网应用的蓬勃发展，对企业级应用系统的要求越来越高，应用系统常常会在以下几个方面遇到挑战，如图 3-25 所示。

Always Online对业务
高可用提出更高要求
健康检查
可用区容灾
地域级容灾

5G/IoT时代的来临互联网
将迎来更大的流量洪峰
更大的并发连接
更大的带宽
系统有着更好的弹性

业务复杂度的攀升需要
应用更快速地交付
面向应用的负载均衡
高级路由、流量镜像等功能支付
面向云原生的快速交付模式

复杂的网络环境对安全和运维
便利性提出更高要求
抵御DDoS攻击
WAF应用层防御
HTTPS安全加密

高可用　超高弹性　核心痛点　面向应用　安全可靠

图 3-25　企业级应用系统的核心痛点

高可用（Always Online）：移动互联网对业务高可用有更高的要求，用户应用型系统必须具备强大的高可用和容灾能力，能发现并排除不健康的服务，在可用区及地域间进行容灾，以实现业务运行永不停止。

超高弹性（Super Elastic）：5G 让接入网络变得更快，带宽变得更高，IoT 技术将使得互联网上的客户端数量呈爆炸式增长，因此在 5G/IoT 时代，应用系统必须能够承接更大的并发连接，以及更大的带宽。类似直播带货、在线电商秒杀等业务场景的成熟应用，会导致在线用户数在短时间内出现指数级的暴增，应用系统需要有非常好的弹性，以应对这些突如其来的流量洪峰，在流量高峰期能够自动扩容，在流量低谷期能够自动缩容。

面向应用（Application-Oriented）：随着各类业务越来越复杂，业务的快速交付成了用户越来越关注的点。由于微服务、云原生等技术的广泛应用，负载均衡将不仅面向网络层提供服务，还需要深入应用层；不仅做网络入口，还需要面向应用交付，实现业务转发。在云原生 Ingress 场景下，更需要大量基于内容的高级路由特性以实现金丝雀发布、故障注入、流量仿真等重要的云原生开发模式。

安全可靠（Security&Trust）：网络环境越来越复杂，网络中应用系统的复杂度也不断攀升，从而导致安全漏洞也在逐年增加，网络安全事关企业的生死存亡。网络安全防线被突破不仅意味着业务受损，更可能导致关键数据、信息的丢失，是企业无法承受之痛，安全始终是企业用户最关注的特性之一。

负载均衡可以帮助企业有效地解决上述痛点。

3.7.1 什么是负载均衡

负载均衡（Server Load Balancer，SLB）是一种对流量进行按需分发的服务，通过将流量分发到不同的后端服务来扩展应用系统的服务吞吐能力，可以消除系统中的单点故障，提升应用系统的可用性。

阿里云提供全托管式在线负载均衡服务，具有即开即用、超大容量、稳定可靠、弹性伸缩、按需付费等特点，适合超大规模互联网应用，如春节红包、双 11 秒杀抢购、大规模在线物联网应用等高并发场景。

阿里云负载均衡提供 4 层、7 层负载均衡服务，其中 4 层负载均衡工作在传输层（OSI 参考模型中第 4 层），基于 TCP/UDP 协议工作，4 层负载均衡单实例可以支持高达千万级别的并发连接与百万级别的每秒新建连接。

区别于 4 层负载均衡，7 层负载均衡工作在应用层（OSI 参考模型中第 7 层），支持 HTTP、HTTPS、HTTP2、WSS、QUIC、GRPC 等众多应用协议，单实例可支持高达 100 万 QPS，7 层负载均衡支持 SSL 卸载（或 HTTPS/TLS 卸载），负载均衡负责 HTTPS 流量的加密与解密，后端服务器仅需处理普通 HTTP 流量，可以极大地节省后端服务在数据加解密上的算力，有效控制后端服务器的规模与成本。

3.7.2 负载均衡的分类

1. 传统型负载均衡 CLB

传统型负载均衡 CLB 支持 TCP、UDP、HTTP、HTTPS，具备海量业务的 4 层处理能力，以及基于内容的 7 层处理能力，如图 3-26 所示。

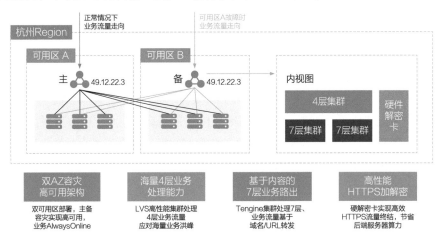

图 3-26 传统型负载均衡 CLB

传统型负载均衡 CLB 采用 4 层加 7 层的部署方式，提供 HTTPS 和简单的 7 层路由处理功能，提供 IP 形态（固定不变）售卖，采用主备方式工作（可用区的主备关系由阿里云指定），同一时刻只有一个可用区中的实例处于工作状态，另外一个可用区中的实例待命，当工作中的实例发生故障时，触发主备切换。用户域名直接通过 A 解析（或 AAAA 解析）指向负载均衡提供的 VIP（虚拟 IP），如图 3-27 所示。

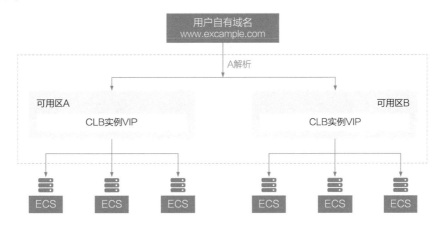

图 3-27　用户自有域名

2. 应用型负载均衡 ALB

应用型负载均衡 ALB 专门面向 7 层负载均衡，提供超强 7 层性能和 HTTPS 卸载功能，单实例可达 100 万 QPS，同时还提供基于内容的高级路由特性，诸如基于 HTTP 标头、Cookie、查询字符串进行转发、重定向、重写等。

应用型负载均衡 ALB 提供域名与 VIP，域名与 VIP 的多级分发，承载海量请求，并且在多可用区部署（至少两个，可以更多），如图 3-28 所示。区别于传统型负载均衡的主备工作模式，ALB 在所有可用区同时工作（并支持用户自定义的可用区组合），极大提升了负载均衡的弹性能力，同时避免了单可用区资源瓶颈，ALB 通过 EIP+ 共享带宽提供公网，如图 3-29 所示，由于使用了 EIP，ALB 可以灵活公网计费，如按流量、按固定带宽、按 95 去峰带宽计费等。

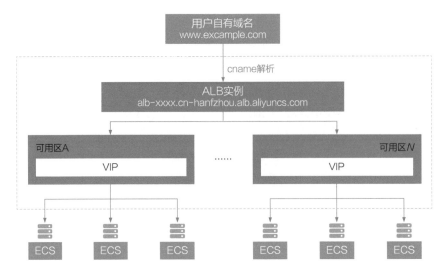

图 3-28 ALB 实例

橙色虚线 [___] 内所有组件构成一个ALB实例

图 3-29 EIP+ 共享带宽

3.7.3 负载均衡的优势

（1）超强性能与弹性。由于使用专门优化的 DPDK LVS、Intel QuickAssist 硬件加解密卡大幅提升处理性能，负载均衡具备超强性能与超强弹性，单实例支持 1000 万并发连接、100 万 QPS。

（2）多级容灾保证业务安全可用。负载均衡采用 4 级容灾架构，包括应用级高可用、集群级高可用、可用区高可用、地域级高可用，同时提供 DDoS 和 WAF

扩展防护，全链路 HTTPS 满足 Zero-Trust 安全模型的要求，提供高达 99.99% 的可用性保障承诺（SLA）。

（3）深度集成云原生。与 ACK（容器服务 Kubernetes 版）、SAE（Serverless 应用引擎）深度集成；面向应用层交付，支持先进的 GRPC 协议，实现微服务间高效的 API 通信，基于 Header/Cookie 的路由能力，支持流量拆分以实现云原生场景中的金丝雀发布；流量镜像可以复制在线业务流量用于仿真业务测试，用基于内容的 QPS 限速可模拟业务熔断等场景。

（4）开箱即用、简单便利。负载均衡可秒级开通，7×24 小时免运维，有着完善的监控日志，支持事件告警。

3.7.4 负载均衡的主要应用场景

大流量的处理和调度

视频、电商、社交、游戏、在线教育等行业的网站和系统访问量很大，对大流量的处理和调度能力要求很高。SLB 的超强性能和丰富的调度算法可以轻松面对大流量的处理和调度。如图 3-30 所示。

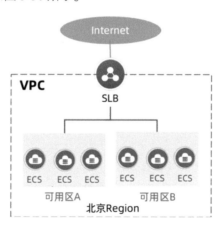

图 3-30 负载均衡进行大流量的处理和调度

基于应用层的流量调度

应用负载均衡支持 HTTP 和 HTTPS，提供高级的 7 层功能，如基于内容的路由、支持 QUIC 协议等，能满足越来越多元化的应用层负载需求，大大提升交付效率，同时具备超强性能（100 万 QPS/ 实例）、安全可靠、简单易用等优势。而用户在云上自建 Nginx 做应用层流量调度，不仅稳定性难以保证，还存在额外的虚机建设与维护成本。使用应用负载均衡产品可以完美替代自建 Nginx。

云原生、微服务场景

作为阿里云官方推进的云原生 Ingress 网关，应用型负载均衡 ALB 支持高性能 API、GRPC 协议、金丝雀发布、在线流量镜像、基于 Header/Cookie 的转发、重定向、内容重写等，且无缝支持云原生场景。

业务高可用

企业用户都很关注业务的连续性，特别是金融、政务等关键领域的行业用户。负载均衡是用户业务稳定性和可靠性的有力保障。首先，负载均衡支持健康检查，可以及时发现和屏蔽异常后端服务器。其次，负载均衡支持多可用区，结合后端服务器的多可用区部署实现跨可用区容灾。再次，通过多地域部署，结合智能 DNS，负载均衡可以支持跨地域容灾。最后，负载均衡和 DDoS 防护、WAF 防护等安全产品无缝集成，为业务提供安全防护能力，提升业务连续性。

3.7.5　面向云原生的负载均衡

容器网络 Ingress 网关

不论是在阿里云 ACK 容器服务中，还是在用户自建的 K8s 集群中，容器网络的南北向入口都必须有一个 Ingress 网关来做业务流量的分发。由于是整个容器网络的流量入口，Ingress 网关的性能有可能成为整个系统的瓶颈。阿里云负载均衡的高性能、高弹性可以很好地消除这个瓶颈。同时，容器网络入口的高可用至关重要，一旦 Ingress 网关出现故障，整个容器集群将无法对外提供服务，而负载均衡具备 4 个层级的高可用，将保障容器网络的入口永远通畅。

微服务发现与高可用

在云原生的技术体系中，微服务是应用系统的最小组成单元，在大型复杂应用中，数个微服务互相调用、依赖，每一个微服务都存在多个运行副本，组成一个微服务集群对外提供服务，因此每一个微服务都需要配一个负载均衡。这些均衡负载不但用来解决高可靠问题，还承担着发现微服务的角色，因为容器本身会被快速生产、销毁、替换，其 IP 地址会频繁变化。如果没有负载均衡对外提供一个稳定的 IP 地址，服务的使用方将无法稳定地访问服务。

零信任安全模型

云原生技术起源于数据中心内的应用和服务，并在过去几年逐渐扩展到边缘甚至端上的计算。随着 5G 和 IoT 的快速发展，云边端一体化的云原生技术将深入更多的企业和更丰富的场景，无处不在，未来云原生的网络环境将变得更加复杂。这意味着可能存在更多的安全风险。因此在很多云原生的场景中，零信任（Zero-Trust）安全模型至关重要。

　　零信任安全模型要求整个传输链路上的流量都是经过加密的，不对基础设施的网络做任何可信的假设。这意味着负载均衡需要对从客户端发出的加密流量进行解密，以处理 7 层业务路由，并且在发给后端微服务时要再次加密，以满足零信住安全模型的规范要求。

　　阿里云应用型负载均衡支持全链路的 HTTPS 加密，完全符合上述安全规范，同时，由于采用了专用的加解密硬件卡，相比于开源方案自建的负载均衡，能够节省 40%~50% 的 SSL 加解密算力。

第 4 章

跨地域网络

随着越来越多的企业用户上云，网络变成了云上的 VPC。这时，企业用户可能要求把多个不同地域的 VPC 互联，构建跨地域网络。

4.1 云企业网

云企业网是用户基于云构建的全球化网络。它主要用来在不同地域的 VPC 之间、VPC 与本地数据中心之间搭建云上云下一体化的私有网络。云企业网基于全球高质量的网络基础设施，通过自动路由分发及学习，使网络能够快速收敛，实现全网资源的互通，进而帮助企业用户打造企业级的专属网络，如图 4-1 所示。

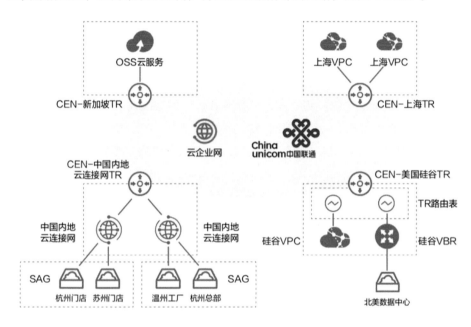

图 4-1 云企业网

4.1.1 云企业网的组成

1. 云企业网实例

云企业网实例是企业用户创建和管理云上一体化私有网络的载体。在创建云企业网实例后，企业用户就可以将需要互通的网络实例加载到此云企业网实例中，购买带宽包，设置跨地域互通带宽，实现全球网络资源的互通。

2. 网络实例

网络实例是加载到云企业网中的网络组件，包括 VPC、边界路由器（VBR）和云连接网（CCN）。这些网络组件之间是全互联的。

3. 带宽包

带宽包是网络实例之间通信需要的带宽资源。当同地域之间的网络实例互通时，用户无须购买带宽包。当跨地域之间的网络实例互通时，用户必须为要互通的地域所属的区域购买带宽包，并设置跨地域带宽。区域是阿里云地域的集合，每个区域包含一个或多个阿里云地域。互通区域必须以控制台为准。

4. 转发路由器

企业级网络的网络架构往往比较复杂，一般情况下需要为不同的部门或应用划分独立的网络环境，这些网络环境之间有的需要完全隔离，有的需要部分隔离，有时还要有能访问的公共服务。

对于这种复杂的主要应用场景，在线下 IDC 的网络架构中，企业会通过核心交换机或核心路由器把不同部门的网络连接起来，在核心交换机或核心路由器上部署多 VPN 实例，并设置相关的路由策略。这一方案无论在哪个维度要求都比较高。

在传统企业上云之后，一般不同的部门需要放到不同的 VPC 中，以便提供独立的网络环境。对于不同部门之间对 VPC 间灵活组网的需求，云网络对应的产品化方案是转发路由器（Transit Router）。转发路由器与传统 IDC 的核心路由器或核心交换机对应。

一个云企业网实例在一个地域内可以创建一个转发路由器，作为企业用户在该地域内的网络管理运维中心。转发路由器可以为企业用户连接当前地域的网络实例，作为与同地域或跨地域网络实例互通的桥梁。转发路由器也承载各个地域内路由表、路由策略、跨地域连接等功能。企业用户可以通过转发路由器添加路由、设置路由策略等，满足多样化的组网和网络管理需求。

4.1.2 云企业网的优势

1. 覆盖全球

阿里云遍布全球的 23 个地域、69 个可用区、120 多个 POP 点，构成了云企业网底层的全球网络基础设施，用户通过阿里云可以轻松构建企业级的全球专属网络。对于中国和海外地域的跨境部分网络，阿里云是与中国联通进行深度合作和集成的，支持用户在阿里云平台上开通中国联通运营的跨境专线。

2. 高质量

云企业网底层使用阿里巴巴全球传输网络，任意两点之间不少于 3 条路径冗余，以最短路径私网互通，时延最低， SLA 可达 99.95%。云企业网还支持以多种接入方式互备,如支持双专线、专线和 VPN、专线和云连接网(CCN)等多种冗余组合方式,提升上云链路的可靠性。此外,云企业网可配置专线上云健康检查,由系统自动探测链路状况。

3. 精细化管理通信

一般来说,大型互联网企业和传统企业业务系统都较为复杂,相应地,网络也非常复杂,加上上云的趋势,企业往往需要云上云下多地域构建全球私有网络、云下 IDC 和分支。当云上 VPC 数量众多时,企业对 IT 治理要求也较高,因此需要精细化管理通信。比如,在使用云企业网后,云上 VPC 之间 VPC 和经专线(VBR)连上的 IDC,或者 VPC 和经 SAG-CCN 连上的 IDC、总部、分支等均需要路由控制。云企业网通过转发路由器实现了云企业网区域内以及不同环境下的隔离和互通控制,不仅满足高安全需求,还满足大规模组网需求,比如,一个区域内有上百个 VPC 加入云企业网。

4. 简单易用

云企业网的一大优势是简单易用,即使非专业人士也可以完成绝大部分的网络管理工作。用户只需在几个控制台上进行简单的点击操作,就可以把多个地域的 VPC 连接起来,快速构建企业级的全球专属网络。云企业网还支持自动学习和分发路由,可以显著地降低企业用户路由配置的复杂度和工作量。阿里云也是业界第一家提供多个 VPC 间自动路由学习功能的云厂商。

4.1.3 云企业网的主要应用场景

1. 云上多地域 VPC 互联网络

访问应用的用户分布广泛,甚至是全球化分布的,有时服务节点和用户所在地不同且分散,往往需要云上多地域部署业务,将多地域 VPC 打通。租用传统专线开通时间长、弹性不足、运维管理复杂。使用云企业云连接网(CCN)配置管理简单,可分钟级构建全球私有网络,并可根据业务需求随时变更带宽,结合转发路由器实现更精细的通信管理,具体如下。

1)不同部门的多个 VPC 全互通

不同部门的服务器部署在不同的 VPC 中,部门之间需要全网状(Full Mesh)全互通。通过转发路由器可以很简捷地实现这种组网需求,只需要将多个 VPC 和转发路由器建立关联,按照图 4-2,在每个 VPC 和转发路由器中设置对应的路由表。

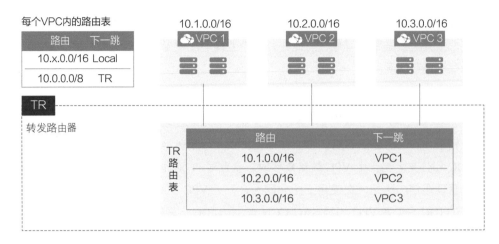

图 4-2　不同部门的多 VPC 全互通

此时，VPC 之间的互访流量会先转发到转发路由器，再在转发路由器上查找对应的路由表，进而走到对应的 VPC。由于引入了转发路由器，所以从原来的 VPC 间的 Full Mesh 组网，变成了多个 VPC 到转发路由器的星形组网，网络架构及其配置和维护也变得更加简单明了。

2）部门内多个 VPC 就全互通，不同部门之间不互通。

如果不同部门之间不希望互通，但部门内部的多个 VPC 需要互通，那么此时可以在转发路由器上为不同的部门分配不同的路由表，在每个部门的路由表里仅配置本部门 VPC 的路由即可。具体组网形式和路由配置如图 4-3 所示。

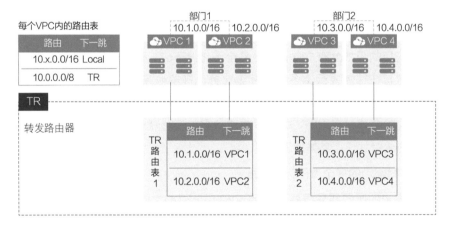

图 4-3　部门内多个 VPC 全互通，不同部门之间不互通

3）不同部门的 VPC 不互通，但需要访问公共服务。

如果不同部门之间不希望互通，但每个部门都需要访问公共服务，如内部邮箱系统等，那么此时可以适当地调整转发路由器上的路由表的配置，实现上述主要应用场景的组网需求，如图 4-4 所示。

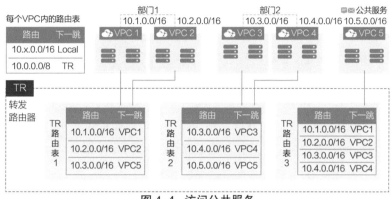

图 4-4　访问公共服务

4）不同部门的 VPC 通过核心防火墙实现 VPC 互通。

不同部门之间的 VPC 可以互访，但必须经过核心防火墙。这种场景也可以通过适当地设置转发路由器上的路由表来实现。具体的组网方式和路由配置如图 4-5 所示。

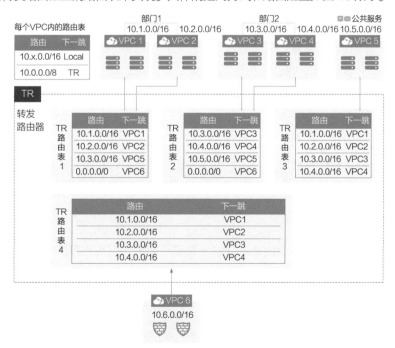

图 4-5　经过核心防火墙

在上述几个场景中，每个 VPC 里的路由配置可以保持一致。具体的互通和隔离策略是通过在转发路由器上设置多路由表及其相关路由配置实现的。VPC 间的组网策略全部放到转发路由器上统一管理。

2. 云上云下一体化网络

随着越来越多的传统企业上云，一方面企业上云或云化过程比较长，往往先使用混合云构建云上云下一体化的私有网络；另一方面，传统企业对网络要求比较高，需要云上网络能够满足企业级的网络需求，包括网络质量、可靠性、安全隔离等。云企业网支持多种接入方式，可以将通过高速通道（专线）、智能接入网关（SAG）上云的 IDC、门店、分支、总部、移动端与云上多地域 VPC 互联，轻松构建云上云下一体化网络。通过云企业网转发路由器，还可以实现对网络内不同网络实例通信的控制，比如云下总部只能访问云上某个 VPC，或者 IDC 可以访问云上所有 VPC，云上只有某个 VPC 可以访问云下 IDC 等。

4.2　全球加速

在互联网应用中，有很大一批时延敏感型的应用，比如证券交易、网络游戏、电子交易、在线音视频等。这类应用遇到网络质量不好时，将会造成业务不可用，甚至带来金钱上的损失，因此低时延的网络尤为重要。

我们知道，网络时延主要受两方面影响：用户数据到达应用程序的网络路径的可用带宽及网络跳转的次数。可用带宽越低，拥塞可能性就越大。网络跳转次数越多，网络拥塞的概率越大。当网络发生拥塞时，网络时延将会增大，甚至连接丢失。

当访问某个业务的用户遍布全球时，这个问题就更复杂了。如果能将用户流量尽早地跳转到阿里云的网络上，并使用阿里云提供的全球节点和全球网络容量，那么不仅可以减少网络跳转次数，还具有弹性的带宽容量，从根本上避免流量高峰期间的网络拥塞和数据包丢失的问题。全球加速产品就是按这个思路解决客户问题的。

4.2.1　全球加速概述

全球加速（Global Accelerator，GA）是基于跨地域网络构建的公网应用加速产品。全球加速覆盖全球公网应用加速服务，依托阿里云优质的全球互联网带宽与高品质传输网络，实现了全球范围就近接入和跨地域部署网络服务，极大地提升了服务可用性和性能，如图 4-6 所示。

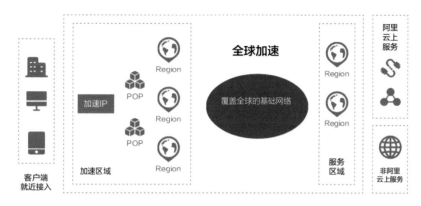

图 4-6　全球加速 IP 地址

全球加速会为每个接入加速区域的地域分配一个加速 IP 地址，客户端流量通过加速 IP 地址就近从接入点进入阿里云加速网络。之后，全球加速可以智能选择路由并自动完成网络调度，把客户端的网络访问请求送达最佳终端节点，避开公网的拥堵，减少时延。全球加速的终端节点可以是负载均衡实例、云服务器、阿里云弹性公网 IP、自定义源站 IP 地址或自定义源站域名。

全球加速能够加速不同类型的源站服务。不管源站部署在哪里，只要是能够通过公网访问的，就可以加速。如果客户服务部署在阿里云的 VPC 中，那么可以直接把全球加速作为公网访问的入口，客户端通过全球加速直接访问 VPC 内的云服务器或者负载均衡实例。

4.2.2　全球加速产生的背景

软件与应用互联网在线化是大势所趋，尤其是受新冠疫情的影响，远程在线协同办公与跨地域跨国长距离的应用访问需求集中爆发，无论是互联网公司，还是传统企业，其内外部的在线应用都面临着前所未有的挑战。

◎网络质量不可控：互联网应用通常基于互联网提供服务，复杂、多变的全球互联网环境为应用带来了前所未有的服务质量挑战，高抖动、高时延、拥塞、丢包，甚至中断，是所有长距离在线应用服务共同的痛点。

◎用户和员工遍布全球，但业务系统集中部署：与集中式部署的应用源服务在相同区域同 ISP 的用户一般可以较为稳定地访问不同，遍布全球其他区域的用户无法获得一致的应用体验，分布式部署或者使用专线组建全球互联网络的成本与运维复杂度是大多数中小企业无法承受的。

◎安全问题频发：DDoS 攻击、CC 攻击与 Web 的入侵篡改等都严重威胁了企业在线应用的安全与稳定，未加防护的应用在线上直接暴露可能会给企业带来巨大的风险与损失。

全球加速可以很好地解决上面的问题。

4.2.3 全球加速的优势

全球加速集成了网络调度和加速能力，可以提供高质量、高可用、高安全和易部署的网络加速服务。

（1）高质量。全球加速依托遍布全球的网络加速节点，客户可以从全球各地就近接入加速网络，大幅减少网络时延、丢包，传输效率提升数倍，极大地提升了互联网服务访问体验。基于接入点智能调度流量到最优接入点，实现网络就近接入和跨地域部署，为客户提供多地域的应用访问优化、广域负载均衡和跨地域容灾能力。

（2）高可用。全球加速基于云原生，在全球有数十个加速节点智能调度，有效地屏蔽了单地域和单线路故障，提高了网络稳定性。所有加速节点均基于 NFV 架构实现，保证了网络性能和灵活弹性扩容。

（3）高安全。全球加速与云原生的安全能力联动，保护互联网服务免受攻击，加固对终端节点的安全访问，可随时升级防御 T 级别攻击。

（4）易部署。全球加速以分钟为单位完成部署开通，业务架构"零"改动，还提供了基于 Terraform 和 ROS 的模板，快速创建实例。

4.2.4 全球加速的主要应用场景

1. 互联网网站及应用加速

随着全球化进程的不断加快，大量的中国互联网公司开始出海，同时，大量国人到海外旅游和求学，海外的互联网服务也开始纷纷为中国用户提供服务。但因不同地区互联网基础建设水平参差不齐，而产生的国际互联网的拥塞时延、抖动、丢包等问题，不仅使得我们在全球的不同角落访问同一个应用或网站的体验有着天壤之别，而且严重影响跨地域业务和服务的运行，特别是在电子商务、金融、航空、酒店、媒体和教育等对时延敏感的服务行业。网站、移动应用和应用程序提供顺畅友好的用户体验是确保客户满意度的关键所在。

通过使用具有高质量多线 BGP 的全球加速节点及联通全球的阿里云网络的全

球加速产品，终端用户可以快速安全地访问多个 VPC 和地域部署的互联网网站及应用系统。通过有针对性地在世界各地部署加速节点来加快全球范围内访问网络的速度，用户根据 IP 地址或 DNS 自动选择就近加速节点接入。全球加速产品可以联动 CDN 提供本地视频网络体验，优化回源链路，配合 DDoS 防护和 WAF 规避网络攻击，配备的健康检查机制在加速的同时能更好地保证系统稳定性。同时，使用全球加速无须大幅度更改已有的互联网网站及应用架构，分钟级即可完成部署，同时支持弹性扩展和自动化部署能力，保证网站及应用业务在业务高峰期也可稳定运行，如图 4-7 所示。

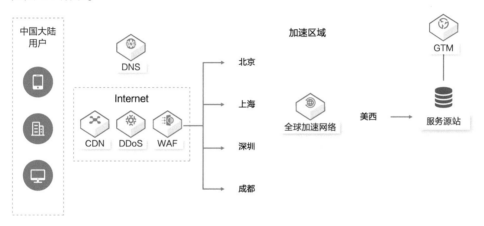

图 4-7 互联网网站及应用加速

2. 全球办公协作

随着现在企业日趋全球化，全球企业音视频会议、企业内部 OA 或 Web 加速、跨国企业访问分支、移动办公等企业办公需求日益增加。跨国公网经常出现时延大、丢包等不稳定现象，再加上诸如 MPLS VPN 等传统的企业全球网络架构建设周期长、投入成本高、运维困难，无法满足日益增长和快速发展的企业全球化的要求，对企业运营产生不利影响。如何快速地拓展企业自用系统的部署范围，满足全球企业员工的访问需求，成为目前企业 IT 急需解决的问题。

基于阿里云全球的网络覆盖能力，针对企业网络无法较好覆盖的区域，部署全球加速产品，让特定地区的员工和企业分支更好地访问企业系统，文件和音视频传输质量更加稳定，文件传输速度最高可以提升 10 倍以上，大幅提升了企业远程协作效率。同时，使用全球加速无须大幅度更改企业现有 IT 系统，具有较高的兼容性，方便企业统一管理全球办公协作网络，有效地降低企业 IT 运维成本，如图 4-8 所示。

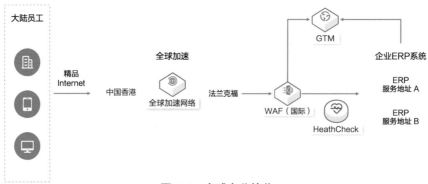

图 4-8　全球办公协作

3. 游戏加速

目前游戏全球同服日趋流行，这不仅简化了整体架构，而且降低了部署成本。但海外用户分布在全球各地，基数大、分布广。每个国家都有自己的运营商，运营商之间的互联互通也很复杂，游戏在海外发行的过程中势必会遇到如何保证玩家获得较好的游戏体验的问题。通过互联网的方式直接提供公网访问服务，在遇到外部运营商的网络拥塞、链路中断抖动的问题时，容易造成游戏掉线、卡顿等问题，严重影响玩家的实际业务体验，阻碍业务的发展。同时，在一些人口众多而互联网相对不够发达的地区，纯公网的覆盖质量也会出现天然不达标的问题。这些问题依靠应用层的技术优化是无法得到改善的，需要通过修建网络高速公路的思路，保证海外的广大玩家能够在丢包和时延稳定的路径上访问游戏服务，获得良好的体验。游戏厂商以阿里云全球加速产品为底座，借助阿里云全球一张网在各大洲和国家的互联网覆盖能力，打造面向海外用户的高质量体验的游戏产品，让原本走在丢包频繁、时延波动大的互联网上的流量走在稳定可靠的阿里云全球加速网络里，大大优化了用户的游戏访问体验，帮助业务在海外获得良好的发展，提升了游戏的品牌价值和市场影响力。

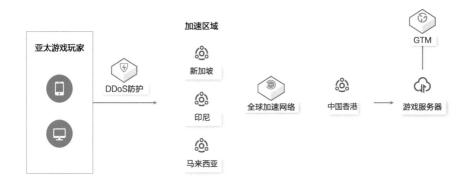

图 4-9　游戏加速

第 5 章

混合云网络

公共云及云上网络是一种共享的基础架构。云上有超大的IT基础设施资源，并且已经将资源池化并服务化，允许所有用户通过API随时取用IT资源，无须建设和维护任何物理设备。私有云是企业单独构建的独享基础架构，一般位于企业防火墙后，可以让用户更好地控制物理资源，但成本更高且难以维护。混合云则先通过网络将公共云和私有云环境连通，再做业务上的整合编排，让用户既能享受公共云的弹性便捷和高新技术红利，又能充分享受私有云的独立性。

混合云架构的主要优势如下：

（1）低成本。混合云架构既保护了 IDC 内现有的投资，又能根据使用量在云端按月、按小时，甚至按秒计费。

（2）可用性。公共云海量的资源池可以和本地数据中心形成备份，扩展成多地多中心，进一步提升服务的可用性。

（3）伸缩性。典型的混合云架构将固定水位的业务负载在自建 IDC 内，将突发的峰值业务负载在云端。通过 API 秒级伸缩，特别是在应用集成后，公共云和私有云形成水平扩展按需切换和开启。不同的业务类型对于伸缩性要求不一样，比如电商业务在平时的交易量处于稳定水平，而在举行促销活动期间会有非常大的突发流量，这是可预知的，可以提前做好扩容；而实时新闻类业务可能随时有突发新闻，导致流量高峰的情况，这时要能做到云上云下深度 API 集成，实现秒级自动化弹性伸缩。

混合云是当前和未来较长一段时间内会持续存在的一种形态，因此，选择什么网络产品构建混合云就显得尤为重要。阿里云的混合云网络产品如图 5-1 所示。

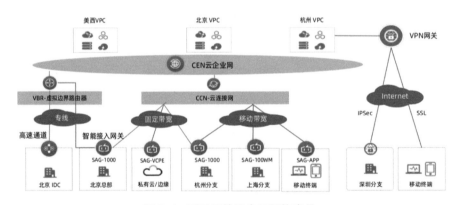

图 5-1 阿里云的混合云网络产品

阿里云的混合云网络产品可以把 IDC、总部、分支、门店、边缘、移动终端等通过 VPN 网关、智能接入网关、高速通道产品和云上 VPC 相连，共同构建云上云下一体的私有网络。这些产品的简单对比如表 5-1 所示，用户可以根据需要选择一种或多种混合云网络产品。

表 5-1 混合云网络产品对比

项目	智能接入网关	VPN网关	高速通道
链路	公网+专线	公网	专线
质量	中	低	高
成本	中	低	高
交付周期	中（硬件版-天/软件版-分钟）	短（分钟）	长（月）

此外，这些混合云网络产品既可以单独使用，也可以配合使用。比如以高速通道作为主链路，以智能接入网关作为备份链路，支持自动切换，再配合云企业网构建一张企业级的私有网络。

5.1 VPN 网关

虚拟专用网络指在互联网上建立专用网络进行加密通信，在企业网络中有着广泛应用。VPN 网关通过对数据包的加密和对数据包目标地址的转换实现远程访问。

5.1.1 VPN 网关概述

VPN 网关是基于互联网链路，通过加密通道将企业数据中心、企业办公网络等和阿里云 VPC 安全可靠连接起来的服务。VPN 网关是快速低成本构建混合云的最佳选择，可满足小带宽（一般小于 1000Mbit/s）且对网络质量相对不敏感的业务需求，如图 5-2 所示。

图 5-2 VPN 网关

VPN 网关支持 IPSec 和 SSL 两种协议，可以实现站点到站点、端到站点的连接。

IPSec-VPN 指采用 IPSec（Internet Protocol Security）协议实现远程接入的一种 VPN 技术。IPSec 协议是由 Internet Engineering Task Force（IETF）定义的安全标准框架，在公网上为两个私有网络提供安全通信通道，通过加密通道保证连接的安全——在两个公共网关间提供私密数据封包服务，如图 5-3 所示。

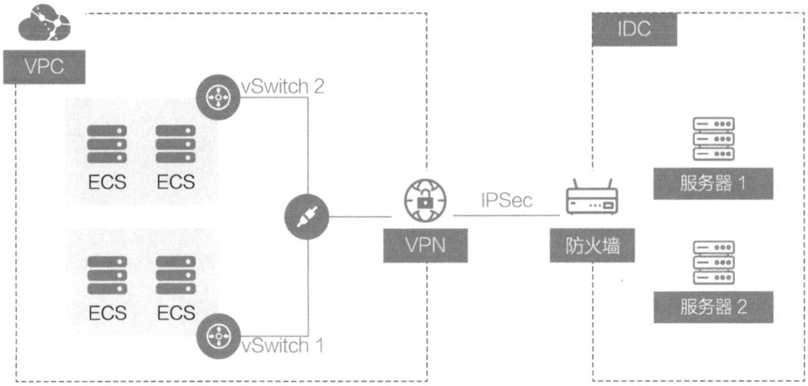

图 5-3　IPSec-VPN

IPSec-VPN 作为打通云上云下的加密通信隧道，目前已经有很多功能，包括基于路由的流量调度和动态路由（如 BGP）等。

（1）**基于路由的流量调度**：用户可以通过 VPN 网关和 VPC 提供的路由表建立通信隧道，然后将需要与云下网络通信的地址段配置上去，从而实现路由的灵活调度。同时，阿里云的 VPN 网关支持以感兴趣流的模式建立加密隧道，用户可由此来打通云上云下网络。

（2）**动态路由**：由于云下网络较为复杂，所以在上云的过程中，用户需要配置的网段非常多。如果以静态路由的方式配置网段，则会使运维成本急剧上升，同时严重影响业务的稳定性，因此，VPN 动态路由应运而生。在打通云上云下的过程中，如果用户选择动态路由，则在加密隧道建立起来之后，云上会自动发送云上地址段到对端，同时自动收取对端发送过来的路由，这样在网络变更或地址段发生变化后就可以及时地更新路由了，免去了复杂的路由配置过程。同时，VPN 动态路由可以借助云企业网同步到云上的多 VPC 中，打通整个云上网络，极大地简化网络配置，提高业务的可运维性。

（3）**国密评测**：《国家密码法》要求行业云或专有云用户必须满足"等保 2.0"合规标准，VPN 网关需要完成软件"国密等保 2.0"的评测。

（4）**一键诊断**：阿里云 VPN 提供了对 IPSec 协议连接的一键诊断功能，当用户连接出现异常时，可以快速地定位异常原因。

（5）监控：对 IPSec 协议连接提供实时流量监控和事件监控。实时流量监控可以实时地查看当前 VPN 网关的流量速率、包速率。事件监控可针对连接状态的改变产生事件信息，用户可以通过配置云监控获得报警信息，从而人工接入排查处理。

SSL-VPN 指采用 SSL 协议实现远程接入的一种新型 VPN 技术，包括服务器认证、客户端认证、SSL 链路上的数据完整性和数据保密性，如图 5-4 所示。

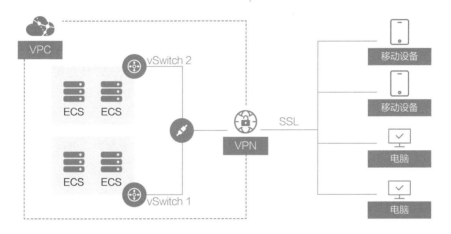

图 5-4　SSL-VPN

SSL-VPN 采用标准的安全套接层 SSL 对传输中的数据包进行加密，从而在应用层保护了数据的安全性。高质量的 SSL-VPN 解决方案可保证企业进行安全的全局访问。在客户端和服务器连接的过程中，SSL-VPN 网关有不可替代的作用。

SSL-VPN 是远程用户访问公司敏感数据简单、安全的解决方案。与复杂的 IPSec-VPN 相比，SSL 实现信息远程连通的方法（SSL/TLS 协议）相对简易。SSL-VPN 具有以下特点。

（1）多因子认证：SSL-VPN 除了支持 Key 认证，还提供了用户名和密码的认证方式，同时借助 IDaaS 的产品能力，用户也可以和本地活动目录（Active Directory，AD）打通，从而可以以 AD 认证的方式登录云网络，对于安全性要求较高的用户，可以方便地切入管理客户端的登录情况。

（2）客户端支持：目前 SSL-VPN 支持的客户端系统包括 Linux、Windows、Mac、iOS 和 Android，并且可以支持 iOS 自带的手机 VPN 客户端。

5.1.2　VPN 网关的组成

（1）VPN 网关实例。VPN 网关实例是用户在云上 VPN 服务的载体。在创建 VPN 网关时可以选择开启 IPSec 协议和 SSL 协议的功能。

（2）用户网关。用户网关是用户侧本地网关在云上的信息集合和抽象。用户将本地网关的基本信息注册到云上，组成用户网关。

（3）IPSec 连接。IPSec 连接指 VPN 网关和用户网关建立连接后的 VPN 通道。只有在 IPSec 连接建立之后，用户侧的企业数据中心才能使用 VPN 网关进行加密通信。

VPN 网关实例、用户网关和 IPSec 连接共同构成了 IPSec-VPN 服务。

（4）SSL 服务端。在 SSL 服务端中将指定要连接的 IP 地址段，以及客户端连接时使用的 IP 地址段。

（5）客户端证书。根据 SSL 服务端配置，创建并下载客户端证书及其配置，以及用户 SSL 客户端的配置。

5.1.3　VPN 网关的优势

1. 安全

安全是用户首要关注的点。VPN 网关主要通过以下几个方面保证安全性。

（1）使用 IKE 和 IPSec 协议对传输数据进行加密。

（2）防篡改：通过 SHA1、MD5、SHA256、SHA384、SHA512、SM2、SM3 等加密算法保证数据的准确性。

（3）身份认证：在 IPSec 连接中，要求用户以共享密钥的方式验证对方身份。在 SSL-VPN 连接中，同时支持以 key 认证、用户名和密码认证的方式验证对方的身份。

2. 高可用

首先，VPN 网关自身是双机备份的，当一台机器出现故障时，可快速切换到另一台机器恢复业务。其次，当用户通过建立 IPSec 连接打通云上云下业务时，可以建立多个 IPSec 连接，避免单一通道故障导致业务不可用。除此之外，VPN 网关还可以和高速通道（专线）形成主备关系，进一步提升 VPN 网关的可用性。

3. 简单易用

VPN 网关只需进行简单的配置即可建立云上云下业务的加密通信通道，而且路由配置调度云上流量。VPN 网关的一键诊断功能可快速找出异常原因，还提供了非常丰富的监控指标。

5.1.4 VPN 网关主要应用场景

1. 通过 IPSec-VPN 低成本快速构建混合云

随着云业务的高速发展，混合云也被广大的企业所接受和应用，关键系统，如 CRM 等部署在云上，出于安全考虑，通信需要安全加密，且不提供互联网访问，只提供私网访问。在这类场景中，IPSec-VPN 以即开即用、高可靠、低成本的特性发挥了重要的作用。比如，用户在云上拥有一个 VPC，在云下拥有一个 IDC 机房网络，通过云上的 VPN 网关，在云上的 VPC 和云下的 IDC 机房之间打通通道，实现安全的私网互通。

2. 通过 SSL-VPN 实现移动办公

在日常工作和生活中，当用户需要进行云上业务数据的上传和下载等，例如居家办公时，SSL-VPN 可让用户通过手机、计算机等设备访问公司部署在云上的业务。通过 VPN 网关的 SSL 连接能力建立端设备到 VPC 的安全加密连接，使得用户通过私网地址即可访问云上 VPC 的业务。

对于已经有本地活动目录 AD 的用户，VPN 网关同时提供了对接本地活动目录的功能，这样可以在不改变本地用户管理的基础上，便于公司员工通过账号和密码的方式登录 VPN 网关进行协同办公，如图 5-5 所示。

图 5-5　VPN 网关协同办公

3. 专线 POC 和备份

专线施工周期较长，为了快速验证可行性，往往使用 VPN 网关作为专线开通前的 POC。此外，还可以把 VPN 网关作为专线的备份，提升链路可靠性。

5.2 智能接入网关

智能接入网关是阿里云自研的云原生 SD-WAN 解决方案，可让企业 IDC、总部、分支、门店、边缘节点、移动端等多种类型网络节点的一站式接入上云，形成企业内部网络。

5.2.1 SD-WAN 概述

SD（Software-Defined）即软件定义，这一概念应用非常广泛，比如软件定义网络（Software-Defined Network，SDN）、软件定义数据中心（Software-Defined Data Center，SDDC），甚至软件定义万物（Software-Defined Everything，SDX）。广域网（Wide Area Network，WAN）是连接不同地区局域网或城域网的计算机通信的远程网络，通常跨接的物理范围是从几十千米到几千千米，能连接多个地区、城市，甚至国家。因此，顾名思义，SD-WAN 就是软件定义的广域网。

SD-WAN 之所以能从传统的广域网中脱颖而出，主要具有以下优点。

1. 降低网络成本

通过专线链路、基于互联网的 VPN 链路，以及纯互联网链路灵活组网，SD-WAN 可以极大地降低昂贵的专线带宽使用量，从而降低企业网络线路成本。

比如，一个门店既有高优先级的交易指令业务，也有低优先级的天气播报业务，另外，还有对时延敏感的语音业务和对时延不敏感的邮件业务。通过 SD-WAN 可以准确地识别各种业务，再将交易指令业务和语音业务负载在高质高价的专线链路中，而将天气播报业务和邮件业务负载到价格较低的互联网链路中。这样既节省了专线链路的带宽，又提升了带宽利用率。而在连锁多分支门店的场景下，由规模效应所带来的成本降低更为显著。

2. 降低时间成本和人力成本

SD-WAN 在数据链路上是基于 VPN 技术的网络，但是传统的 VPN 组网需要在两端配置协议并对接，每上线一个点就需要做一次协议配置；甚至在大规模组网的情况下，可能每更改一个节点的网络配置就需要轮询其他节点。而 SD-WAN 一般支持零配置安装部署（ZTP），自动协商建立 VPN 通道，即插即用。除此之外，SD-WAN 对所有的网络路由信息集中处理、自动分发，当数千家门店中的某个门店的网络发生变化时，其他门店无须做任何网络配置。

3. 降低运维成本

在传统网络架构中，同一个网络设备既有转发模块，也有控制模块，看到的是多个点（网络设备）和多个连接，在运维时需要对每个网络节点和连接分别进行维护。而 SD-WAN 架构下看到的是一整张网络，将转发和控制分离，所有节点统一通过中心化控制台远程管理，全网统一监控运维。

5.2.2 智能接入网关的特点

作为云原生的 SD-WAN 解决方案，除上述优势外，智能接入网关还具备以下特点。

1. 以云为中心

在上云之后，企业线下的数据中心、办公室及各种各样的终端设备需要和云上的应用进行交互。想要做到云上云下深度应用集成，最好的方式是企业网络以云上的应用为中心，实现云—管—边—端一体化。另外，对应用来说，还需对云服务节点和线下终端节点的感知是无差异的。

2. 一云多端

数据是计算的原料，而数据的来源十分多样化，既可以来自数据中心的服务器，也可以来自 IDC、办公室，还可以来自移动的笔记本计算机和手机，甚至是摄像头、扫码枪、温度计等。这就要求网络端可以适应多种终端。

3. 产品化和弹性按需

云的特质之一就是弹性按需和资源池化，云上的基础设施更像是一种服务，是可按需取用、随时弹性伸缩的产品，用户无须看到底层的各种资源、连接和技术。在云上的云数据中心网络，阿里云已经虚拟化了数据中心的交换机、路由器、防火墙等。而在云原生的 SD-WAN 网络中，同样需要产品化，提供丰富的接口供用户随时取用。

从网络视角来看，智能接入网关不是一个单独的网络产品，而是一个由云、网、端三部分组成的混合云接入解决方案，如图 5-6 所示。

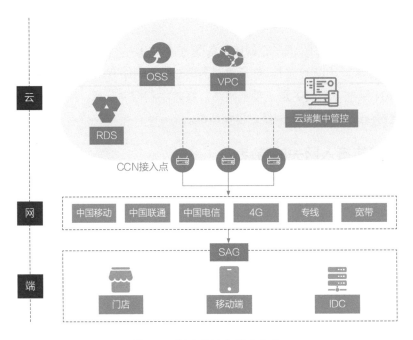

图 5-6　混合云接入解决方案

云：云端包含了集中运维管理的控制台、API 接口和配置下发通道，同时复用云上完善的监控诊断，以及分权分治等企业化功能。即使门店分支遍布全球，也可以像管理 VPC 等云产品一样管理智能接入网关。

网：通过和运营商的网络合作，把整个阿里云的私有网络扩展到用户的门口，用户线下站点可以灵活地通过专线、宽带、4G 网络就近连接到阿里云接入点，再通过阿里云网络连接到云上 VPC，进一步通过阿里云网络连接到全球。这就好比如果想要在 24 小时内把货物送到全国每一个家庭，那么所有的货物都从北京发出是一定无法在 24 小时内送达的，因此必须把前仓放在每一个城市，不同地域客户的货物都从离客户最近的前仓发货。

端：端是放在客户侧的接入设备，也是 SD-WAN 方案的"桥头堡"。根据接入需求不同，它可以有不同的形态，比如在 IDC 可以用硬件设备接入，而在手机、摄像头上是一个应用程序。接入端设备的主要功能如表 5-2 所示。

表 5-2 接入端设备的主要功能

功能分类	功能	说明
设备管理	接口管理	支持远程自定义接口，并能查询端口信息
	WAN 侧接入	支持 PPPoE、DHCP-Client、静态 IP 地址、4G 等入网方式，当同时有多条 WAN 链路时，可以将应用负载到不同的链路上
	LAN 侧接入	在物理形态上支持有线、无线 Wi-Fi 等方式接入；在网络协议上支持 DHCP-Server、静态 IP 地址方式接入
路由管理	静态路由	通过静态方式导入线下路由，并自动和云端进行路由交换
	BGP	通过 BGP 协议自动学习线下路由，并自动和云端进行路由交换
	OSPF	通过 OSPF 协议自动学习线下路由，并自动和云端进行路由交换
安全	ACL	针对应用的访问控制。比如，在办公室允许登录办公类相关网站，禁止棋牌游戏类应用
	VPN 加密	在网络传输过程中进行的加密，当和云上对接时两边协议自动下发
质量优化	QoS	基于应用的 QoS 保障。比如，优先保障高优先级的语音应用，在业务突发时不会发生低优先级应用抢占带宽造成丢失服务的情况
	弱网优化	在弱网环境下的协议加速，通过自动压缩和重传技术可以使得应用在网络变差仍处于良好状态
监控	状态灯	通过状态灯指示设备的工作状态
	告警事件	对网络状态进行端到端、多维度的监控，对关键信息自动触发告警
	一键诊断	通过云＋网＋端的统一探测，在发生故障时主动运维，自动检查出现问题的根本原因并修复

5.2.3　智能接入网关产品架构

从产品视角来看，智能接入网关产品架构如图 5-7 所示，线下数据中心、分支、门店、移动终端等通过安装智能接入网关对接到阿里云的云连接网，再进一步绑定到云企业网，之后即可连接用户云上的 VPC 及各种云服务。

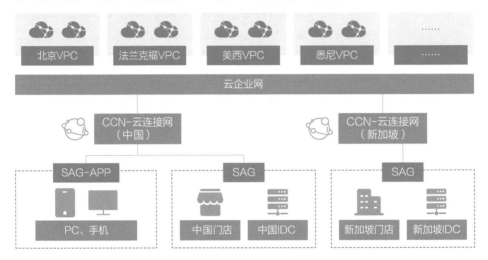

图 5-7　智能接入网关产品架构

智能接入网关产品架构包含了以下产品对象。

（1）智能接入网关。智能接入网关对应客户侧线下机构网络接入的硬件网关设备。用户可以通过智能接入网关实例对客户前置设备进行配置和管理。

（2）云连接网。云连接网（Cloud Connect Network，CCN）是由阿里云众多接入点组成的接入矩阵网络。用户可以将多个智能接入网关终端对接到云连接网，然后将云连接网绑定到云企业网，实现线下接入矩阵和云上中心矩阵全连接。

（3）云企业网。云企业网（Cloud Enterprise Network，CEN）可以帮助用户在不同地域的 VPC 间、VPC 与本地数据中心之间快速搭建私网通道。通过自动路由分发及学习，用户只需要将不同地域的 VPC 和云企业网实例都加载到同一个云企业网即可完成网络构建。

5.2.4　智能接入网关的产品形态

当应用上云以后，用户可能需要从 IDC、办公室、分支、门店、家里、机场、地铁等各种地方发起访问。为了解决这个问题，智能接入网关提供了多种产品形态，以便用户随时随地访问云上的应用。

硬件形态包括 SAG-100WM 和 SAG-1000 两种类型。硬件形态适用于站点对站点（Site-To-Site）接入，在分店、门店、总部、IDC 部署智能接入网关硬件设备后可自动和云上形成内网连接。SAG-100WM 可以放在桌面或弱电箱内，WAN 侧支持宽带或 4G 接入，LAN 侧支持有线或 Wi-Fi 接入，适用于小型分支门店。SAG-1000 可以放在机架内，WAN 侧支持专线、宽带和 4G 混合组网接入，LAN 侧支持有线接入，适用于 IDC 和大型分支。

软件形态包括 SAG-APP 和 SAG-vCPE 两种类型。SAG-APP 可以直接在各大应用市场下载，适用于 PC、手机等终端，在安装 APP 后，这些终端可一键接入上云。SAG-vCPE 是智能接入网关软件的镜像版，用户可以将 SAG-vCPE 镜像部署在服务器、虚拟机、容器及其他专有设备上。SAG-vCPE 突破了物理的限制，适用于边缘节点、三方的云数据中心等，如图 5-8 所示。

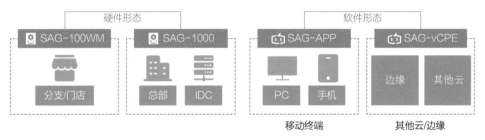

图 5-8　智能接入网关的产品形态

5.2.5　智能接入网关的使用方法

智能接入网关的使用方法非常简单，比如用户已经在北京创建了 VPC，现在想要将杭州和宁波的本地分支结构接入阿里云，实现本地分支与云上网络资源互通。以硬件形态为例，现只需要分别在杭州和宁波本地分支购买智能接入网关即可快速接入阿里云，具体步骤如下。

（1）购买智能接入网关设备。

在阿里云控制台购买智能接入网关时，需要填写相关物流信息，阿里云会将智能接入网关设备快递给用户。

（2）线下连接智能接入网关设备。

用户在收到智能接入网关设备后，先接入电源、启动，再将 WAN 口和 Modem 相连，将 LAN 口和本地客户端相连，如图 5-9 所示。

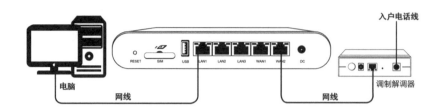

图 5-9 线下连接智能接入网关设备

（3）云上配置网络连接。

在激活和连通智能接入网关设备后，还需要在云端控制台完成路由交互配置，通过静态或动态路由的方式将线下路由接到阿里云，并将智能接入网关加载到云连接网中。

（4）绑定云企业网。

将云连接网实例和需要访问的 VPC 实例绑定到同一个云企业网，通过云企业网可以实现云上和云下路由自动同步分发。

至此，就完成了所有的网络配置，线下只需要接入电源和插入网线即可，其他所有配置都可以在云端集中配置下发。

5.2.6 智能接入网关的主要应用场景

作为云原生 SD-WAN 的解决方案，智能接入网关在和云相关的主要应用场景中有独特的优势。随着越来越多的应用上云，智能接入网关的主要应用场景也在不断拓展。目前，智能接入网关主要应用在以下几个场景。

1. 构建混合云

混合云是当前和未来较长一段时间都会持续存在的一种形态，阿里云提供了 VPN 网关、智能接入网关、高速通道（专线）产品为用户构建混合云。从长远看，需要综合考虑构建混合云的网络链路，智能接入网关在混合云构建方面作为性价比最好的产品，为用户提供更好的选择，包括使用智能接入网关替换 IPSec-VPN，优化网络质量，以及使用智能接入网关作为上云专线备份，优化网络成本。

首先，用户可以使用智能接入网关替换 IPSec-VPN 构建混合云。基于纯互联网构建的 IPSec-VPN 存在网络质量不稳定、处理能力有限、运维管理复杂等弊端。而使用智能接入网关替换 IPSec-VPN，用户可以在成本增加很小的情况下解决这些问题，满足企业用户从总部、IDC 或分支办公室对部署在阿里云上的关键业务系统访问质量的需求。

其次，以智能接入网关作为上云专线备份，优化网络成本。企业使用专线上云是为了高可靠，但如果使用单专线，则可靠性一般，且常面临光纤被挖断的风险。如果使用主备专线，则不仅建设成本高，而且备份专线利用率低，企业资产无法有效利用。通过智能接入网关备份专线（4G+宽带），既可提升用户整体网络的可靠性，建设成本又比专线低 30% 以上。最后，还可以灵活扩展，SAG-CCN 带宽支持控制台分钟级灵活变配，即闲时可用小带宽做基础备份保障，待专线中断后临时升配保障业务正常运行，如图 5-10 所示。

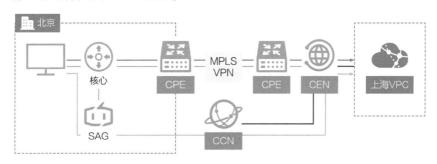

图 5-10　SAG-CCN 做专线备份

2. 分支组网和上云

在企业上云后，ERP、CRM 和 OA 系统等都部署在云上，企业用户可以从分支办公室、零售门店和移动终端设备访问部署在阿里云上的应用系统（ERP、CRM、OA 等）。本地分支和门店仅仅保留客户端，计算和数据存储都在云上进行。由此引发对网络的需求。

◎提升网络质量：从不同地域的分支机构访问云上业务，需要较低的时延和稳定的质量。

◎缩短部署开通时间：分支门店的网络需要在短时间内开通并完成部署。

◎简化网络管理：分支众多，并且和云上网络打通，需要端到端透明管理，并统一管理界面。

使用智能接入网关可以很好地满足企业分支组网和上云的需求，如图5-11所示。

◎通过 Internet 和专线组合链路优化网络质量，访问云上应用加速。

◎云上云下网络统一监控管理，云上提供统一运维管理界面。

◎智能接入网关终端免配置自动化部署，减轻门店安装部署压力。

◎一点接入，访问全球业务系统。

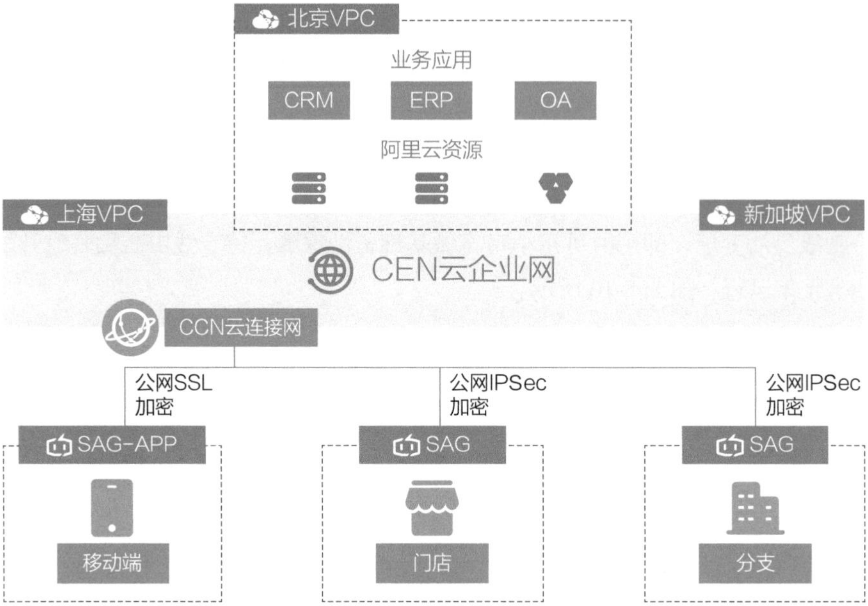

图 5-11　智能接入网关

3. 移动办公网络接入

在用户上云后，很多核心系统都部署在云上，需要通过内部安全网络访问，希望提供一站式移动办公云网络接入解决方案，并且复用原有企业 AD 系统，通过阿里云网络进行数据传输和内部应用访问，如图 5-13 所示。

对网络的需求主要有以下三点。

（1）兼容、对接企业 AD 系统（兼容 LDAP 等主流系统）。

（2）丰富的终端软件。需要支持主流操作系统的安装环境。

（3）网络质量。提供比基于纯互联网的 VPN 更高的网络质量。

智能接入网关 SAG-APP 版本可以很好地满足用户的需求。

（1）管理简单：兼容企业现有 AD 系统，简化管理。

（2）网络质量：基于互联网和专线组合链路，提升网络质量。智能选路和抗丢包优化，减少丢包、抖动、时延，即便在弱网环境也能保证网络质量。

（3）丰富终端覆盖：支持 Windows、Mac、iOS 和 Android 系统环境。

SAG-APP 组网架构参考图 5-12。

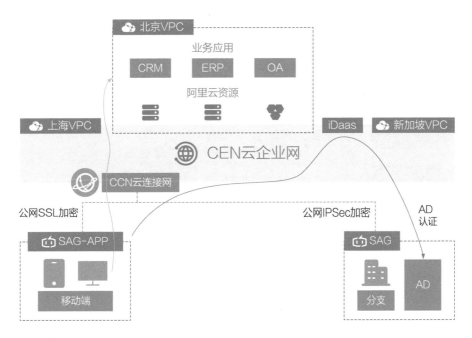

图 5-12　智能接入网关的 SAG-APP 组网架构

4. 边缘回源网络加速

目前，边缘计算已经开始应用于各行各业，尤其是视频、在线教育、游戏等互联网相关的行业。在国内，整个云边一体的网络还不成体系，大部分边缘还没有VPC 化，用户基于边缘部署业务系统，如何和中心区域（Region）构建安全稳定的网络通信是一个亟待解决的问题。以在线教育行业为例，学生使用在线教育终端APP 时需要访问部署在阿里云边缘和中心区域上的在线教育直播平台。在线教育直播平台需要为用户提供高质量的访问体验，因而对网络提出了很多需求，例如：

◎高质量的网络访问。学生分布广泛，所在网络质量各异，需要保证学生的上课质量，提升完课率。

◎维护简单。在使用边缘部署后，边缘节点众多，需要尽可能在原有网络的方案上改动，不增加网络运维管理的复杂度。

智能接入网关的 SAG-vCPE 版本可以在这个场景中发挥重要的作用，如图 5-13所示。在提升网络质量方面，边缘节点与客户端就近部署，缩短了公网接入链路。在简化部署运维方面，智能接入网关可以智能选路和抗丢包优化，网络层直接路由到直播后台，简化了业务层的部署调度和运维管理。

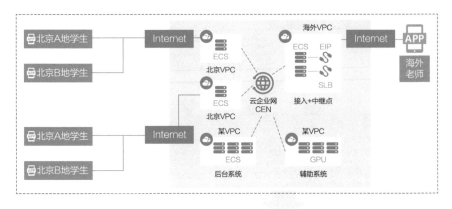

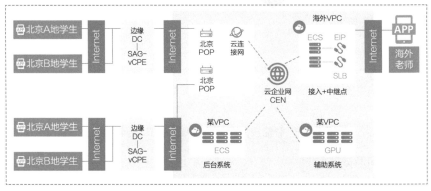

图 5-13　智能接入网关的 SAG-vCPE 版本

5.3　高速通道

高速通道提供了基于运营商的专线接入公共云的方法，提供超大带宽、稳定安全的私有上云通道，是大型混合云架构的核心桥梁。

5.3.1　高速通道概述

高速通道的专线可避免互联网网络质量不稳定的问题，同时可免去数据在传输过程中被窃取的风险。

如图 5-14 所示，高速通道的一端通过阿里专线接入点与运营商专线连接，另一端通过边界路由器（Virtual Border Router，VBR）与云企业网连接。此连接更加安全可靠、速度更快、时延更低。

图 5-14 高速通道

5.3.2 高速通道的优势

（1）高性能。在混合云场景中，传输的数据越多，对带宽性能的要求越高。传统的虚拟专用网络等基于互联网的软专线受限于互联网的带宽规格，以及加密处理的性能损耗，通常很难提供单点高于 1Gbit/s 的带宽。高速通道单链路不仅最大支持 100Gbit/s 的带宽，而且支持多线负载，理论上可以无限水平扩容，非常适合互联网、大数据、人工智能等数据密集型应用。

（2）高质量。高速通道依靠运营商的专线资源，相对于虚拟专用网络底层通过互联网加密技术，网络路径无绕行，提供了最优的时延性能，另外，不用和其他用户争抢带宽资源，提供了最优的丢包性能。

（3）高安全。打个比方，将数据比作金子，企业需要将这些金子从金矿（IDC）运送到加工厂（阿里云），VPN 是警队（加密），护送运输队跑在高速公路上，高速公路上还跑着其他各种各样的车辆，安全性较低。而高速通道是企业独享的公路，在这条路上只有自己的运输队，从物理资源层面上杜绝了数据泄露的风险。

5.3.3 高速通道的产品组件

高速通道包含物理专线、专线接入点和边界路由器等产品对象，是企业线下 IDC 通过专线接入阿里云上网络的通道。用户在接入过程中需要先购买运营商专线对接到阿里云的阿里专线接入点，通过专线接入点进入阿里云的高速网络，再通过边界路由器云企业网到达用户云上的 VPC。

（1）接入点。物理专线接入阿里云的地理位置，每个地域有一到多个接入点（Access Point）。所有的阿里云接入点、数据中心都通过运营商网络预连，通过任意一个接入点均可进入阿里云的高速网络。

（2）物理专线接口。物理专线接口是专线在云上的交换机端口抽象，用户可以通过申请运营商专线接入该物理专线接口，完成物理链路的构建。

（3）边界路由器。边界路由器是本地客户前置设备（Customer-Premises Equipment，CPE）和 VPC 之间的一个路由器，是数据从 VPC 到本地数据中心之间的桥梁。边界路由器可用来设置云端的对接 IP 地址和 VLAN，将云上的路由和 IDC 的路由进行交互。

（4）云企业网。云企业网可以为用户在不同地域的 VPC 之间，VPC 与本地数据中心之间快速搭建私网通道。只要将边界路由器实例和 VPC 实例加载到同一个云企业网，即可实现云下 IDC 和云上 VPC 的通信。

5.3.4　高速通道的主要应用场景

场景一：大中型企业的多地容灾、高可用网络架构

当本地数据中心的关键业务对可用性要求极高时，建议在多个接入点建立专线连接，确保具有对光纤切断、设备故障或接入点位置故障等连接故障的恢复能力。

场景二：大型企业的高弹性、高可用网络架构

当业务规模爆发式增长，原数据中心无法满足需求时，可在云上快速部署业务，满足业务增长需求。同时使用高速通道的 ECMP（等价多路径路由，Equal-Cost Multipath Routing）链路聚合功能，实现专线带宽弹性扩容，使企业可以轻松面对 Tbit/s 级别的带宽流量。该架构提供了对设备故障、专线连接故障和接入点位置故障的恢复能力。

场景三：企业非关键业务的简单网络架构

对于不需要高弹性和高可用的非关键业务，例如，在云上搭建的开发测试环境，建议直接通过高速通道建立本地 IDC 和云上网络的私网连接。该架构可保证云上云下通信的安全性和可靠性。

5.3.5　高速通道专线的接入方式

1. 独享专线

独享专线是企业自主拉通本地数据中心到阿里云接入点的专线，该方式独占一个物理端口，相对来说周期较长，但是对专线资源更有掌控力。企业需要先向运营商购买专线，再向阿里云购买接入资源。在线路开通过程中，运营商需要进行工勘、铺设专线等工作，整个施工周期预计需要 2~3 个月。

2. 共享专线

共享专线是合作伙伴的接入点已经与阿里云的接入点完成了对接时，只需联系阿里云的专线合作伙伴，即可完成本地 IDC 机房到合作伙伴接入点的专线部署。与自建独享专线相比，在共享专线方式中，由于合作伙伴已经预先完成了从运营商接入点到阿里接入点的最后一公里专线铺设，所以运营商只需要帮助企业完成从运营商接入点到本地 IDC 机房的最后一公里专线铺设即可，大大缩短了上云施工周期，适合对上云时间要求较高的业务。另外，企业只需和合作伙伴签订合同，无须向阿里云支付费用。

第 6 章

云解析 DNS

众所周知，在互联网、移动互联网、物联网、企业内网等各种网络中，我们通常用 IP 地址来标识一台服务器或者设备。IP 地址虽然能够标识一台设备，但是由于记忆起来比较困难，所以通常将其替换成一个能够理解和识别的名字，这个名字即域名。例如，www.alidns.com 是一个网站域名，该域名通过 DNS 对应到一个 IP 地址，指向该网站的服务器。那么由谁来完成从域名到 IP 地址的解析工作呢？答案是域名系统（Domain Name System，DNS）。

6.1　DNS 简介

DNS 是一种基础网络服务，是存储和解析域名和对应网络资源记录的分布式数据库，其中保存着域名与 IP 地址的对应关系，从而使人们更加方便地访问网络中的资源和应用。

6.1.1　DNS 产生的原因

20 世纪 60 年代末，美国国防部高级研究计划署（ARPA，后来的 DARPA）资助试验性广域计算机网络，即 ARPAnet，初衷是将电脑主机连接起来，共享计算机资源。但直到 20 世纪 70 年代，ARPAnet 仍只是一个拥有几百台主机的小网络，仅需要一个 HOSTS 文件就可以容纳所需要的主机信息。HOSTS 文件提供的就是主机名和 IP 地址的映射关系，也就是说，可以用主机名进行网络信息的共享，而不需要记住 IP 地址。

HOSTS 文件是由 SRI 的网络信息中心（Network Information Center，NIC）负责维护的，并且从一台主机 SRI-NIC 上分发到整个网络。ARPAnet 的管理员通常是通过电子邮件通知主机 SRI-NIC 的，同时定期到主机 SRI-NIC 上获取最新的 HOSTS 文件。但是随着 ARPAnet 的增长，这种方法行不通了。每台主机的变更都会导致 HOSTS 文件发生变化，所有主机都不得不到 SRI-NIC 上获取更新文件。当 ARPAnet 采用 TCP/IP 后，网络上的主机呈爆炸式的增长，引发了下面的问题：

◎流量和负载：由于分发文件所引起的网络流量和分发主机的负载使得主机 SRI-NIC 的线路不堪重负。

◎名字冲突：HOSTS 文件必须保持主机名字的唯一性，但是无法限制网络上的主机用了相同的名字，这就破坏了网络上的正常应用服务。

◎一致性：在不断扩张的网络上维持 HOSTS 文件的一致性变得越来越困难。在新的文件还没有到达 ARPAnet 的边缘时，另一端又添加了新的主机或者有主机更改了地址。

ARPAnet 的管理者们开始研究新的系统，以取代现有的 HOSTS 文件。1983 年，Paul Mockapetris 发布了 DNS 的管理规范。

6.1.2　DNS 技术规范的发展

DNS 最早于 1983 年由保罗·莫卡派乔斯（Paul Mockapetris）发明，原始的技术规范是在 882 号因特网标准草案（RFC 882）中发布的。1987 年发布的第 1034

号和第 1035 号草案修正了 DNS 技术规范，并废除了之前的第 882 号和第 883 号草案。在此之后对因特网标准草案的修改基本上没有涉及 DNS 技术规范部分的改动。

DNS 能够提供域名与 IP 地址的解析服务。它包含了用来按照一种分层结构定义互联网上使用的主机名字的语法、授权规则，以及为了定义名字和 IP 地址的对应关系，系统需要进行的所有设置。

由于互联网的用户数量较多，所以互联网在命名时采用的是层次树状结构的命名方法。任何一个连接在因特网上的主机或路由器，都有一个唯一的层次结构的名字，即域名（Domain Name）。这里，"域"（Domain）是名字空间中一个可被管理的划分。从语法上讲，每一个域名都是由标号（Label）序列组成的，而各标号之间用点（小数点）隔开。域名可以划分为各个子域，子域还可以继续划分为子域的子域，这样就形成了顶级域、主域名、子域名等。域名层次结构如图 6-1 所示。

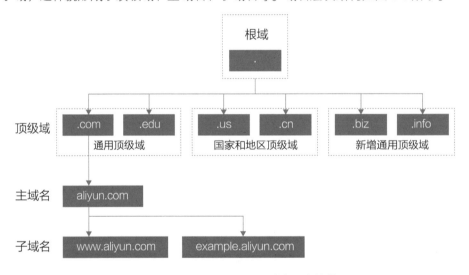

图 6-1 域名层次结构

例如：

◎ ".com" 是顶级域名。

◎ "aliyun.com" 是主域名，也可称为托管一级域名。

◎ "example.aliyun.com" 是子域名，也可称为托管二级域名。

◎ "www.example.aliyun.com" 是子域名的子域名，也可称为托管三级域名。

实际上，DNS 是一个分布式数据库，允许对整个数据库的各个部分进行本地控制；同时整个网络能通过客户端→服务器的方式访问每部分的数据。借助备份和缓存机制，DNS 可以变得更稳定、更强壮，提供足够强的整体访问性能。

6.1.3 DNS 解析的基本原理

DNS 服务器的主要工作模式是先接收来自客户端的查询消息，再根据查询消息内容返回响应。然而，在互联网中存在非常多的主机和网站服务器，不可能所有服务器的域名信息都保存在一台 DNS 服务器上，因为一台 DNS 服务器根本负荷不了全网的请求。因此有了根据域名的层次来查询对应域名服务器的 IP 地址的机制。具体来说，就是将信息分布在多台 DNS 服务器中，这些 DNS 服务器相互接力配合，进而查找出相关信息。

我们以一个用户在浏览器中输入 example.com 为例讲解 DNS 解析的基本原理。

DNS 查询的结果通常会在本地域名服务器中进行缓存，如果在本地域名服务器中有缓存，则会跳过如下 DNS 查询步骤，很快返回解析结果。下面概述了在本地域名服务器没有缓存的情况下的 DNS 查询步骤。

（1）终端用户在 Web 浏览器中输入"example.com"， 由本地 DNS 服务器开始进递归查询。

（2）本地 DNS 服务器采用迭代查询的方法，向根 DNS 服务器发送查询请求。

（3）根 DNS 服务器告诉本地 DNS 服务器，下一步应该查询顶级域名 DNS 服务器 .com TLD 的 IP 地址。

（4）本地 DNS 服务器向顶级域名 DNS 服务器 .com TLD 发送查询请求。

（5）顶级域名 DNS 服务器告诉本地 DNS 服务器，下一步查询 example.com 的权威 DNS 服务器的 IP 地址。

（6）本地 DNS 服务器向 example.com 的权威 DNS 服务器发送查询请求。

（7）权威 DNS 服务器告诉本地 DNS 服务器所查询的主机 IP 地址。

（8）本地 DNS 服务器把查询的 IP 地址响应给终端用户的 Web 浏览器。

一旦 DNS 查询的 8 个步骤返回了 example.com 的 IP 地址，浏览器就能发出对网页的请求。

（9）终端用户的 Web 浏览器向 IP 地址发出 HTTP 请求。

（10）该 IP 地址的 Web 应用服务器返回需要在浏览器中呈现的网页。

具体过程如图 6-2 所示。

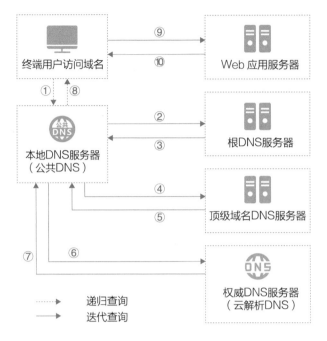

图 6-2　DNS 查询过程

6.2　DNS 的发展和演进

作为传统的网络基础协议，DNS 最初定位是域名（应用层标识）和 IP 地址（网络层标识）相互映射的分布式数据库。然而，随着互联网的发展和演进，DNS 的功能形态发生了一些变化，以适应新的场景和需求。首先，从网络规模来看，随着移动互联网、云计算、5G、IoT 的发展，网络规模和连接数量呈指数级增长，千亿级别的设备接入，海量资源需要动态寻址调度，对 DNS 的性能、稳定性、安全性、智能化提出了较高的需求。其次，从业务形态和场景来看，随着各行业数字化进程的加快，企业和业务应用纷纷上云，云上企业网和云资源的 IP 寻址调度也遇到了各种新的场景和挑战。

下面介绍 DNS 发展演进的趋势和特点。

6.2.1　智能解析和调度

在 DNS 协议规范中，记录配置成什么，权威 DNS 就返回什么，强调全局名字空间的唯一性和数据一致性。然而，随着互联网的高速发展，从流量分摊、容灾、优化访问质量等方面考量，DNS 已经发展成为一个智能解析和调度系统，具备以下主要功能特点：

◎按照权重解析，比如在配置多条 A、AAAA、CNAME 记录时，可以通过指定每条记录地址对应的权重，达到让不同的记录地址分担不同比例流量的目的。

◎按照地理位置解析：权威 DNS 服务器会根据用户来源地理位置返回不同解析记录，让用户访问最近的服务节点，降低网络时延，从而优化访问质量。

◎时延（用户端到服务器端）：权威 DNS 服务器通过探测用户端到各个服务节点的网络时延，最终决定给用户返回时延最低的服务节点。这样除了地理位置上的远近，还能根据当时的网络状态，返回最优节点。

◎健康检查：通过主动探测服务节点的健康状态，权威 DNS 服务器就可以在服务节点不可用后，将相应服务节点的 IP 地址从返回列表里自动摘除，从而达到宕机自动迁移的容灾目的。

6.2.2 云环境中的 DNS

在云时代，云上 DNS（权威和递归）都可以成为云 PaaS 服务被用户集成。企业用户无须搭建自己的 DNS 基础设施，可以通过 API 的方式运行和管理云上的 DNS 实例来管理自己的外部域名和企业内部网络。依托云的资源和弹性能力，用户运营成本和安全稳定性大大加强。云环境中的 DNS 有以下发展趋势和特点：

◎云上 DNS 的安全和稳定性要求越来越高。由于承载着大量的企业和用户的 DNS 业务，云上 DNS 的安全和稳定性被放到云计算和智能生态头等重要的位置，DNS 成为云计算服务质量的核心标签。作为网络基础设施，DNS 需要在受 DDoS 攻击时也保持近似 100% 的服务 SLA，对安全防护和高可用的要求很高。

◎云上 DNS 租户隔离能力。传统的公有域的域名解析服务没有租户的概念，大家共享一个域名空间。随着网络和应用场景的复杂化，私有域的域名解析服务成为越来越广泛的需求。特别是云服务的兴起，能够提供基于 VPC 的租户私有域名解析服务成为云厂商必备的能力。

◎支持 IoT 和智能终端更快地连接云资源。在互联网中，除了人与人的连接和通信，物与物的连接会越来越普遍，对快速连接云资源有更高的要求。而传统的 DNS 解析链路长，任何第三方的网络时延或解析服务器出现问题都会影响网络质量和连通度。

6.2.3　DNS 安全扩展

DNS 协议在设计之初并没有充分考虑到数据安全层面，因此原始协议很容易受到缓存投毒、信息监听、DNS 劫持、服务重定向等各种攻击。为了保证数据的真实性和完整性，出现了一系列 DNS 安全方面的扩展协议，目前主要使用的有 DNSSEC、DNS over TLS（DoT）、DNS over HTTPS（DoH）三种。

其中，DNSSEC 指在递归 DNS 和权威 DNS 之间采用签名的方式，保证 DNS 数据的完整性。目前国际主流的权威服务提供商均已经支持 DNSSEC。DoT 和 DoH 主要在应用客户端和递归 DNS 之间通过加密信道（TLS）传输 DNS 数据，防止数据劫持和信息泄露。现在的全球头部公共递归服务提供商、主流的操作系统，如 Android 和苹果操作系统均已经支持 DNS 加密技术。

6.2.4　本地化和去中心架构

虽然 DNS 是一个分布式数据库，但是在每个区（Zone）内依然是中心化的管理模式，尤其是根区和根服务器，仍是所有递归的查询入口。为了减少 DNS 中心化结构带来的问题和风险，在 DNSSEC 签名方面引入多签名者模式（RFC8901），不仅避免了区管理者单点失效问题，还增加了业务部署运营的灵活性。在 DNS 根区访问环节，国际标准机构 IETF 提出了本地根区备份机制（RFC8806），可以将根区数据缓存到本地，不依赖中心化的 DNS 根服务器。

6.3　阿里云 DNS 产品体系

阿里云 DNS（Alibaba Cloud DNS）指阿里云向企业用户提供的全系列域名解析服务产品总称，覆盖了公共递归 DNS（递归 DNS 和终端接入 DNS）、云解析 DNS（公网权威 DNS）、PrivateZone（基于阿里云 VPC 的内网权威 DNS）、专有云 DNS（基于阿里云专有云的 DNS 服务）、缓存加速 ZONE（DNS 代理服务），以及全局流量管理 GTM（指全局负载均衡、健康检查和故障转移）的域名解析场景。阿里云 DNS 是一种可用性高、可扩展性强的域名解析系统，其主要目标是为开发人员和企业用户提供安全稳定、高效经济的一站式 DNS 运维体验，将易于管理识别的域名（例如 aliyun.com）转换为计算机用于互联通信的数字 IP 地址（如 223.0.2.1），从而将最终用户路由到相应的网站或应用服务器，如图 6-3 所示。

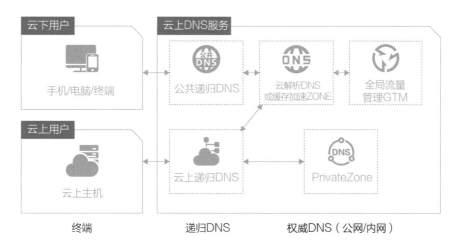

图 6-3 阿里云 DNS 产品分类

无论在互联网，还是在企业内网场景下，阿里云 DNS 都可以快速地将终端用户的请求路由到阿里云中运行的云计算服务上，例如，ECS、负载均衡、数据库、全球加速等，当然，也可以将用户路由到阿里云之外的基础服务设施上。用户通过云解析或全局流量管理轻松管理全球流量。终端用户无论是在阿里云，还是在国内其他运营商的平台上，或者是全球的任意区域，均可就近解析到指定的资源或服务上。同时，用户可以通过全局流量管理开启健康检查和故障切换，当发生灾难时，可以快速地将请求路由到正常的资源或服务上。阿里云 DNS 产品体系如图 6-4 所示。

图 6-4 阿里云 DNS 产品体系

6.3.1 公共递归 DNS

递归 DNS，代表用户查询 DNS 数据库，具备递归查询和缓存功能。如图 6-2 所示的公共递归查询会代替用户访问每一级权威服务器，直至最终查询到 IP 地址（或其他资源记录），将 IP 地址返回给客户端，并将请求结果缓存到本地。

递归 DNS 服务器按照服务提供商分为两类：一类是网络运营商递归 DNS（或简称本地 DNS、LocalDNS），通过路由协议或 DHCP（协议）分配，提供基本的 DNS 解析和网络接入功能；另一类是由第三方机构提供的公共递归 DNS（或简称公共 DNS，Public DNS）。公共递归 DNS 比运营商 DNS 更加注重安全和隐私方面的功能，公共递归 DNS 的代表有阿里云的 223.5.5.5/223.6.6.6。

由于递归 DNS 是用户访问互联网的第一跳，因此递归 DNS 服务的快速、稳定和安全直接影响用户访问互联网的快速、稳定和安全。递归 DNS 也是网络恶意行为和网络攻击频发的一个关键环节。用户在递归 DNS 解析环节主要有以下几方面痛点：

（1）域名劫持和解析失效。递归 DNS 返回给用户的 IP 地址被篡改，让用户流量被劫持到非法服务器或非最优调度服务器，甚至导致服务中断。

（2）域名解析速度慢。当用户 DNS 查询的时延时间较长，或者域名变更生效时延时间较长时会影响用户体验。

（3）域名访问的隐私问题。传统 DNS 查询是采用明文传输的，信息没有加密，用户的 DNS 解析和上网行为信息很容易被泄露。

（4）调度不精准。由于递归 DNS 的原因导致的用户 DNS 解析结果不理想，即不能按照用户所在位置等策略做精准的流量调度。

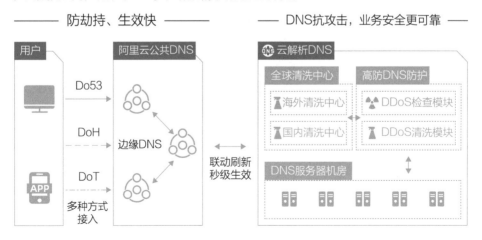

图 6-5　阿里云公共递归 DNS

针对用户使用递归 DNS 的痛点，阿里云公共递归 DNS 提出了以下解决方案。

1. 域名解析加速

阿里公共递归 DNS 在全球广泛部署 Anycast 节点，使得用户能够访问最靠近用户的递归服务器，同时提供端设备 SDK，将 DNS 的解析优化能力下放到终端设备，另外，通过减少递归解析过程，递归解析不用访问根服务器和顶级域服务器（比如 .com），而是直接访问域名的权威 DNS 服务器（比如 aliyun.com），加快访问速度。

从域名变更加速的层面看，阿里云公共递归 DNS 和云解析权威 DNS 实现了域名变更的联动刷新，解决了域名生效慢的问题，让访问公共递归 DNS 的用户能够秒级感知域名变化。

2. 防劫持，安全防护

访问阿里公共递归 DNS，可以绕过运营商，避免域名被劫持，具备攻击防护能力，保证终端用户免受攻击的危害。

3. 用户隐私保护

阿里云公共递归 DNS 支持 DoT（DNS over TLS）、DoH（DNS over HTTPS）标准协议，基于传输层安全性（TLS）对 DNS 消息进行加密，保障用户与递归 DNS 之间的通信，避免数据泄露和用户隐私被侵犯等问题。

4. 智能调度

阿里云公共递归 DNS 支持 EDNS Client Subnet 协议，能够根据访问来源智能返回距离最近的线路 IP 地址，保证精准调度。当节点出现故障时，通过智能调度，实现秒级容灾切换，保障网络的稳定性。

5. 支持 IPv6

阿里云公共递归 DNS 支持 IPv4 和 IPv6 双栈。IPv4 地址是 223.5.5.5 和 223.6.6.6。IPv6 地址是 2400:3200::1 和 2400:3200:baba::1。

6. 丰富的报表日志

阿里云注册用户在接入系统后可免费获得历史域名访问日志报表，查询域名、子域名的请求量信息及排名信息。

阿里云公共递归 DNS 的应用场景如下。

1. 普通用户

阿里云公共递归 DNS 为普通用户提供免费的公共解析服务。PC、笔记本计算机、手机等各种终端设备，在将 DNS 地址修改为阿里公共递归 DNS 后，都可以直接接入。对普通用户的价值体现在下述方面。

◎访问加速：提供就近访问和域名加速的服务。

◎访问安全：保证访问过程的安全，避免被劫持。

◎服务可靠：遍布全球的节点保证了服务的可靠性。

2. 浏览器用户

各种浏览器的用户可以自行将默认的 DNS 地址设置为阿里云公共递归 DNS；也支持通过 SDK 的方式直接接入。对浏览器用户的价值体现在下述方面。

◎访问加速：浏览器整体访问加速。通过 DNS Cache 和阿里云公共递归 DNS 的多节点能力，提供在浏览器上对所有域名的加速访问，提升整体浏览器的体验。

◎隐私保护：国际主流的浏览器如 Chrome、Firefox 都已经支持 DoH 协议，用于保护用户隐私。DoH DNS 查询流量进行加密，避免被运营商或中间人攻击和劫持，有助于保护浏览器用户的隐私，提高了安全性。

3. 智能终端接入场景

面向智能终端的设备厂商，如智能音箱、智能路由、IoT 设备、手机厂商、APP 等支持 API、iOS 和 Android 的接入方式，后续还将支持更多类型的 SDK。对用户的价值体现在下述方面。

◎快速集成：各种终端设备接入互联网，不管终端设备的形态如何，通过 SDK 都能够快速地集成阿里云公共递归 DNS。

◎加速访问：支持在终端系统的边缘节点做 DNS 缓存，加快终端设备的访问速度，提供低延时和就近访问的接入能力。

◎隐私保护：保护终端设备的数据传输安全。

◎安全保护：防域名劫持，提供基本的 DDoS 攻击防护能力。

◎网络的稳定：在移动 4G 弱网环境下，公共 DNS 的多节点接入，能有效保证服务的质量稳定。

6.3.2 云解析 DNS

云解析 DNS（Alibaba Cloud DNS）是一种安全、快速、稳定、可扩展的由阿里云自主研发的公网权威 DNS 服务，可以帮助用户便捷地将流量路由到相应的网站或服务器。

因为 DNS 是网络的基础服务，所以网络上的各种应用对 DNS 的依赖性都很高，DNS 的稳定能够直接决定上层应用服务的稳定和安全。企业在业务的扩张和发展过程中，已逐渐意识到自建 DNS 系统存在下面这些问题。

（1）**成本高、维护难。**自建 DNS 系统，需要企业投入较高的 IT 开发成本和长期运维管理成本，而且一旦人员变动，就存在交割困难、运维负担重等问题。

（2）**稳定性无法保障。**自建 DNS 系统普遍无法保障业务的稳定性、安全性和解析质量等指标，一旦发生 DNS 故障，就会给线上业务带来无法预估或灾难性的损失。

（3）**解析时延高。**海外 DNS 提供商不仅在中国部署的节点有限，而且 对解析线路的支持也有限，无法给中国的互联网用户提供良好的访问体验。而中国大部分的 DNS 提供商，在全球节点部署和全球化扩展的步伐上较慢，不能跟上国内企业 发展全球业务的脚步。

（4）**安全性无法保障。**DNS 是云计算服务质量的核心指标，作为网络基础设施，在受 DDoS 攻击时也要保持近似 100% 的服务 SLA，否则无法保障企业业务的正常运行。

1. 产品架构

云解析 DNS 是如何保障稳定和安全的呢？云解析 DNS 的架构如图 6-6 所示。

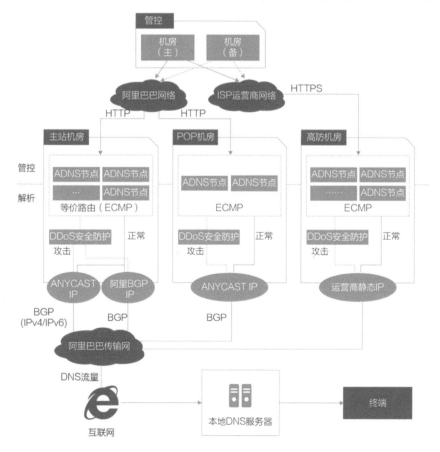

图 6-6 云解析 DNS 的架构

（1）BGP+Anycast 技术。阿里内部的网络链路都是双冗余的，但是因为物理网络本身受到内部、外部众多因素的影响，所以很难做到整个链路 100% 无单点故障。云解析 DNS 利用云网络提供的 BGP 路由发放能力，全部 NS（Name Server）的服务 IP 地址都通过 BGP 多 ISP 发布，依赖 BGP（协议）本身具有的冗余备份、消除环路的特点，能够实现多条互联网线路路由的相互备份。当一条线路出现故障时，路由会自动切换到其他线路，并通过网络提供了多组 Anycast 的 NS IP 地址。也就是说，多个不同地域的服务节点通过 BGP 向互联网宣告相同的 IP 地址，利用 BGP（协议）的特点，当一个地域的单个节点出现故障后，这个节点会停止对外发布服务 IP 地址，客户端的 DNS 请求流量会通过路由收敛，转发到新的就近的集群，实现集群间的高可用与无损容错。

在同一个集群内部，多台 DNS 服务器之间也是通过网络提供的 ECMP（等价路由）功能进行负载均衡和容错摘除的，在单个 DNS 服务器出现故障后，这台服务器会停止对外发布服务 IP 地址，网络设备会从 ECMP 组中将其摘除，不再向其转发流量，从而保证集群内的高可用。

云解析 DNS 通过 BGP+Anycast 技术实现高可用，全球任意一机房发生故障，都可保障用户业务不受影响，为用户提供 100% 服务可用性。

（2）DNS DDoS 攻击和 DNS 安全扩展。DNS 协议主要基于无状态的 UDP 协议传输，攻击多以流量型为主，这对物理网络的带宽和转发能力提出了很大的挑战。阿里巴巴在网络上一直保持大量的投入，与各个运营商有着深度的合作，目前自建机房的网络入口带宽已经达到 Tbit/s 级别。内部网络经过多年软、硬技术的持续研发（如自研交换机等），已经实现了 100Gbit/s 网络架构的规模部署。除此之外，为持续提升防御能力，还与运营商合作建设了很多高防机房。

在此基础之上，云解析 DNS 通过自研基于 DPDK（Data Plane Development Kit）的高性能 DNS 权威解析软件和自研 DDoS 安全防护系统，使 DNS 服务器单机能够轻松达到千万级 QPS 解析能力，再加上主力集群多台部署的标准，使得单个集群具备每秒上亿次攻击的无损防护能力。

云解析 DNS 已经在全球部署了近 40 个集群，这些集群都有相同的 AnyCast 的 IP 地址，所以能将不同地域的攻击流量吸引到本地的集群，这样就可以轻松化解超大规模 DDoS 攻击。

从数据安全层面来看，DNS 协议很容易受到缓存投毒、信息监听、DNS 劫持、服务重定向等攻击。因此为了保证数据的真实性和完整性，云解析 DNS 在安全方面扩展协议，目前已支持 DNSSEC、DNS over TLS（DoT）、DNS over HTTPS（DoH）三种。DoT 与 DoH 这两者都基于传输层安全性（TLS）。传输层安全性（TLS）可用于保护终端用户与使用 HTTPS 的网站之间的通信，加密的 DNS 会进一步增强用户隐私性并保护数据免遭泄露。DNSSEC 在应对 DNS 投毒、欺骗、劫持等场景时非常有效，能够有效保护用户不被重定向到非预期地址，从而提高用户对互联网的信任，保护企业的核心业务。

2. 应用场景

云解析 DNS 可以为互联网内的终端用户和应用服务器提供域名解析服务，常用的公网解析场景包含但不限于下列场景。

（1）**网站建设场景**：用户可以通过设置 A 记录，将域名指向网站的服务器地址，实现网站的访问。

（2）**电子邮箱场景**：用户可以通过设置 MX 记录，将它指向一个邮件服务器，实现电子邮箱的收发。

（3）**高访问量的业务场景**：当多台服务器服务于同一个业务时，利用 DNS 负载均衡的解析机制，将流量分摊到每台服务器上，以此分散业务压力。

（4）**跨网或跨地域访问的场景**：当互联网应用数据中心与最终用户不在同一区域时，会存在跨网、跨境造成的互联网访问的高时延、拥塞、丢包等问题，这不仅影响应用服务的性能，还会造成终端用户访问慢、卡顿的情况。云解析 DNS 的智能解析，可以根据用户不同的地理位置或网络环境智能返回解析结果，实现就近接入、低时延的容错架构。

（5）**全局流量调度与切换场景**：通过云解析 DNS 的智能解析，不仅可以加权轮询轻松管理全球流量，实现全局流量调度，还可以在灾难场景下对流量进行动态调整，使解析快速生效。

（6）**连接云资源服务场景**：用户可以通过设置 CNAME 记录指向云厂商提供的 CNAME 别名，从而将网站或应用服务快速连接云资源（例如 WAF、CDN、高防 IP 地址、全球加速等云产品）。

（7）**域名被攻击的场景**：当域名被攻击（例如 DNS DDoS 攻击）时，云解析的 DNS 安全，可以帮助企业避免因攻击导致业务中断的情况。云解析 DNS 的 DNS攻击全力防御能力，能够承受每秒过亿次的 DNS 攻击。

3. 核心功能

云解析 DNS 的核心功能包括公网权威域名的管理和解析、子域名独立托管、DNS 负载均衡、DNS 安全、智能解析、解析请求量统计、辅助 DNS、数据备份、DNS 联动刷新等。

（1）**公网权威域名的管理和解析**：支持域名的 DNS 权威解析功能，为互联网内的终端和服务器提供域名解析服务，可设置 A、CNAME、MX、TXT、SRV、AAAA、NS、CAA、SOA 记录，以及反向解析记录。

（2）**子域名独立托管**：支持为二级子域名、三级子域名等提供独立的 DNS 托管和域名解析服务。该功能使得用户可以对主、子域名分别进行管理，适用于以下场景：

◎ 因合规、内部审计或某些特殊原因，企业无法支持将一级域名的 DNS 系统全量迁移到云解析 DNS，但用户可以将子域名授权到云解析 DNS 单独做 DNS 托管。

◎ 跨国公司或集团类型的客户，一级域名多由总公司统一管理，而分公司则需要申请子域名进行单独管理。

◎ 政企或金融类型的客户，多为自建 DNS 且不便做 DNS 系统迁移，但使用和维护成本很高，用户可以将子域名授权到云解析单独管理。

（3）**DNS 负载均衡**：支持对 A 记录、AAAA 记录和 CNAME 记录做权重配置，指在 DNS 服务器中为同一个主机记录配置多个 IP 地址。在应答 DNS 查询时，所有 IP 地址按照预先设置的权重返回不同的解析结果，并将用户的 DNS 查询请求分配到不同的服务器上，从而达到负载均衡的目的。

（4）**DNS 安全**：DNS 安全主要包含 DNS 防护和 DNSSEC 防劫持两种。DNS 防护指针对 DNS 的 DDoS 攻击提供的防护能力，包含但不限于下面几种：

◎ DNS 攻击基本防御。基础 DNS 攻击防御，上限不超过每秒 1000 万次，适用于一般情况下的 DNS 攻击预防保障。

◎ DNS 攻击全力防御。全面的 DNS 攻击保护能力，能承受每秒过亿次的 DNS 攻击，适用于在频繁受到 DNS 攻击时进行全力保护。

◎ DNSSEC 防劫持。域名系统的安全扩展（DNS Security Extensions，DNSSEC）是通过数字签名来保证 DNS 应答报文的真实性和完整性的，可有效防止 DNS 欺骗和缓存污染等攻击，保护用户不被重定向到非预期地址。

（5）**智能解析**：在应用实际部署中，互联网应用数据中心与最终用户不在同一区域，或跨网、跨境等情况都会造成互联网访问的高时延、拥塞和丢包，不仅影响应用服务的性能，还有终端用户访问慢、卡顿的情况。智能解析可以为企业用户解决跨网或跨地域访问的时延问题。

◎ 传统 DNS 解析与智能解析。传统 DNS 解析无法判断访问者来源，会将全部资源地址返回给 LocalDNS，由访问者的 LocalDNS 通过随机或者优选的方式将其中一个 IP 地址返回给访问者。传统 DNS 解析有可能造成访问者的跨网访问，因此已无法满足当前互联网企业的访问体验要求。

智能解析可以通过判断访问者的来源，为不同的访问者智能返回不同的 IP 地址，将请求调度到离用户最近的应用服务资源上，减少解析时延，实现访问加速。

智能解析主要适用于以下场景。

境内跨运营商或跨地区访问场景。企业的线上应用服务大多使用多个运营商的 IP 地址，通过智能解析的配置，可实现用户的就近访问。

全球业务智能访问场景。企业开展全球业务时，为了让全球的用户都能获得较好的访问质量，通常会在国内和海外分别部署应用服务。通过智能解析的配置，企业可以将用户访问分别路由至国内或海外的接入点。

限制访问。某些企业因某些原因，期望限制境外的访问者访问企业的应用服务，这时就可以通过智能解析的配置，屏蔽境外访问者。

◎ 解析线路丰富且精准：智能解析可以根据访问者的接入运营商或地理位置，返回指定的域名或 IP 地址，实现就近接入。智能解析线路可覆盖中国 6 大运营商及省份、中国大区、阿里云 Region、海外 6 大洲 88 个国家或地区，并覆盖阿里云线路。

以阿里云线路为例进行说明，阿里云线路支持按照阿里云的 Region 维度对阿里云出口的访问流量进行调度分配，能够针对不同 Region 的访问者，返回指定的 IP 地址，使云用户快速连接云资源，有效降低解析时延。图 6-7 为未应用阿里云线路，图 6-8 为应用了阿里云线路，下面进行对比说明。

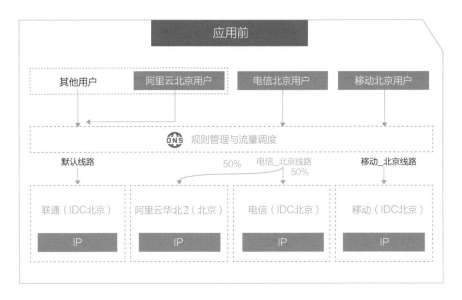

图 6-7　未应用阿里云线路

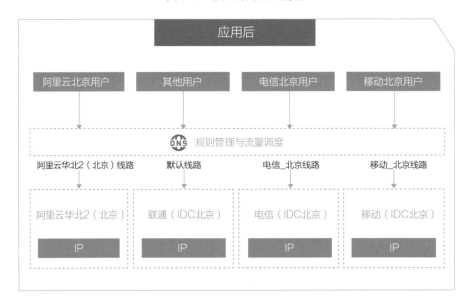

图 6-8　应用阿里云线路

在应用阿里云线路前，根据用户所在运营商或区域创建流量调度规则，需将图 6-7 的电信北京用户的流量同时指向阿里云华北 2（北京）和电信（IDC 北京）的 IP 地址。按照这种配置方法，电信北京用户会有 50% 的流量被调度到阿里云华北 2（北京）线路，另外 50% 的流量被调度到电信（IDC 北京）线路。而阿里云出口的流量并不能精准地调度到阿里云华北 2（北京）区（Region）上。从图 6-7 可以看出，来源阿里云出口的流量被调度到了默认线路下的联通（IDC 北京），这对于阿里云北京的用户来说，无法实现就近接入。

当智能解析线路精细化到阿里云线路后，从图 6-8 可以看出，阿里云出口的用户流量可以被精准地调度到其对应的区域线路上。比如，阿里云北京用户可以被精准地调度到阿里云华北 2（北京）线路上，此时的电信北京用户也被精准调度到电信 _ 北京线路上，这样就实现了云上用户按照区域（Region）就近接入，有效避免了调度跨区与解析时延高的情况发生。

因为企业在云上部署单元化架构或内部服务链路时，需要考虑让数据（单元）离用户更近，避免跨单元获取数据，以此来满足自身低延时的诉求，所以云解析 DNS 的智能解析支持阿里云 Region 线路，为云上用户提供了更精准的云上链路调度功能，进一步给云上用户提供更精准的流量调度。

◎ 全球节点，访问加速：阿里云网络已经发展成超大规模的完整网络架构体系，支撑了近百万规模的系统资源的业务体量。该网络延伸到六大洲，共 70 多个国家或地区，并与全球 1000+ 的 ISP 和 ICP 建立直接互联，如此规模的"星斗大阵"成为具有全球竞争力的网络基础设施。

云解析 DNS 正是构建在这个基础设施之上的，目前已经在 12 个国家部署了近 40 个集群，有数百台服务器同时为用户提供专业的解析服务，并通过不断深耕优化，在稳定、安全、快速方面的指标上不断突破。

◎ 全球节点，数据实时同步：云解析 DNS 的记录变更都是被实时同步到全球节点上的，并且云解析的智能 DNS 可以根据用户地理位置，由最近的 DNS 服务器节点进行应答响应，实现秒级生效，保障信息及时触达，为用户提供最低时延的解析。

（6）解析请求量统计：请求量统计的是从运营商 LocalDNS 向云解析 DNS 发起的 DNS 查询的请求次数，虽然不等同于网站访问量，但是可以侧面反映出网站访问的情况。云解析 DNS 请求量统计可支持域名、子域名维度，主要包含但不限于下列应用场景：

◎请求量统计在 DNS 迁移时，可以帮助用户预测解析流量迁入云解析 DNS 的进度。

◎请求量统计可以帮助用户评估业务的健康性。例如，当请求量突然增高或降低时，很可能是业务运行出现了异常。

◎请求量统计可以作为衡量业务发展的一种指标，通过请求热度的分析，帮助用户盘点域名（业务资源）。

（7）**辅助 DNS**：辅助 DNS 是云解析 DNS 为使用自建 DNS 或第三方 DNS 的用户提供的 DNS 容灾备份服务。当为域名开启辅助 DNS 时，域名当前使用的 DNS 为主 DNS，云解析则默认为辅助 DNS。基于 RFC 标准协议，在主 DNS 和辅助 DNS 之间应该建立区域数据传输机制。当主 DNS 遇到故障或者服务中断时，辅助 DNS 仍可以提供解析服务，保障企业的业务在全球范围内稳定运行。

（8）**数据备份**：数据备份能够实现 DNS 解析记录的定时备份，并支持一键平滑恢复到指定备份版本，可以有效防止因解析记录丢失而造成的业务影响。

（9）**DNS 联动刷新**：DNS 记录删除或修改的解析生效往往不是实时的，它既受到 TTL 设置的影响，也受到运营商或公共递归 DNS 设置的影响，少则 5 分钟，多则 48 小时。云解析 DNS 为了减少解析生效时间，发布了 DNS 联动刷新功能，如图 6-9 所示。也就是说，云解析 DNS 配合阿里云公共递归 DNS 使用，可以将解析生效时间显著减少到 5 秒以内。

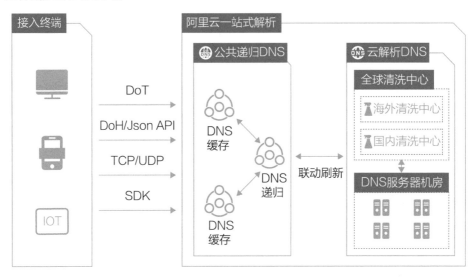

图 6-9　DNS 联动刷新

6.3.3 缓存加速 ZONE

缓存加速 ZONE（Cached Public Zone）是一种基于 DNS 代理实现的公网权威 DNS 服务，接入缓存加速 ZONE 后，企业客户无须进行 DNS 系统迁移，即可享受阿里 DNS 的全球接入能力（即稳定、安全、快速）。缓存加速 ZONE 的接入优势如下：

◎ 缓解 DNS DDoS 攻击：通过缓存加速 ZONE 响应 DNS 查询，将企业源站 DNS 系统隐藏起来，可有效保护企业源站 DNS 服务器免受 DDoS 攻击，并减少企业自建 DNS 服务器的负载压力。

◎ 提升 DNS 访问加速：有效解决自建 DNS 单点部署问题，通过缓存加速 ZONE，享受阿里 DNS 全球节点，实现用户就近接入与访问加速。

◎ 提升 DNS 高可用：当企业自建 DNS 系统出现异常时，缓存加速 ZONE 可以在缓存有效期内继续提供服务，缩短故障时间。

◎ IPv6 合规改造：用户无须迁移 DNS 域名解析数据，接入缓存加速 ZONE，即可快速完成 DNS IPv6 的改造接入

◎ 带宽成本节省：解决企业源站 DNS 小带宽接入的快速扩容问题，帮助企业节省网络带宽的接入成本。

1. 企业在使用自建 DNS/ 第三方 DNS 时所面临的困境

（1）企业因内部流程或系统原因，无法实施 DNS 系统迁移。

（2）稳定性无法保障：自建 DNS 系统的集群部署、灾备能力有限，无法满足企业 100% 的 SLA 的稳定性要求。

（3）安全性无法保障：自建 DNS 的带宽储备、DNS 查询 QPS 等能力有限，一旦遭受 DNS DDoS 攻击，则无法保障业务正常运行。

（4）域名解析速度慢：自建 DNS 系统系统的服务器节点多为单节点，所以普遍 DNS 查询时解析时延高。

2. 缓存加速 ZONE 的实现原理与解析过程

缓存加速 ZONE 的实现原理，如图 6-10 所示。缓存加速 ZONE 是基于全球互联网 GEO IP 地址数据库，获取终端用户的地理位置数据，并按照云解析 DNS 的智能解析线路进行匹配，以此实现按地域 / 运营商进行智能调度。当缓存加速 ZONE 本地未有缓存加速域名的解析记录信息时，则通过 "UDP" 的回源 DNS 查询协议，向用户源站 DNS 查询解析记录信息并缓存到缓存加速 ZONE 本地。当访问者访问加速域名，缓存加速 ZONE 本地有加速域名的解析记录缓存信息时，直接将本地的

解析记录信息返回给 LocalDNS。

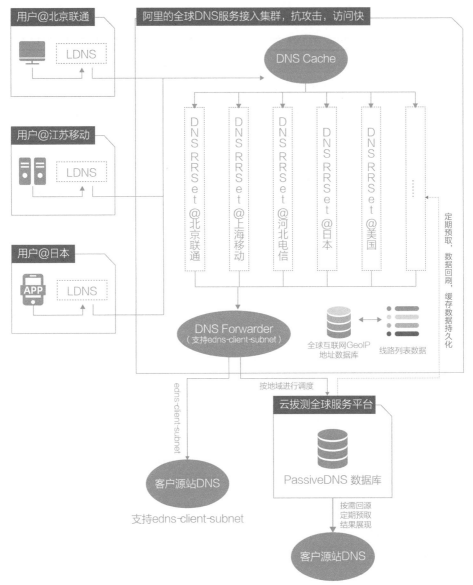

图 6-10 缓存加速 ZONE 实现原理

那么缓存加速 ZONE 是如何实现公网域名解析过程的？例如域名 "example.com" 在使用自建 DNS，并接入了缓存加速 ZONE 的场景下，访问域名 "www.example.com"，具体解析过程如图 6-11 所示。

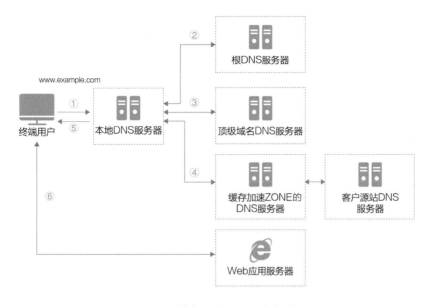

图 6-11 缓存加速 ZONE 解析过程

（1）终端用户在 Web 浏览器中输入"www.example.com"， 由本地 DNS 服务器开始进行递归查询。

（2）本地 DNS 服务器采用迭代查询的方法，向根 DNS 服务器发送查询请求。根 DNS 服务器告诉本地 DNS 服务器，下一步应该查询顶级域名 DNS 服务器 .com TLD 的 IP 地址。

（3）本地 DNS 服务器向顶级域名 DNS 服务器 .com TLD 发送查询。.com TLD 服务器告诉本地域名服务器，下一步查询 www.example.com 权威 DNS 服务器的 IP 地址。

（4）本地 DNS 服务器向缓存加速 ZONE 的 DNS 服务器发送查询，如果缓存加速 ZONE 的 DNS 服务器没有缓存域名和主机 IP 的信息，则向企业的自建 DNS 发起查询请求，并将查询结果返回给本地 DNS 服务器，同时将查询结果缓存到缓存加速 ZONE 的 DNS 服务器上；否则直接向本地 DNS 服务器返回域名所查询的主机 IP 地址。

（5）本地 DNS 服务器把查询的 IP 地址响应给终端用户的 Web 浏览器。

（6）终端用户的 Web 浏览器向 IP 地址发出 HTTP 请求，该 IP 地址的 Web 应用服务器返回需要在浏览器中呈现的网页。

3. 应用场景

（1）DNS DDoS 攻击场景： 当域名被攻击，客户源站 DNS 的安全防护能力较低时，接入缓存加速 ZONE，并选择 DNS 安全，通过缓存加速 ZONE 响应 DNS 查询，可保护企业源站 DNS 服务器免受 DDoS 攻击，避免因攻击而导致业务中断的情况发生。

（2）DNS 无法迁移场景：用户源站 DNS 因内部原因无法进行 DNS 迁移，则可通过接入缓存加速 ZONE，实现享受阿里 DNS 的全球接入能力。

（3）DNS 解析时延高场景：在用户源站 DNS 的 DNS 节点较少或单节点场景，或解析时延较高的场景中，接入缓存加速 ZONE，可享受阿里 DNS 的全球节点与就近接入能力，并实现用户访问加速。

（4）DNS 高可用场景：用户源站 DNS 不具备容灾能力，可通过接入缓存加速 ZONE，享受阿里 DNS 的高可用能力。由于阿里 DNS 在 DNS 集群间、DNS 集群内、网络设备间都具备容灾能力，所以任意机房故障都不会影响客户业务运行。当客户源站 DNS 发生异常时，只要缓存加速 ZONE 本地的缓存时间未到期，就可以持续为访问者提供 DNS 查询响应，保障客户业务的稳定运行。

（5）IPv6 合规改造场景：政企、金融等客户因监管或其他原因，需要 DNS 服务器同时具备 IPv6 能力。通过接入缓存加 ZONE，无需进行 DNS 系统迁移即可快速完成 DNS IPv6 的合规改造接入。

4. 核心功能

（1）DNS 安全

用户无须进行 DNS 系统迁移，即可接入阿里 DNS 的安全防御。阿里 DNS 安全可防御全部 DNS 协议类攻击，包含基础防御与全力防御两种，其中 DNS 基础防御能承受每秒 1000 万次的 DNS 攻击，适用于一般情况下的 DNS 攻击预防保障；DNS 全力防御能承受每秒过亿次的 DNS 攻击，适用于在频繁受到 DNS 攻击时进行全力保护。

（2）DNS 访问加速

用户无须进行 DNS 系统迁移，即可享受阿里 DNS 的全球节点与智能调度的能力。缓存加速 ZONE 是基于全球互联的 GEO IP 地址数据库，通过终端用户与应用服务器所在地理位置，实现用户的就近接入与访问加速。

（3）缓存数据

缓存加速 ZONE 可以将用户源站 DNS 的解析数据缓存到本地，当 LocalDNS 发起 DNS 查询请求时，缓存加速 ZONE 可根据本地的缓存结果直接返回，无须再向用户源站 DNS 发起请求。缓存加速 ZONE 提供缓存数据的可视化查看界面。

6.3.4　PrivateZone

PrivateZone 是基于阿里云 VPC 环境的私有域名解析和管理服务，用户可以通过 PrivateZone 把域名（如 aliyun.com）转换成私网 IP 地址或公网 IP 地址，让云服务器在 VPC 内直接通过内网域名互相访问。

1. 企业在构建内网权威 DNS 时所面临的困境

（1）缺少自建内网 DNS 系统经验，在可用性、稳定性、安全性、性能及灵活度方面的建设很难达到预期效果。

（2）自建内网 DNS 系统需要企业投入较高的 IT 开发和长期运维管理成本，并且一旦人员变动，就会存在交割困难、运维负担重等情况。

（3）在混合云场景下，网络结构复杂，需面临云上 DNS 和云下 DNS 的互联互通问题，或云上和云下如何共用一套 DNS 等问题。

2.PrivateZone 的实现原理与逻辑架构

PrivateZone 的实现原理如图 6-12 所示。PrivateZone 利用阿里云 VPC 的隧道隔离特性，对企业用户的私有域名执行隧道隔离，因此，不同 VPC 下关联的域名因其隧道 ID 不同，是无法被跨 VPC 访问的，具备安全隔离的特性。

一个 PrivateZone（例如 example.com）可以关联一个 VPC，也可以关联多个 VPC。关联 VPC 后，Zone 内的记录只要在相应的 VPC 内便可以被访问。

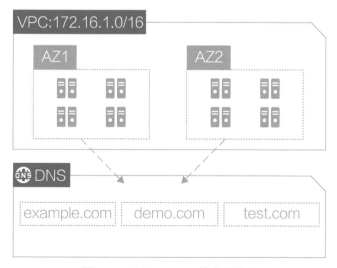

图 6-12　PrivateZone 的实现原理

PrivateZone 是如何实现私网域名解析的？例如，创建一个私有域名"db.com"，PrivateZone 可把域名"db.com"转换成私网 IP 地址（192.1.0.0），具体过程如图 6-13 所示。

（1）在 VPC 内的 ECS 上访问私网域名。

（2）PrivateZone 对私网域名"db.com"进行解析查询，向 VPC 内的 ECS 返回私网 IP 地址（192.1.0.0）。

（3）在 VPC 内的 ECS，向私网 IP 地址对应的服务器发起访问请求。

（4）在 VPC 内的 ECS，访问并获取私网 IP 服务器上需要的资源。

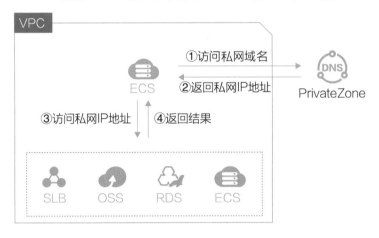

图 6-13　PrivateZone 私网域名解析过程

3.PrivateZone 的应用场景

PrivateZone 可以实现云服务器在 VPC 内直接通过内网域名互相访问，包含但不限于下列常用场景。

（1）**常用内网域名解析场景**：可以自定义内网域名，并把域名解析到阿里云 VPC 内的 ECS、SLB、Redis、OSS 等云资源，实现云资源在 VPC 内直接通过内网域名互相访问。

（2）**线上、线下版本维护场景**：可以通过创建互联网和内网域名，使用相同的代码对网站程序进行线上和线下版本的维护及开发。

（3）**云服务器主机名管理场景**：用户可以根据云服务器的位置、用途、所有者等信息规划主机名，并使用主机名为云服务器添加内网解析记录，以便直观地获取云服务器的信息，更利于管理云服务器。

例如，某公司（example.com）在华北 2 可用区 E 的 VPC 内有 50 台 ECS 机器，其中，20 台 ECS 机器用于官网首页，20 台 ECS 机器用于移动端 APP，10 台 ECS 机器用于内部测试环境。那么可以按照以下方式规划主机名。

官网：web01.huabei2-e.example.com 至 web20.huabei2-e.example.com。

APP：m01.huabei2-e.example.com 至 m20.huabei2-e.example.com。

测试：test01.huabei2-e.example.com 至 test10.huabei2-e.example.com。

在完成上述规划后，用户可快速定位云服务的位置和用途，以便日常管理和维护。

（4）云服务器切换场景：对于高访问量的应用，企业一般会将业务拆分到多台服务器以分摊流量，所以会将多个服务器建立在同一个 VPC 内，云服务器之间可以通过私网 IP 地址互访，私网 IP 地址会被写入云服务器的内部调用 API 接口中。如果其中一个云服务器发生异常，则需要切换到另外一台服务器上，私网 IP 地址也会随之变化。这时就需要修改其他云服务器代码中的 API 接口，发布变更，维护极其不便。

用户通过 PrivateZone 可以为 VPC 内的每个云服务器创建内网域名，并添加到对应的私网 IP 地址解析，这样云服务器就可以通过内网域名进行互访，即使其中的云服务器发生切换，也无须修改云服务器的代码，只需修改对应域名的解析记录即可。

（5）企业上云数据库迁移场景：企业上云最大的难点在于业务数据库迁移，很多企业在上云前，数据库域名或 IP 地址往往是已被写入应用客户端代码中的。当把本地构建的数据库迁移到 RDS 时，需要用户修改客户端代码进行应用改造，此过程不仅复杂，而且风险高。

用户通过 PrivateZone 可以创建一个与之前相同的数据库域名，然后通过 CNAME 记录指向 RDS 分配的系统内网域名，这样在数据库上云过程中，企业用户无须修改客户端代码，即可减少应用改造、降低迁移风险。

（6）云上云下 DNS 互联互通场景：因为企业有时会受限于一些内部原因而不能整体上云，所以多会选择分步上云方案，因此多数企业会需要构建混合云架构，而混合云的网络架构是极其复杂的，其中就包含如何通过 DNS 实现云上和云下业务间的调用问题，这也成为企业上云或在构建混合云架构过程中的一大难点。

用户通过 PrivateZone 的解析器可以将云上的 DNS 请求流量转发到外部 DNS 系统（如自建 IDC 或其他云厂商）。云解析 PrivateZone 是企业内部寻址服务的关键角色，能够让网络接入更灵活，并实现私有域名解析在混合云、云上和云下或多个不同 Region 的 VPC 内实现业务间的调用和互联互通，可有效降低跨网络访问的复杂性。

4.PrivateZone 的核心功能

PrivateZone 可为 VPC 内的终端和服务器提供内网权威解析服务，其核心功能包含关联 VPC、Zone 文件管理、解析设置、递归解析代理、辅助 DNS、解析器、ECS 主机名同步、解析请求量统计、操作日志、OpenAPI 等。

（1）**关联 VPC**。关联 VPC、跨账号关联 VPC，可以将 Zone 关联到需要访问的一个或多个 VPC，且私有域名只能在被与之关联的 VPC 内进行访问，有效实现安全隔离效果。该功能主要为 VPC 内的终端和服务器提供域名解析服务。

（2）**Zone 文件管理**。Zone 文件是大多数 DNS 软件用来管理域名空间的工具，Bind Zone 文件可一键导入和私有域名定制化。

（3）**解析设置**。可支持 A、AAAA、CNAME、MX、TXT 记录，以及反向解析（PTR），具体如表 6-1 所示。

表 6-1　记录类型描述

记录类型	描述
A	IPv4 地址
AAAA	IPv6 地址
CNAME	别名记录，指向另外一个域名
MX	邮件服务器记录，标识该域名的邮件服务器
TXT	双引号标记的一些字符串
PTR	将 IP 地址反向映射到域名

（4）**递归解析代理**。在开启递归解析代理后，当在 VPC 内查询 Zone 命名空间内未配置的子域名时，PrivateZone 会代理公网递归解析，将递归解析结果作为 DNS 查询响应，返回 VPC。

例如，Zone 名称为 aliyun.com，在 aliyun.com 内配置了一条私有记录，如表 6-2 所示。

表 6-2　私有记录

主机记录	类型	TTL	记录值
host01	A	60	10.0.0.1

◎当在 VPC 内查询 host01.aliyun.com 时，返回私有记录 10.0.0.1。

◎当在 VPC 内查询 www.aliyun.com 等公共域名时，因为 aliyun.com 这个 zone 空间内未配置 www.aliyun.com，所以 PrivateZone 会代理公网递归解析，进行递归查询，并返回互联网域名的解析结果。

（5）辅助 DNS。通过辅助 DNS 将自建 IDC 中的 DNS 数据同步至 PrivatZone，从而实现 DNS 级别的异构容灾，可有效避免因自建内网 DNS 的异常而导致内部服务的不可用。

（6）解析器。解析器可以创建域名转发规则和 DNS 出站终端节点，能够简单快速地将阿里云 VPC 内的 PrivateZone 的 DNS 请求流量转发到外部 DNS 系统，有效解决混合云、云上和云下的业务间调用问题。

（7）ECS 主机名同步。可以自动获取阿里云 ECS 的 Hostname 信息，完成 DNS 记录的创建，并支持跨账号同步 ECS 主机名，简单易用。

6.3.5　全局流量管理

1. 为什么需要全局流量管理

随着互联网的快速发展，企业为实现业务的持续高可用，一般会采用两地三中心、同城多活、异地灾备等灾备架构，像服务设置多中心、中心内部多地址负载等是很多企业采用的常规做法，因此，很多企业在流量调度方面都面临如下困扰：

◎突发故障，因缺少故障时流量自动切换功能，需人工手动操作，风险高、效率低，造成服务长时间中断，会给企业带来不好的品牌影响与较大的业务损失。

◎自建流量管理系统成本高、开发难度大；传统厂商 GSLB 设备，购买成本高、配置复杂、且多受限于客户的资源部署。

◎缺少线上流量优化经验，无法配置出最优的用户访问策略，影响用户访问体验。

◎当 SLB 部署在不同区域时，SLB 自身无法实现跨地域容灾切换，缺少对 SLB 层面的健康检查机制和全局性的流量调度策略。在异地部署架构中，SLB 不支持异地的容灾切换。

全局流量管理基于云解析 DNS 的调度能力和云监控的监控能力实现，能够为企业用户提供健康检查与自动故障转移功能。

2. 什么是全局流量管理

全局流量管理（Global Traffic Manager，GTM）不仅可以实现用户访问应用服务的就近接入、高并发负载均摊、应用服务的健康检查，而且能根据健康检查结果实现故障隔离或流量切换，方便企业灵活快速地构建同城多活和异地容灾服务。

全局流量管理属于 DNS 级别的服务，首先，使用 DNS 向用户返回特定的服务地址，然后，客户端用户直接连接到服务地址。因此全局流量管理本身并不是代理或网关设备，也不是应用接入服务，看不到客户端用户与应用服务之间网络的流量。

全局流量管理产品架构如图 6-14 所示。

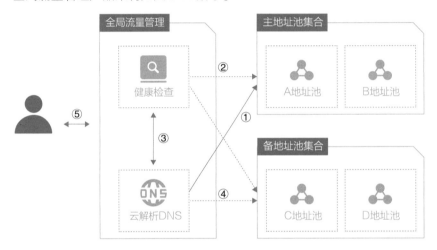

图 6-14 全局流量管理产品架构

① 全局流量管理系统中的云解析 DNS 模块可将终端用户访问解析到应用服务的主地址池集合和备地址池集合。其中，设定国内用户访问主地址池集合的应用服务，海外用户访问备地址池集合的应用服务，并且两个地址池集合互为主备。

②全局流量管理系统中的健康检查模块，会从多个地区对地址池内的多个应用服务地址发起健康探测，健康探测可以使用 PING、TCP 和 HTTP(S) 三种方式。

③ 当主地址池集合中有一个应用服务地址出现故障时，健康检查模块会准确地检测到异常情况，同时会和云解析 DNS 模块交互，最终通过云解析 DNS 模块将异常地址从向用户返回的应用服务地址列表中暂时删除。如果健康检查模块检测到应用服务的地址恢复正常，则云解析 DNS 模块会将此地址恢复至应用服务地址列表中并返回给用户。

④ 当主地址池集合出现整体故障时，全局流量管理系统会根据预先配置的备地址池集合和生效地址池集合的切换策略，将国内用户的访问流量切换到备地址池集合上"Secondary Address Pool Set"。反之，若备地址池集合出现整体故障，则全局流量管理系统会将境外用户的访问流量切换到主地址池集合上"Primary Address Pool Set"。

⑤ 最后，终端用户在访问时可以通过全局流量管理系统自动获取最佳的应用服务，保障用户访问不中断。

3. 应用场景

（1）**应用服务主备容灾**。假设应用服务有两个 IP 地址，分别是 1.1.1.1 和 2.2.2.2。在正常情况下，用户访问 IP 地址 1.1.1.1，当 IP 地址 1.1.1.1 出现故障后，希望将用户访问流量切换到 IP 地址 2.2.2.2。

全局流量管理系统会创建两个地址池 Pool A 和 Pool B，将 IP 地址 1.1.1.1 和 2.2.2.2 分别添加到两个地址池，并配置健康检查。在访问策略配置中，主地址池集合选择 Pool A，备地址池集合选择 Pool B，即可实现应用服务主备 IP 地址容灾切换。

（2）**应用服务多个 IP 地址多活**。假设应用服务有三个 IP 地址，分别是 1.1.1.1、2.2.2.2 和 3.3.3.3，三个 IP 地址同时为用户提供服务。当 3 个 IP 地址正常工作时，DNS 解析同时解析出 3 个 IP 地址。当 3 个 IP 地址中的某一个出现故障时，将故障的地址从 DNS 解析列表中暂时删除，不向用户返回；当故障 IP 地址恢复后，重新添加回 DNS 解析列表。

全局流量管理系统创建一个地址池 Pool A，包含地址 1.1.1.1、2.2.2.2 和 3.3.3.3，主地址池集合选择 Pool A，开启并配置健康检查，即可应用服务多个 IP 地址多活。

（3）**高并发应用服务负载分摊**。企业在做如双 11 等线上大促活动时，都会对业务做临时的扩容，以应对突然成倍增长的用户访问请求。一般来说，会在同区域购买多个 SLB 实例，期望达到使用不同 IP 地址进行访问流量卸载的目的。

当使用全局流量管理时，只需要在主地址池集合中将负载均衡策略设置为返回全部地址，就可实现 DNS 负载均衡效果。同时，用户可以选择按权重返回地址的方式，为每个地址池及每个地址配置不同的权重，使每个地址承担不同权重比例的访问流量。

（4）**不同区域访问加速**。大型企业或跨国企业，一般需要面向全国或者全球区域提供网络服务。由于不同地区网络情况不同，所以网络访问一般会受到距离等因素的影响，因此，企业会选择在几个大区的核心位置建立服务接入点，使不同区域的用户访问各自区域的核心接入点，从而获得最佳的访问体验。

全局流量管理提供两种访问策略：

◎**基于地理位置的访问策略**能够为不同区域的用户返回指定的地址池集合中的地址，从而实现全球用户的就近接入和访问加速。

◎**基于访问延时的访问策略**能够将终端用户路由到时延最低的应用服务集群上，从而实现终端用户的访问加速。

4. 核心功能

全局流量管理系统的核心功能包含地址池管理、访问策略、负载均衡策略、健康检查和故障切换。

（1）**地址池管理**。一个地址池一般代表一组提供相同应用的服务，即具备相同运营商或地区属性的 IP 地址或域名地址。地址池中的地址支持阿里云资源、IDC 资源或其他云厂商资源混合使用。一个全局流量管理实例可以配置多个地址池，以让不同地区的用户访问不同的地址池，并就近接入。同时，当地址池整体不可用时，可以做主备容灾的切换。

（2）**访问策略**。访问策略通过智能解析帮助企业轻松管理全球流量，并根据用户设定的流量调度策略，为不同网络或区域来源的访问用户设置不同的解析响应地址池，以让用户就近访问和故障切换。

（3）**负载均衡策略**。企业用户为实现业务的持续高可用，常规做法是将服务部署在多中心，在中心内部设置多地址负载。当服务中心有多个 IP 地址时，就使用全局流量管理的负载均衡策略实现全局负载均衡，保证整体负载的稳定性。

全局流量管理的负载均衡策略包含返回全部地址和按权重返回地址两种类型。

◎**返回全部地址**是负载均衡的默认策略，指当地址池内有多个 IP 地址时，每个 IP 地址平均分配访问流量。

◎**按权重返回地址**可将访问流量按照权重进行分配，当 DNS 查询请求时，全局流量管理按照预先设置的权重返回相应的 IP 地址。

（4）**健康检查。**健康检查是针对地址池中的 IP 地址进行健康性检查，开启后可实时监测应用服务的可用性状态，最终帮助企业进行自动故障隔离和自动故障切换。健康检查的监控节点如表 6-3 所示。每个监控节点独立运行健康探测任务，一个监控节点最低每隔 15 秒进行一次健康探测。

表 6-3 健康检查的监控节点

类目	地理位置
BGP 节点	张家口市、青岛市、杭州市、上海市、呼和浩特市、深圳市、北京市
港澳台节点	中国香港
国际节点	德国、新加坡、加利福尼亚、澳大利亚、马来西亚、日本
运营商节点	武汉市联通、大连市联通、南京市联通、天津市联通、青岛市电信、长沙市电信、西安市电信、郑州市电信、深圳市移动、大连市移动、南京市移动

（5）**故障切换。**当健康检查结果发现用户访问的主地址池集合整体不可用时，系统会自动将用户访问流量切换到备地址池集合上，确保当应用服务地址出现故障时，能够用备地址池集合来响应用户的 DNS 查询请求，从而降低业务中断的风险，保障业务的稳定运行。

6.4 小结

有人把 DNS 誉为互联网的"心脏"，也有人把 DNS 称作互联网的"中枢神经"，这都说明了 DNS 对互联网的重要性。回顾 DNS 历史，最初被设计成网络"电话簿"来使用，方便人们记录和查找网络地址。随着互联网的发展，尤其是在移动互联网和 IoT 场景下，DNS 的核心功能逐步从静态的"电话簿"演变成了一个智能化的调度系统，根据网络和资源的动态变化来智能解析和调度流量。虽然用户直接使用域名的场景越来越少，但 DNS 的作用和价值有增无减。

作为阿里云基础设施的重要一环，阿里云 DNS 为阿里云用户提供了全系列的域名服务产品，围绕互联网和企业内网两种网络形态，覆盖了服务接入和流量调度两类核心场景，构建全链路的 DNS 访问闭环。应对复杂环境，阿里云 DNS 具备高性能、高可用性、安全、隐私保护、可扩展性强等特性，可充分满足云上和云下用户的需求。

展望未来，DNS 将继续发挥网络连接和智能调度的作用，支撑更多、更复杂的应用场景，连接人、物和云资源，提供泛在的解析和连接能力。同时，DNS 作为国家公共基础设施，在关键路径节点（例如根区与根服务器）应减少或避免 DNS 中心化结构带来的问题和风险。在外部环境可能存在风险的情况下，不依赖外部网络的本地化或去中心化 DNS 系统，形成域名系统解析内循环变得尤为重要。

第 7 章

云网络安全

除了云厂商在网络产品中提供的基础安全能力，如前面提到的 VPC、安全组等基础能力，大部分云厂商还会推出自己的云原生安全产品，提供给云上用户使用，并利用云原生优势，帮助用户更好也更安全地在云上开展业务。

7.1 云防火墙

通常，在云上搭建安全网络的第一步就是，对网络区域进行划分和有效隔离。云上的网络区域，一般以 VPC 为颗粒度进行划分，这是因为 VPC 能够根据实际情况配置 IP 地址段，同时又是云上的基础默认网络隔离域。一般建议参考企业自身的组织架构，或业务重要属性进行 VPC 的网络拆分，常见拆分方式：

◎ 按业务部门（例如 to B 业务、to C 业务等）。

◎ 按传统网络分区（DMZ 区域、内网区域等）。

◎ 按使用属性（例如生产环境、开发测试环境等）。

而如何进行更标准化和更有效的网络区域划分，除了利用 VPC，通常还会使用诸如云防火墙等产品进行统一的隔离管控。

同时，云网络安全防护能力和 IDC 有很大不同。IDC 时代，用户通常需要采购大量网络安全设备，进行复杂的配置来满足网络的高可用性和安全性需求，无法根据业务流量进行快速弹性的伸缩，导致网络配置始终需要根据业务峰值来部署，无形之中造成了大量的资源浪费，也带来了成本的上升。云时代，目前几乎所有云供应商都提供了云原生的网络安全防护能力——通过托管的方式，用户无须进行复杂的网络规划，即可享受内置高可用与弹性扩展能力的网络安全加固服务，极大地简化运营工作，同时基于云的弹性计算能力，面对突增流量时能够做到秒级扩容，充分保障业务可用，并按需计费，实现成本的优化。

以阿里云为例，阿里云提供的云防火墙作为业界首款公共云环境下的 SaaS 化防火墙，与云产品天生高度融合实现串行防护，可以统一管理从互联网到业务的"南北向"访问策略，以及业务与业务之间的"东西向"微隔离策略。这是因为在云上环境中，用户不但需要管理进出互联网的边界，也需要在云产品之间、VPC 之间，乃至虚拟机实例之间进行网络边界管理。通过云防火墙，用户可以对南北向和东西向访问的网络流量进行分析，并支持全网流量（互联网访问流量、安全组间流量等）可视化，以及对主动外联行为的分析和阻断。

同时，对于云上层次化防御，阿里云安全团队首次在云上提出云上网络安全最佳实践的"三重门"网络层次化防御体系：

（1）互联网边界。

（2）VPC 区域边界。

（3）VPC 内资源边界。

在每层边界上，通常需要不同的安全能力来覆盖并提升抵御网络攻击的能力。阿里云云防火墙提供全网各个层次的隔离管控能力，包括统一的公网 IP 地址管控、基于域名的访问控制和基于 VPC 的隔离管控及阿里云与 IDC 专线之间的隔离管控。

7.1.1　互联网边界

互联网边界是用户在阿里云上的资源与外部通信交换的边界，通常定义为南北向流量边界。在该边界上，需要最高级别的安全管控能力，以防护来自外部或由内部发起的攻击，最常见的防护措施有资产盘点与收缩攻击面（盘资产）、网络入侵检测和防御（防入侵）、主动外连管控（封域名）、针对高危漏洞的虚拟补丁（挡漏洞）等，如图 7-1 所示。

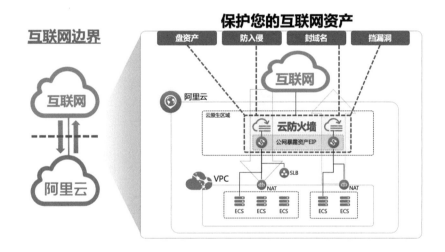

图 7-1　互联网边界

以阿里云为例，云防火墙为用户提供的深度的网络安全管控能力，包括：

◎统一的公网资产管控：云防火墙基于阿里云原生的先天优势，一键接入云上各类网络服务（如 VPC、专线、高速通道、CEN、EIP、SLB 等），同时支持用户云资产的动态更新，对新增云资产提供默认防护，全面梳理云环境对互联网的资产暴露情况。

◎提供互联网访问已分析能力，通过流量可视化技术，分析云上的业务对外开放的公网 IP 地址、端口、应用、风险等，并给出处置建议。

◎实现域名的访问控制，由于主动外联行为，对服务器是非常危险的行为，因此建议只允许内部服务器访问授权的域名和 IP 地址，其他未授权的默认禁止，同时对于主动的外联行为,统计外联的资产、外联的域名,判断该域名是否为有风险的域名。

◎提供南北向入侵检测防御功能和威胁情报能力，并支持入侵检测分析，覆盖5000条以上的基础防御规则和常见的应急漏洞和虚拟补丁，帮助用户在网络侧提升安全事件响应和防范入侵。

◎云防火墙支持网络流量及安全事件日志存储功能，默认保存 6 个月的安全事件日志和网络流量日志及防火墙操作日志，满足网安法和等保 2.0 的相关要求。

7.1.2　VPC 区域边界

VPC 区域边界是用户在阿里云内不同网络分区之间的交互边界，通常定义为东西向流量边界，还覆盖了诸如专线等混合云场景。通常需要网络安全能够在云上提供实时入侵防护、智能化访问控制、全流量日志溯源分析等能力，帮助企业构建"多层跨域"立体式防护，全面守护云上用户的安全。

阿里云云防火墙独创的基于网络功能虚拟化（NFV）的内网 VPC 边界，目前已经能够为用户实现云上跨 VPC 边界的统一管控和深层防御能力，做到边界全流量可见，并提供完整的网络日志，帮助用户对网络安全事件实现溯源，如图7-2 所示。

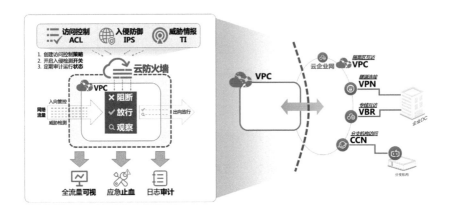

图 7-2　VPC 区域边界

目前阿里云云防火墙在 VPC 区域边界为用户提供的能力包括：

◎基于 VPC 的隔离管控及阿里云与 IDC 专线的隔离管控：根据业务的风险程度进行隔离管控，不同风险级别的业务被划分到不同的 VPC，并通过云防火墙进行访问控制。

◎基于网络杀伤链，在网络的各个攻击阶段进行有针对性的高级威胁网络防御。基于历史流量学习，提供智能的东西向 ACL 策略推荐，大大提升云上企业安全效果、降低运维成本。

◎提供东西向入侵检测防御能力，基于基础防御规则和针对高危应急漏洞的虚拟补丁，帮助用户在跨 VPC 及专线侧提升安全事件响应和防范入侵。

◎东西向日志分析与留存，帮助用户分析内部网络流量的运行情况，并提供 6 个月的安全事件和网络流量日志，可在必要时为用户提供网络溯源能力。

7.1.3 VPC 内资源边界

互联网边界是 VPC 内资源之间的边界，包含 ECS 主机、子网，通常作为微隔离的边界。有关安全组的介绍，在 3.1.5 节已经有所介绍，而针对云资源边界的防护，由于不同的访问控制策略散布在不同的业务系统中，所以网络运维和管理人员很难进行统一的管理。以阿里云为例，能够通过云防火墙对散布在各处的安全组实现统一的管理，同时实现基于安全组的流量可视化，呈现安全组和安全组之间的流量访问关系，以及最近 3 天的访问监控，帮助管理员发现内部可疑主机，例如，被入侵 ECS 对其他 ECS 的探测行为，或 ECS 被设置为代理服务器的上网行为等。

7.1.4 高级防护场景

在云上通过层次化的防护，用户能够在下面这些场景中实现更高层级的网络安全防护，诸如高危漏洞的实时防护、统一边界的出口管控，以及针对"等保合规"的防护能力提升。

典型场景 1：漏洞实时防护业务 0 中断。

应急漏洞一旦爆发后如果无法及时修复，就很容易被入侵，导致业务中断或数据泄露、被勒索等各种风险。但很多高危漏洞往往修复难度大，或重要业务资产无法立即停服修复，这就为攻击者带来较多可乘之机。比如 2020 年 10 月，爆发过多个高危 WebLogic 漏洞，它获取服务器权限，实现远程代码执行。某云上证券用户运行着重要业务，无法停止业务进行漏洞修复打补丁，这时就需要通过虚拟补丁的方式实现网络侧的防御，如图 7-3 所示。以阿里云为例，云防火墙能够为用户提供实时漏洞防护能力，第一时间提供针对该漏洞的网络入侵防护能力，用户无须升级即可享用，缩短漏洞利用窗口时间，大大降低因业务无法停服或立即停服遭受的暴露攻击风险，实现业务和安全的最佳平衡。

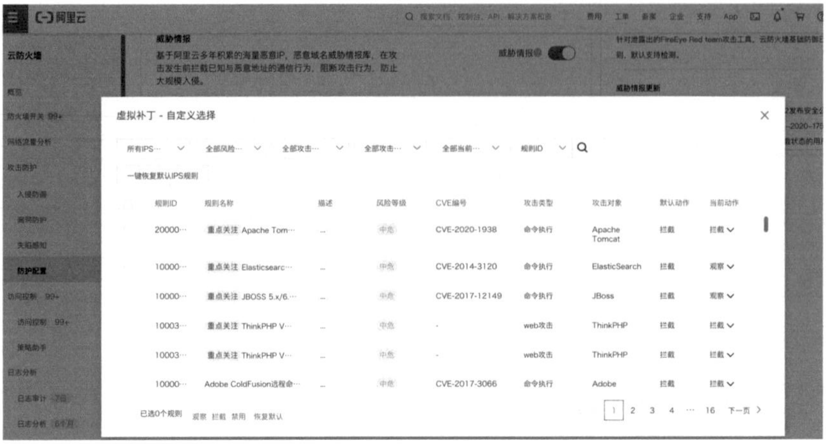

图 7-3　虚拟补丁功能

典型场景 2："内网外联"访问的统一安全管控。

针对云上业务，由内对外的安全防护也至关重要：一来可大大减少互联网暴露；二来降低内网非法下载、挖矿外联等风险。如某云上流媒体用户，因业务属性需要设置固定的服务器对某互联网新闻网站进行实时资讯获取，要求这台服务器仅允许访问指定新闻网站，其他访问都不允许。阿里云用户能够通过云防火墙提供云资产外联中细粒度域名和应用级访问控制，大大提升 ACL 策略访问控制的精准度，降低风险，并提升整体出向流量可见度，发现并有针对性地处置异常流量，如图 7-4 所示。

图 7-4　全流量分析功能

典型场景 3：帮助企业满足"等保 2.0"提出的网络安全要求。

"等保 2.0"对于网络安全区域边界的防护、访问控制、入侵防范、安全审计、网络运维等都有比较具体的要求。云上用户能够借助诸如云防火墙等产品的能力，实现更精准的网络策略的管控，了解云上网络资产，并且保存全量边界网络日志，协助用户满足等保 2.0 的相关要求。

7.2 DDoS 防御

近年来，DDoS 攻击已经成为影响全球互联网企业发展的最大威胁。DDoS 攻击主要给企业造成了服务不可用的问题，常见的现象是出口带宽堵塞、服务器 CPU 和内存使用率超高、TCP 连接数过多、网站访问变慢等，其中"CC 攻击"发生时，浏览器可能会无法访问网站或者访问变慢。

对于金融、证券行业，网站不可用会造成用户访问失败、公司的信誉蒙受损失等问题；当电商网站遭受 DDoS 攻击时，就会有无法下单、用户下单或购买失败等问题；而在游戏领域，当遭受 DDoS 攻击时，会造成玩家体验变差、游戏速度变慢或者频繁掉线等现象。

DDoS 攻击的危害往往是长期的，是互联网网站站长和企业管理者的噩梦。云上 DDoS 防护通常使用云上全球 DDoS 清洗网络，基于秒级检测系统、AI 大数据引擎可高效缓解 DDoS 攻击。阿里云在使用自主研发的 DDoS 防护系统保护所有数据中心的同时，支持防护全类型 DDoS 攻击，并通过 AI 智能防护引擎对攻击行为进行精准识别和自动加载防护规则，保证网络的稳定性。同时，阿里云的 DDoS 防护系统支持通过安全报表，实时监控风险和防护情况。

阿里云的 DDoS 防护系统，不仅能够支持用户的云上业务，也可支持云下企业用户使用阿里云在全球部署的大流量清洗中心资源，结合 AI 智能防护引擎，以全流量代理的方式实现对大流量攻击防护和精细化 Web 应用层资源耗尽型攻击的防护。

云上的防 DDoS 能力，一般能够为用户提供 DDoS、CC、WAF 防护服务，以防护 SYN Flood、UDP Flood、ACK Flood、ICMP Flood、DNS Query Flood、NTP Reply Flood、CC 攻击、Web 应用攻击等 3 到 7 层 DDoS 攻击。阿里云把域名解析到高防 IP 地址上（Web 业务只要把域名指向高防 IP 地址即可。非 Web 业务，把业务 IP 地址换成高防 IP 地址即可）并配置源站 IP 地址。所有公网流量都会走高防机房，以端口协议转发的方式将用户的访问通过高防 IP 地址转发到源站 IP 地址，同时将恶意攻击流量在高防 IP 地址上进行清洗过滤后将正常流量返回给源站 IP 地址，从而确保源站 IP 地址稳定访问的防护服务。

7.2.1　DDoS 防御架构

对于 DDoS 的防护，一般不仅适用于防御阿里云上的用户，也能防御阿里云外的用户。阿里云提供的 DDoS 防御架构如图 7-5 所示。

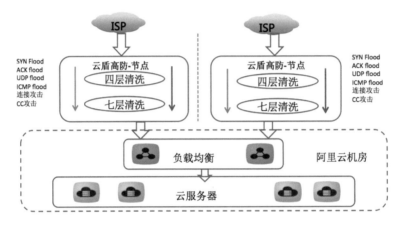

图 7-5　阿里云内用户的 DDoS 防御架构

（1）无论是否发生 DDoS 攻击，所有公网访问流量经 IP 地址转发到源站 IP 地址。

（2）高防 IP 地址针对所有访问流量进行实时检测和清洗。

（3）当发生 DDoS 攻击时，不需要做流量的牵引和回注。

阿里云外的用户将访问 IP 地址指向高防 IP 地址，高防 IP 地址采用同样的方式完成流量的清洗，然后回注到用户所在的 IDC 机房，其防御架构如图 7-6 所示。

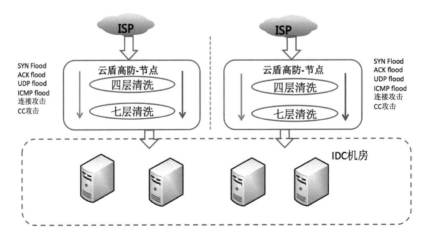

图 7-6　阿里云外用户的 DDoS 防御架构

7.2.2　防护能力和特点

云服务商一般都会为用户提供免费版本的 DDoS 基础防护，阿里云平台默认会为云上用户提供最大约 5Gbit/s 级别流量攻击的防护能力，满足大部分用户在云上正常开展业务的需求。

同时，对于有高级防护需求的用户，云服务商也会推出不同的防护产品帮助用户抵御更大规模的攻击。利用云上的 DDoS 防护，用户在最短一分钟内即可完成 DDoS 防护包的部署，直接把防御能力加载到云产品，免去部署和切换 IP 地址的烦恼。同时云供应商能够利用云原生 BGP 带宽，覆盖电信、联通、移动、教育网、长城宽带等不同的网络运营商，只需要一个 IP 地址即可实现多个不同运营商的极速访问，当用户遭受大规模攻击时，调用当前地域云上最大 DDoS 防护能力提供全力防护，最大限度地防护每一次 DDoS 攻击。对于同一个企业在云上存在多个公网 IP 地址的场景，云上 DDoS 防护也可共享防护能力，降低配置复杂度，并配合 DDoS 高防类产品实现自动切换。引流到备份的 DDoS 高防产品进行处理，防范 Tbit/s 级别的流量攻击。

7.2.3　应用场景

DDoS 防护一般适用于部署在云上业务规模大、网络质量要求高的用户，此类用户一旦遭受 DDoS 攻击导致业务中断或受损将会有巨大的商业损失。阿里云原生网络 DDoS 防护产品——DDoS 防护包能够在最小接入成本的情况下提升 DDoS 防护能力，降低 DDoS 攻击对业务带来的潜在风险。DDoS 防护包适用于以下典型场景：

◎ 资源部署在阿里云上。

◎ 需要保护的公网 IP 地址数量较多。

◎ 业务带宽或 QPS 较大。

◎ 具有 IPv6 访问流量的防护需求。

7.3　Web 应用防火墙

Web 应用防火墙是通过执行针对 HTTP/HTTPS 的安全策略来专门为 Web 网站应用提供保护的产品。云上的 Web 应用防火墙，一般会依托云上强大的计算和数据处理能力，通过 AI 深度学习方法，在降低误报率的同时有效地提高检出率，还可以基于用户业务访问端上的模型收集和大数据分析能力准实时地处理高危请求，并且提供自动报警和全局响应规则的同步下发和升级功能。

阿里云提供的 Web 应用防火墙（Web Application Firewall，WAF）服务基于云安全大数据和智能计算能力，通过防御 SQL 注入、XSS 跨站脚本、Web 服务器插件漏洞、木马上传、非授权核心资源访问等 OWASP 常见 Web 攻击，过滤海量恶意访问，避免网站资产数据泄露，保障网站应用的安全性与可用性。

值得一提的是，阿里云提供的 Web 应用防火墙部署在网络出入口位置，通过智能防护引擎、专家防护规则、主动防御检测引擎并结合云端威胁情报能力，实时识别 Web 攻击及恶意 Web 请求，根据预先配置的防护策略实时防御，保障网站应用的安全性与可用性。

7.3.1 防护能力

云 WAF 一般会对 Web 流量进行检测，能防御 OWASP 常见 Web 攻击，如 SQL 注入、XSS 跨站脚本、Webshell 上传、后门隔离保护、命令注入、非法 HTTP 协议请求、常见 Web 服务器漏洞攻击、核心文件非授权访问、路径穿越、扫描防护等，支持 0Day 漏洞的快速响应，及时确认并更新最新漏洞防护能力，第一时间全球同步下发必要的针对性防护规则，确保网站安全性；同时，实时观察针对性攻击流量的变化趋势，持续观察攻击情况，确保防护能力的完整性。主要的防护能力还包括：

（1）CC 攻击防御能力。云 WAF 一般支持对单一源 IP 地址的访问频率进行控制、重定向跳转验证、人机识别等，支持针对海量慢速请求攻击，根据统计响应码及 URL 请求分布、异常 Referee 及 User-Agent 特征识别，结合网站精准防护规则进行综合防护。阿里云 WAF 充分利用了阿里云大数据安全优势，建立威胁情报与可信访问分析模型，帮助用户快速识别恶意请求攻击。

（2）精准访问控制。云 WAF 一般会与 Web 常见攻击防护、CC 攻击防护等安全模块结合，搭建多层综合保护机制；同时依据防护需求，轻松识别可信与恶意流量。阿里云 WAF 在此基础上，还提供了友好的配置控制台界面，支持 IP、URL、Referee、User-Agent、Cookie 等 13 种 HTTP 常见字段的条件组合，配置强大的精准访问控制策略；支持盗链防护、网站后台保护等防护场景。

（3）网站日志记录和实时分析。云 WAF 一般会提供日志实时分析，可以近实时地自动采集并存储网站访问日志。阿里云 WAF 同时还提供了基于日志服务（LogService），输出查询分析、报表、报警、下游计算对接与投递等能力，帮助用户专注于分析，远离琐碎的查询和整理工作，同时支持存储网站 6 个月以上的访问日志，助力网站满足网络安全法和"等保 2.0"相关要求。

（4）**可视化与报表。**云上对于 Web 攻击的安全事件，一般通过安全大数据智能算法，从海量的攻击和访问日志中，聚合和识别特定的攻击事件，以及事件的攻击特征分析，并支持针对具体事件特征提供具体的专家处置建议，协助用户打造安全运维闭环能力，同时提供方便的数据可视化和统计功能，方便用户查看网站业务信息和安全统计数据。阿里云提供的 WAF 服务除了能够满足上述要求，还支持展示用户已接入 WAF 的所有网站的总体威胁情况，包括攻击防护和威胁概述，以及业务、攻击、威胁的详细分析，依托接入 WAF 后的网站业务详细日志，提供数据大屏服务，通过将数据转化为直观的可视化大屏，对企业网站的实时攻防态势进行监控和告警，提供可视化、透明化的数据分析和决策能力，让安全攻防一目了然。

7.3.2 技术能力

云上提供的 WAF 能力，相较于数据中心的 WAF 类产品，能够更好地利用云上强大的存储及计算能力，通过分类、异常探测等机器学习方法，建立用户的正常业务模型，输出业务画像，来避免统一的特征规则带来的误杀，最大限度地降低了 WAF 的误报率，结合计算机视觉及深度神经网络在文本分类上的应用，基于监督学习改进传统的卷积神经网络算法，打造可直接提取攻击载荷的深度学习攻击检测引擎，并实时用于用户的业务保护中，有效地提高攻击检出率。

阿里云 WAF 能额外帮助用户搭建纵深智能闭环防御体系，基于用户业务访问端上的模型收集和分析能力，对访问用户业务的每一条业务请求进行评分分级，同时结合风控的思想，以基础安全的全局视角进行威胁建模，准实时地发现由于某些特殊原因绕过 WAF 的攻击及 0Day 攻击等高危请求，并可自动报警，结合安全专家分析后进行规则下发，并全网同步升级，完成从预警到防护的最短链路闭环，打造数据驱动安全的纵深智能闭环防御体系。

相比 IDC 的物理部署方式，云上 WAF 的接入提供了更丰富的方式，如 DNS 配置方式和透明接入方式，便于用户使用。DNS 配置方式通过修改域名解析的方式，将被防护域名的访问流量指向 WAF，WAF 根据域名配置的源站服务器地址，将处理后的请求转发回源站服务器，实现网站服务器网络隐身功能，避免攻击者绕过 Web 应用防火墙直接发动攻击。

透明接入方式则在 Web 应用防火墙接入上做到全透明，云上 ECS 用户网站支持一键开通即可使用，自动牵引 Web 应用流量到 WAF 进行防护，用户无须调整 DNS 解析记录，更聚焦于业务本身。

第 8 章

云网络技术体系

云网络的弹性、按需、自助等特征要求其具备虚拟化、自动化、高性能等技术特征和技术实现。经过近十年的发展，云网络形成了独特的技术体系，提供全面的连接能力。

8.1 云网络的业务能力和业务特征

云网络的业务能力和业务特征会反作用于云网络的技术体系。

8.1.1 云网络的业务能力

网络的核心诉求是连接，用户哪里需要连接，哪里就有快速可达的网络。在传统网络世界中，用户要提供或访问应用，涉及云数据中心网络、广域网和接入网等不同网络之间的连通，其中，云数据中心网络更多地使用自建或者租用网络，广域网和接入网则从运营商处购买而得到。

而在云网络时代，通过建立应用在单地域或多地域之间的连接、终端跟云上应用的连接等，云网络让应用可以在云上部署、一键开通，无须关心网络的底层基础设施。根据网络连接的地理位置的不同，云网络提供的业务全景如图 8-1 所示。

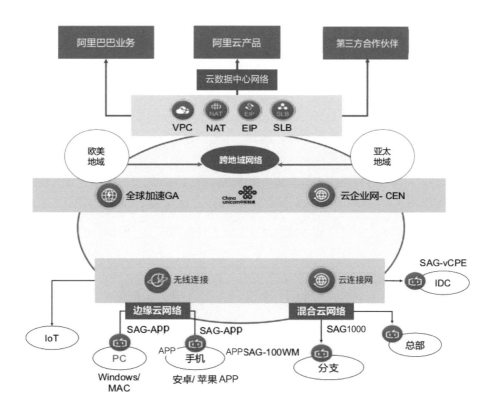

图 8-1　云网络的业务全景图

云网络的关键业务能力要求包括几个方面：

◎多租户：这是云网络基本的业务能力要求，目前所有厂商的云网络都是通过 VPC 产品实现租户内连接和租户间隔离的。

◎大规模：因为云上租户数目可达百万级，所以，云网络每个地域需容纳百万 VPC。这有别于传统云数据中心网络和专有云网络，因为传统网络之间的隔离更多是业务或者部门之间的隔离，规模非常有限。另外，VPC 是用户在云上的数据中心，在云原生兴起后，单 VPC 需要容纳几十万实例。

◎大带宽：云网络主要承担的是应用内部东西向的流量，即服务器之间的流量，因为服务器带宽从 Gbit/s、10Gbit/s、25Gbit/s 逐步演进到 100Gbit/s，且是多租户共用的，所以带宽要求是非常巨大的。

◎低时延：应用服务能力的提升，目前主要依赖横向分布式扩展，因而为了保证内部快速交互、对应用的处理和响应的迅速，网络的时延要尽量低，尤其高性能计算的应用在云上部署之后。

当下，从应用可靠性及就近服务的角度，很多应用会多地域部署，在不同地域之间有通信需求，如数据的备份和系统间调用等，因此跨地域网络的业务能力要求会额外增加如下几条。

◎安全性：为了防止数据在不同地域之间的网络中长途传输的过程中被窃听，对跨地域网络的安全性要求更高。

◎ QoS：跨地域网络由于具有建设成本高、资源相对较少、扩展能力弱、链路易拥塞等特点，所以要有不同服务区分处理的能力，即 QoS。

企业上云是一个渐进过程，特别是在企业自建数据中心已经运行的情况下，部分应用部署在云上，部分应用还在云下。企业的终端、分支机构等的访问通路也会发生变化，从访问自建数据中心演进至访问云上弹性计算资源。在这种业务场景下，提供线下访问云上专有资源的网络为混合云云网络，其业务能力要求又有所不同，见后续所述。

◎高可靠：一般网络的高可靠是通过设备集群，以及设备内和设备间的多链路保证的，混合云网络的高可靠要求更多体现在两端的网络节点之间要建立多通道方式，并实现联动机制。

◎零配置：因为企业的端、分支机构等接入点数目往往较多，所以租户在连接上云的网络时，对配置的复杂度比较敏感，期望即插即用。

8.1.2　云网络的业务特征

云网络因其是伴随着云计算而产生的，所以业务特征和传统网络有非常大的差异，总结起来，包括如图 8-2 所示的几个方面。

图 8-2　云网络的业务特征

1. 自助

和云计算一样，云网络采一种自助服务模式。租户通过 Web 界面购买所需要的产品和服务，如 SLB、NAT 等，通过云监控等服务快速完成网络的配置、运维。也就是说，在整个云网络产品的生命周期内，业务都是租户自助的，供应商只有一个，就是云服务商。

云网络因其自助的业务特征而使得租户和网络产品的界面是控制台和 OpenAPI，与传统网络设备的命令行界面（CLI）和网管接口不一样，操作方式和对象模型也相应地变化。

2. 弹性

云网络另一个区别于传统网络的业务特征是弹性。云网络面向的是海量的租户，且有些租户面对的市场和业务又是剧烈变化的，因此，以前对网络规模进行提前静态规划的方式不再适用，云网络产品的规格要求也很难提前评估准确。这些都要求云网络具有弹性。弹性的业务特征带来两个方面的业务要求：资源池容量和调度管理。资源池容量越大，面对突发情况的处理能力就越强，越具有弹性，但这也带来了成本增加。如何做到资源池利用率足够高又足够弹性，就需要灵活的调度管理能力。

3. 按需

传统网络时代，用户在购买网络设备的时候，受限于硬件的可选择范围，以及较高的新建成本，因而要求购买的网络设备规格往往都远高于业务所需。

云网络时代，用户按需购买规格，按需分配和按量收费，在业务量变化时再使用新的规格，能实现基础设施资源与业务规模的完美匹配。

4. 可计量

云网络时代，用户使用网络的方式从实体设备变化到虚拟方式，购买的是服务，没有具体可见的网络设备。传统网络用户购买一个 1Tbit/s 的网关设备，就能享受 1Tbit/s 的转发能力，在云网络中，租户购买 1Tbit/s 的网元实例之后，在使用的过程中可获取网元实例的运行情况，对购买的网元实例规格，或者收费模式进行调整。这些都要求云网络可计量，能统计每一个能力项、每一个资源消耗项的用量，且是动态实时的。

8.2　云网络的技术演进和技术特征

8.2.1　云网络的技术演进

回顾过去，我们看到云网络在不同阶段为解决客户不同的核心问题而采用了不同的关键技术。在 2.1 节中我们介绍了云网络的发展经历，云网络分为四个阶段，如下将对云网络在不同阶段的技术发展进行阐述。

（1）云网络 Beta，即云上传统网络阶段。云计算的主要工作是将主机托管业务进行虚拟化，以中小站长和互联网中小企业为主要服务对象。云计算对租户提供的网络服务主要是 DNS、负载均衡、公网 IP 地址。在从出租物理机升级为出租虚拟机的过程中，网络的主要变革是：提供了虚拟交换机 vSwitch，并支持虚拟机 VM 绑定公有 IP 地址。在这个阶段，云网络租户间的安全隔离主要依赖安全组。

（2）云网络 1.0，即云数据中心网络阶段。传统企业和互联网大用户开始上云，关键的业务诉求是为应用提供安全隔离的网络环境。主要特点是：网络服务自动化、多租户云上 VPC 网络技术，以及丰富的可计量的虚拟化网络功能。云上 VPC 通过 Overlay 技术为租户提供一个安全隔离的网络空间，不同 VPC 之间网络默认是不通的，这在路由层面解决了不同 VPC 的安全问题。在 VPC 网络里支持了虚拟路由器（vRouter），用户可以自己规划和定义网络，如私网地址 CIDR、子网、路由等。VPC 除了连接 VM 的 vSwitch，还包括了采用通用服务器构建的丰富可计量的虚拟化的云网关，用于处理各种不同的网络服务，比如 EIP 公网网关、负载均衡、NAT 网关等。

（3）云网络 2.0，即云广域网络阶段。随着企业上云加速，越来越多的大型企业甚至跨国集团企业的应用部署在云上，以及应用的微服务开发部署方式成为主流趋势，AI 异构计算、基于 VPC 的 HPC 高性能计算也逐渐兴起。这个阶段的主要特点是云网一体虚拟化技术、云原生的应用网络技术、高性能软硬一体网络、云原生的高弹性可用网络，同时对云网络的开放化和运营智能化提出了较高的要求。

从技术上来看，云网一体是从云网络 1.0 的单区域的云上网络 VPC 虚拟化往云网络 2.0 云网一体虚拟化演进，覆盖范围更广。云网一体虚拟化包括两个部分：混合云网络虚拟化和跨地域网络虚拟化。

云原生的应用网络技术是为了更好地满足应用的微服务开发部署方式。从网络支撑弹性计算的演进来看，业务的开发模式将越来越聚焦应用本身，应用开发逐渐往容器、Kubernetes 服务治理与编排、DevOps、Serverless 等云原生技术方面发展。云网络也随之演进，从基于 VM 的云网络演进为支持云原生的应用网络。云原生的容器相对 VM 而言，密度提升了 10 倍以上，拉起速度加快了 10 倍以上，对云网络也提出了更高的要求。

为企业提供高品质、高性能的云网络是云提供商朴素的诉求，随着服务器的网卡从 1Gbit/s/10Gbit/s 到 25Gbit/s/50Gbit/s/100Gbit/s，采用 Host CPU 实现的软件 vSwitch 在性能和零抖动方面的诉求无法得到满足，Host vSwitch 逐渐开始卸载到智能网卡。同时网络带宽的诉求进一步增长，初期采用物理服务器 DPDK 构建的方式难以为继，采用可编程芯片构建的自研交换机成为解决基础网关定制化和性能问题的必由之路。而在 AI 异构计算、高性能分布式存储，以及基于 VPC 的 HPC 高性能计算对 VPC 网络和基础网络在高性能和低时延两个方面提出了更高要求。

随着越来越多的丰富的企业上云场景，越来越多的具有更灵活的高级特性的业务网元被提供，快速、弹性、满足灵活多变的诉求，对云网络的开发实践也提出了更高的要求。增值类网关 All on ECS 的基于 NFV 平台的理念被逐渐实施。基于 NFV 平台的业务网元完全基于云原生开发，具有快速弹性扩缩、分布式架构、不可变基础设施等特点，充分利用了云的可用性、伸缩性、自动化部署等原生能力。

（4）云网络 3.0，即应用一云一边一体网络阶段。分布式边缘云正在成为一种新的趋势。这个阶段的技术特点是边缘云的轻量化和小型化，同时通过云边一体的协同技术，构建万物互联的网络。对网络而言，通过中心云 VPC 延伸到边缘云，比如 VPC 的一些子网可以在中心云，而另一些子网可以在边缘云，这种原生 VPC 延伸的技术使得用户可以更好地同时管理、使用中心和边缘的弹性计算资源。同时边缘云基于不同诉求连接公网、专线及网络的各种高阶服务等，满足边缘上丰富的业务诉求。

8.2.2 云网络的技术特征

云网络技术从使用经典网络提供租户虚拟机之间的隔离开始，快速演进至 VPC 网络虚拟化，提供数据中心云化能力，并逐步延伸至广域网和边缘网络，和应用的协同也越来越紧密。应用感知的云边一体化网络技术正在发展中，如图 8-3 所示。

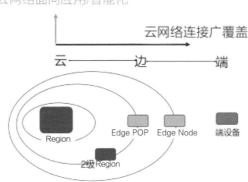

图 8-3 云网络趋势演进

云网络的技术呈现立体的演进，覆盖范围越来越广泛，同时和应用的联系越来越紧密。云网络具有以下不同于传统网络的核心的技术特征。

云网络首先是一个虚拟化的网络，采用虚拟化技术实现了和复杂物理网络连接的解耦，提供简单、灵活、易扩展的能力，满足云计算特定的应用要求。

其次，云网络本身也在利用云原生的产品和技术提升自身能力，既服务云计算，也利用云的能力。服务的自动化是云网络另一个区别于传统网络的重要特征。

云网络服务于海量租户，将海量租户所需的网络整体提供，网络的性能要求远超传统企业的网络性能，这决定了需要使用不同的技术来提升网络的性能。

云网络在提供计算连接的同时，还要能连接丰富的云服务，如存储，同时还要能连接丰富的网络服务。这些丰富的网络服务既可能是云厂商自己提供的，也可能是租户自己，或者合作伙伴提供的，所以云网络一定是一个开放的网络。

云网络规模巨大、场景多样，基于规则的传统网管，在运营和运维效率上难以为继。业界各大云厂商都开始了基于大数据的智能化网络的探索，并形成了一些实践结果，云网络是一个智能化网络，已经成为行业共识。

1. 虚拟化

云网络通过网络虚拟化构建了云数据中心网络、混合云网络和跨地域网络三大架构，在这三大架构中也体现了不同的网络虚拟化技术。

在云数据中心网络中，通过基于 Host Overlay 虚拟化技术构建了安全隔离的 VPC。云数据中心网络架构有以下主要特点：

（1）基于 Host Overlay 构建的云上网络架构与物理网络解耦，充分利用了 Host 的灵活性和物理网络的大带宽管道能力，两者独立演进，如 Host 的灵活性体现在如安全组、流日志、多级限速、子网路由等功能上。

（2）云数据中心网络 VPC 规模越来越大，单 VPC 的弹性计算资源数量可以达到百万以上，同时可能分布在数万台或数十万台物理服务器。这对云网络的配置效率、表项设计等提出很高的要求。

（3）更好地支撑云原生应用的演进。容器因相对传统虚拟机更加轻量级而支持更高密度、更快的启停速度，对云原生应用的容器网络有更高的要求。同时在云原生应用的网关方面，通过 ALB（Application Load Balancer）构建的云原生 Ingress 网关需要为云原生应用做大量功能增强，具有处理复杂业务路由的能力，如基于 Header 和 Cookie 的路由重定向或重写等高级 7 层特性，满足云原生应用金丝雀发布、蓝绿发布，实现应用功能快速迭代。

混合云网络的虚拟化需要解决众多分支和移动端接入云中的复杂问题，比如简化部署和维护的诉求、海量接入质量和成本的权衡、更好地无缝访问云中的各种服务等。混合云网络针对云的特点做了大量技术创新和融合，可以更好地解决企业分支和移动端上云的诉求，有如下 4 个技术特点。

（1）云下用户侧设备 Zero touch 接入简化配置：CPE 自动注册管控，用户通过云端控制台统一管理配置，并可以通过 OpenAPI 编排自动化配置任务。

（2）混合云网络质量优化：利用广泛覆盖的云网络资源提供就近接入能力，再通过优化的选路算法生成最优的端到端路径。

（3）全场景上云能力：云原生 SD-WAN 除了对固定分支提供上云的硬件，还具备让移动终端和桌面终端平滑上云的客户端，在技术上通过封装好的 SDK 也能让上云能力被广泛地集成。

（4）云服务融合能力：混合云网络通过跟跨地域网络在多租户识别和衔接、路由发布协同等方面紧密配合，使得企业分支、移动端可以快速地使用云上弹性资源和各种服务。

跨地域网络的虚拟化为不同地域的 VPC 网络，以及线下 IDC 或分支（通过专线或 SD-WAN 等接入）提供灵活的跨地域互联互通能力，用户可以按需定义和规划自己的跨地域网络，形成自己私有的云企业网。例如，可以对 VPC 或专线在私有的云企业网上路由发布的规则、跨地域的带宽大小等进行自定义。跨地域网络通过 Overlay 技术在云提供商的骨干网构建。相对于单区域的云上 VPC 网络而言，云企业网具有全球属性，在跟 VPC、专线或 SD-WAN 的协同，以及在跨地域路由计算和传递等方面做了大量的工作，为企业全球化提供了极强的基础设施能力。

2. 云原生化

云网络除了基础网元部件，如公网网关、专线网关、主机 AVS（Apsara vSwitch），种类更多的是业务网元，比如 NAT 网关、4/7 层负载均衡、PrivateLink（VPC 访问云服务）等。相对基础网元而言，业务网元提供了更多增值、高级的特性，可适配越来越丰富的企业上云场景。业务网元在云网络建成的初期通常采用物理服务器方式部署，但是随着业务网元类型的逐渐增多，面临采用物理服务器扩容不方便、无法灵活弹性扩展等问题，同时随着物理服务器机型演进，业务网元也要跟随适配，浪费大量人力。

阿里云网络采用基于云原生的设计理念构建 NFV 平台作为应对之道。NFV 平台采用普通的 ECS 安装部署所需的业务网元，利用云上的 ECS 按需申请、弹性伸缩的能力，进行弹性部署。同时为解决业务网元的转发性能扩展问题，NFV 平台对业务网元转发面采用分布式分层架构，分为无状态的快路径转发层和有状态的慢路径业务处理层，并通过分布式无状态的快路径转发层实现转发性能的扩展。

另外，NFV 平台支持业务网元的弹性架构，需要考虑跟基础网元和服务器上的 AVS 设计配合，基础网元和 AVS 支持 ECMP 的等价能力对 NFV 构建的业务网元实现弹性扩缩容引流。NFV 平台和业务网元的实践完全基于云的特点设计，充分利用了云的可用性和伸缩性，以及自动化部署和管理的能力。

3. 服务自动化

相对于传统网络通过命令行来配置网络设备，云网络提供自动化的网络服务方式。云网络是构建在物理网络之上的虚拟网络，通过云化的技术实现传统网络的各个网元，如路由器、交换机、防火墙、负载均衡等。云网络是云的整个基石，支撑计算、存储、应用、上层云服务等的数据顺畅流通。

为了提供海量租户的网络服务自动化，阿里云作为软件定义网络（SDN）的最早倡导者和践行者，在架构上不断地优化迭代。总的来说，阿里云网络服务自动化通过三层架构实现，分别为编排器、控制器和网元节点。

（1）**编排器**。在阿里云的技术体系中，将具体功能产品化的系统称为编排器。编排器通过 API 向最终用户呈现产品能力，供用户和控制台调用，负责提供除了产品基本功能服务化，还提供 API（如鉴权、限流等）、监控、各种白名单配置，以及和其他系统互相配合等功能。

（2）**控制器**。控制器主要负责具体网元节点的管控，而网元节点则依据具体转发表项进行数据转发。控制器对网元节点进行具体管理，如上下线、扩容；将编排器调用的控制器北向 API 的功能诉求转化为网元节点的具体执行表项或配置。在专线接入场景中，控制器还需将从客户侧接收的 BGP 路由进行路由的计算和优选。为满足海量规格的性能和可靠性诉求，控制器架构在微服务化、水平分割、分库分表、异步调用、表项对账等方面做了大量的探索和优化。

（3）**网元节点**。网元节点是具体执行数据报文转发处理的节点，通过控制器下发的转发表项或配置对流经的数据报文进行查表转发。网元节点有多种类型用于满足不同用户的业务诉求，如 IGW 网关、专线网关、NAT 网关、SLB 网关、VPN 网关、AVS 等。网元节点用于实际承载用户的数据流量，具有高性能和灵活弹性扩缩容的特点。

4. 高性能

云网络的高性能体现在云网络底层资源能力、基础网关硬件化和智能网卡、高性能低时延网络等方面。

（1）**云网络底层资源能力**。阿里云在云数据中心网络采用 CLOS 架构 + 核心多平面 + 单芯片交换机构建 Scale Out 可弹性扩展的高性能底层物理网络，单区域可达数十万台服务器规模。在网络带宽上，服务器接入带宽从 1Gbit/s、10Gbit/s、25Gbit/s 向 50Gbit/s、100Gbit/s 演进，而交换机之间的互联带宽从 10Gbit/s、40Gbit/s 到 100Gbit/s，向 200Gbit/s、400Gbit/s/800Gbit/s 演进。在公网出口方面，阿里云网络通过跟多家运营商合作，提供高质量的多网接入能力，不管终端用户属于哪个运营商，都可以快速触达，避免跨网质量问题。当前阿里云区域公网带宽达到数十Tbit/s，支撑了海量客户上云诉求。

（2）**基础网关硬件化和智能网卡**。云网络的基础网关通常指在 VPC 边界或者跟物理网络交界的网元，如 VPC 网关、公网网关、专线网关等。随着企业上云越来越广泛、网络带宽进一步增长，初期采用物理服务器 DPDK 构建的方式无以为继：

一方面服务器的摩尔定律已经失效，需要更多服务器来满足不断增加的流量诉求；另一方面对安装部署、交付运维、成本、功耗等也带来了不利影响。而采用可编程硬件芯片可有效地面对不断增加的流量诉求，从单台服务器 100Gbit/s 到当前可编程单芯片 3.2Tbit/s、6.4Tbit/s，以及下一代 12.8Tbit/s，转发能力提升数十倍、转发时延更低。基础网关硬件化是必然选择。

阿里云当前基础网关都已采用可编程芯片交换机构建，为海量客户提供高性能、高质量的云网络。在计算节点侧，智能网卡兼具了灵活和性能的优势，已逐渐成为大规模云计算公司投入的重点。阿里云除了和智能网卡行业头部企业深度合作开发定制阿里巴巴特有的网卡，也基于自研智能网卡实现软硬件一体高性能的 vSwitch 功能，全面支持裸金属服务器、ECS 虚拟机、云原生容器等多种实例。

（3）高性能低时延网络。随着数据爆发式的增长，人工智能、高性能计算、分布式存储等逐步开始普及和应用，传统基于 CPU 软件进行网络通信的模式已经无法满足这些业务诉求，同时以 GPU 深度学习替代 CPU 为代表的异构计算，以高性能 NVMe 存储介质替代机械硬盘的分布式存储，对网络的性能和时延也提出了更高的要求。网络逐渐变成计算和存储的 I/O 总线。随着高速以太网的发展，阿里云通过构建基于 RDMA（Remote Direct Memory Access）的高性能网络满足新的业务诉求。

RDMA 是一种 Kernel Bypass 技术，以软硬件结合的方式将网络传输协议固化于硬件，通过内核旁路实现了 CPU 卸载和零拷贝，显著提升了网络通信效率、降低了应用的处理时延。传统 RDMA 要求网络无丢包，依赖于网络 PFC、ECN 等特性，PFC 特性可能导致的死锁风险制约了 RDMA 高性能网络集群部署的规模，阿里巴巴通过去 PFC、优化重构 RDMA 高速网络拥塞算法等构建了大规模 RDMA 高性能网络，极大地提升了计算和存储业务性能。

5. 开放化

随着企业上云的步骤逐渐加快，以云为中心的新数字经济的时代正在到来。数字经济驱动着各行各业的转型和发展，越来越多的 ISV、科技类服务公司将转型到云计算的业务上来，这些生态的变化必将重构整个云的服务体系。云生态的繁荣，依赖大量第三方生态伙伴的参与，只有开放的生态友好的云，才能更好地赋能千行百业。

当前大多数云服务通过公网暴露入口，云上的用户也通过公网对服务进行访问，在这种方式下，服务使用方和服务提供方通过联网通信，存在 DDoS 攻击和暴力破解的安全风险。如何通过云提供商内网为服务使用方和服务提供方建立安全的连接至关重要，这种全新的云上生态交互的手段需要提供类似 PrivateLink 的技术，以满足如下关键诉求：

（1）私网通信，减少安全攻击风险。

（2）易于使用和管理，如不改变服务使用方和服务提供方便可完成私有网络的地址规划和路由管理。

（3）安全可控，能控制服务连接请求和访问规则。

（4）高质量，更低时延、更高性能。

另外，如何更好地支持第三方的网络产品在云上的部署，帮助第三方网络产品更好地利用云原生的能力，如多租户、弹性扩缩、可靠性等。这对 NFV 平台的开放能力也提出了更高的要求。

6. 运营智能化

随着越来越多的业务上云，云网络作为整个云的基础设施越来越重要，如何保障云网络的稳定可靠是一个巨大的挑战，这挑战来自两个方面。

（1）云网络复杂的特性。我们看到云网络在快速演进，提供了越来越丰富的云网络产品和越来越灵活的组网能力，如阿里云从最初提供资源隔离的 VPC，到 VPN、专线、SD-WAN 等混合云网络解决方案，再到跨区域的多地域互联互通等。同时我们看到，云网络的架构随着时间的推移也在不断演进，计算节点从基于内核态的 vSwitch 到基于用户态的 DPDK vSwitch，再到基于智能网卡的软硬一体的 vSwitch，网络节点也从物理服务器到提供更高带宽能力的可编程交换机和更灵活的 NFV，每天新的场景、业务、特性不停地注入云网络中，云网络的升级有时候就像给飞行中的飞机换引擎，这是面临的一大挑战。

（2）超大规模带来的故障概率。云作为数字经济的底座越来越成熟，云网络的规模也越来越大，阿里云上的用户已经数百万，各种服务器和网络相关设备也早已超过了一百万台，虚拟机数量更是以上千万台计，这些数字还在不断快速增长。量变引起质变，单台设备发生的小概率故障事件放在大型的公共云中发生故障必然是一个大概率事件。在这么大规模下，及时发现问题、将流量快速切换到安全的网络设备，更新维护这大的设备量，是云网络面临的另一个巨大挑战。

解决云网络复杂的特性和超大规模带来的挑战需要我们转变思维，传统基于脚本和工具来做监控和问题定位已经远远无法满足要求，例如，100 万台网络设备的数百种监控指标，同时网络业务的用户、产品、资源等多维度的分析，传统用脚本工具完全无法处理。同样，在运营运维过程中需要尽量减少人力参与的重复性劳动，如研发人员在数据库中捞取数据排查问题、在网络设备上抓包定位问题等在如此大规模体量下完全无法持续。

阿里云网络构建了"数据＋策略"的齐天智能平台来应对云网络面临的这些挑战。齐天智能平台的思路是基于历史数据预测、机器学习、专家经验等，对云网络生成的数据进行分析，自动化、系统地生成策略，将策略通过控制器下发到网络节点，再收集新的数据进行分析，再结合不同场景，自动地将更多决策闭环，在整个云网络生命周期中尽量减少人工的干预。

8.3　洛神云网络平台

飞天（Apsara）是由阿里云自主研发、服务全球的超大规模通用计算操作系统。它可以将遍布全球的百万台级服务器连成一台超级计算机，以在线公共服务的方式为社会提供计算能力。

飞天操作系统中有很多核心模块，包括神龙通用计算平台、盘古存储平台、洛神云网络平台。洛神云网络平台是飞天操作系统中负责云网络的底层基础平台，一方面作为云网络产品和服务的技术平台，另一方面也是阿里云几百款产品的技术平台，其架构如图 8-4 所示。

图 8-4　飞天操作系统中的洛神云网络平台

洛神云网络平台是基于物理网络基础设施之上构建的网络虚拟化平台，主要分为四大核心模块：Sailfish 硬件转发平台、CyberStar 弹性网元平台、SDN 管控系统、智能分析平台，如图 8-5 所示。

图 8-5 阿里云洛神云网络平台

Sailfish 硬件转发平台基于专用可编程芯片、智能网卡等高性能转发组件，结合 x86/ARM 处理的架构，通过软硬件一体架构设计，构建主机和基础网关高性能转发能力，包括软硬件一体高性能网关 XGW、MoC、ALI-LB 等核心模块。

CyberStar 弹性网元平台是基于 ECS 构建的弹性开放的虚拟化网元平台，基于 ECS 构建意味着资源"无限"、弹性"无限"，让业务网元不再依赖传统 x86 物理服务器部署，直接基于 CyberStar 平台构建，解决了采用物理服务器部署扩容路线长、弹性扩展困难等问题。

SDN 管控系统是云网络的大脑，采用管控层次化拆分、高速缓存 DB 等技术，完成海量网元的管控处理，具备大规模、高性能、可扩展等核心优势。SDN 管控系统主要包括 VPC 控制器、跨地域控制器、混合云网络控制器和网元控制器等。

在前面已提过齐天智能平台，即这里的智能分析平台，通过预测、机器学习、专家经验结合不同场景对云网络生成的数据进行分析，然后自动化、系统地生成策略，自动的决策闭环，尽量减少人工干预，实现智能化网络运营。

8.3.1　物理网络基础设施

阿里巴巴云数据中心网络架构演进大体上可分为两个阶段：2013—2016 年为第一阶段，以架构标准化和 Hyper-scale 为主要驱动目标；2017 年以后为第二阶段，是新一代 HAIL 架构的研发和大规模落地阶段，通过全面自主掌控软硬件系统来打造超高性能、超高稳定性和超大规模弹性的云数据中心网络。HAIL 即 "High Availability，Automation，Intelligence and Low Latency"（高可靠、高智能、低时延），是阿里巴巴云数据中心网络架构代号，目前第二代架构 HAIL 2.0 已经在大规模部署中。

为了让读者更好地理解本节的内容，首先介绍一下阿里巴巴云数据中心网络的设备角色名称，一个典型的云数据中心网络架构示意图如图 8-6 所示。

图 8-6 中术语解释如下。

◎ Host：物理服务器。

◎ AVS：阿里巴巴虚拟交换机（Alibaba Virtual Switch）。

◎ ASW：访问交换机（Access Switch），也叫交换机栈顶（Top of Rack Switch，TOR）。

◎ PSW：POD 交换机。

◎ DSW：核心交换机（Data Center Switch）。

◎ MC：Metro Network 中心交换机。

◎ xSW：L4 ~ L7 网关聚合交换机。

◎ eSR：弹性服务路由器（Elastic Service Router）。

◎ cSR：云服务路由器（Cloud Service Router）。

◎ DC Cluster：云数据中心网络集群，是网络的逻辑部署单元，每个网络集群会对应一个网络架构版本。

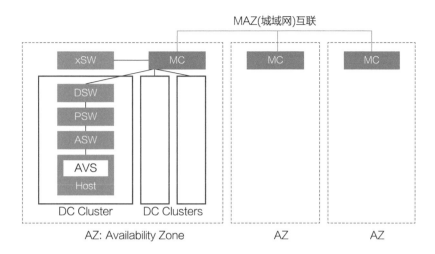

图 8-6　阿里巴巴云数据中心网络架构示意图

在介绍阿里巴巴云数据中心网络 HAIL 架构之前，先简要回顾一下阿里巴巴云数据中心网络演进的第一阶段，如图 8-7 所示。

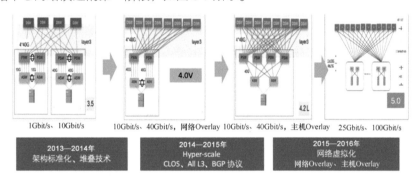

图 8-7　阿里巴巴云数据中心网络架构演进的第一阶段（2013—2016 年）

阿里巴巴云数据中心网络从 2013 年开始进行了架构标准化工作，针对阿里巴巴集团不同业务需求统一了架构版本，然后在这个基础上把 Hyper-scale 的架构设计理念运用进来，包括 CLOS 物理架构设计、基于 BGP 的全三层网络协议设计等。为了支持服务器高冗余的双上连，我们引入了堆叠技术。堆叠技术是把两台交换机通过协议实现相对服务器而言一台逻辑设备的作用，从而简化服务器的配置。在网络带宽上，服务器接入带宽经历了从 1Gbit/s 到 10Gbit/s，再到 25Gbit/s 的演进，交换机之间的互联带宽经历了从 10Gbit/s 到 40Gbit/s，再到 100Gbit/s 的演进。在网络虚拟化方面，我们首先尝试了基于 OpenFlow 的 Network Overlay 技术，然后演进为 Host Overlay。Host Overlay 可以让虚拟网络和物理网络充分解耦，让业务部署更加弹性灵动，更加具备可扩展性。这段时期的架构虽然引入了 Hyper-scale 数据中心设计理念，但主要还是以 Scale up 设计为主，DSW 和 PSW 都采用框式交换机，集群的规模则是通过 Scale up DSW 交换机容量来实现的，这极大地限制了架构的可扩展性。另外值得一提的是，支持服务器双上连的堆叠技术可以简化服务器配置，却让交换机变得极其复杂，堆叠协议的复杂性成为云数据中心网络稳定性的一个隐患。

2017 年以后，第二阶段大规模部署的 HAIL 架构具备以下特点。

◎ Scale out 设计：充分利用业界高容量芯片，以单芯片交换机组网，大幅降低成本，降低设备复杂性，降低网络转发时延；集群规模在 HAIL 1.0 中通过扩展 DSW 数量来实现，在 HAIL 2.0 中通过扩展 DSW 平面来实现（本质上也是 DSW 数量）。HAIL 1.0 可以支持 10 万台服务器接入端口规模，对于服务器双上连设计，可以支持超过 5 万台服务器接入；HAIL 2.0 可以支持超过 20 万台服务器接入端口规模，对于服务器双上连设计，可以支持超过 10 万台服务器接入。

◎架构灵活性：以 POD 为部署颗粒度，同一个集群里可以同时部署 25Gbit/s、50Gbit/s 和 100Gbit/s，以及不同带宽收敛比的 POD。

◎架构高冗余和简单性：支持服务器双上连，可以大幅提高服务器网络 SLA；服务器双上连不依赖于堆叠技术，采用阿里巴巴自主创新的"去堆叠"技术，不仅大幅度增强了网络稳定性，而且通过服务器和交换机的协议协作，可以做到无损 ASW 交换机隔离和软件升级，以及毫秒级故障切换。

◎高性能网络：大规模部署 RDMA 技术，通过高性能网络流控和网络可视化技术增强 RDMA 网络稳定性和部署规模。

◎网络可视化：全面引入基于新一代芯片能力的网络可视化技术，获取网络热点信息、丢包信息、业务流物理路径和时延信息等，流遥测技术（Streaming Telemetry）可大幅提升监控数据的性能，并结合大数据分析平台有效预防、发现、快速定位故障，大幅增强网络稳定性。

相对于 HAIL 1.0（如图 8-8 所示），HAIL 2.0 最大的变化是引入 DSW 多平面，如图 8-9 所示，这样集群的规模就不依赖于 DSW 交换机"Scale up"，可以采用单芯片交换机，从而大幅简化交换机设计并且优化成本，进一步降低网络时延。

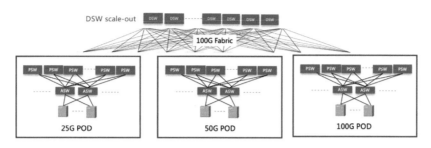

图 8-8 云数据中心网络架构：HAIL 1.0

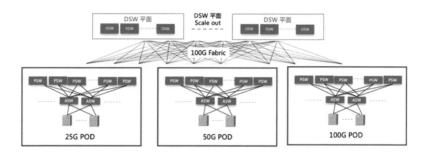

图 8-9 云数据中心网络架构：HAIL 2.0

8.3.2 网络虚拟化技术

网络虚拟化指，在物理网络上通过网络虚拟化技术可以模拟出多个逻辑网络，使得不同用户或者不同部门在同一张物理网络上可以使用独立的逻辑网络资源，从而提高网络的利用率。在云计算出现之前，网络虚拟化技术就广泛地存在和部署，典型代表如 VLAN 技术、MPLS VPN 技术等。而在云计算发展的过程中，之前存在的网络虚拟化技术无法很好地满足云网络的诉求，如传统的 VLAN 技术中用于标识不同逻辑子网的 VLANID 字段只有 12bits，最多表示 4k 个不同子网，无法满足云网络海量租户的诉求，而 MPLS VPN 技术在数据中心内网部署又太复杂，同时云计算虚拟化厂商希望独立提供云计算完整解决方案，而不受制于物理网络的约束，这些因素促生了新的网络虚拟化 Overlay 技术。

Overlay 技术是指将原始报文封装到 UDP 报文（即 L2 over L4）中，并在 L3 网络中传输，本质是一种隧道技术，比较常见的网络虚拟化 Overlay 技术有 VxLAN、NvGRE、STT 等。当前较为主流的技术是 VxLAN 技术，阿里云网络也采用了类 VxLAN 技术的方案。VxLAN 技术在原始报文跟外层隧道 UDP 之后有一个 VxLAN 头部，包含了 24bits 的 VNI 字段，这个字段可用于标识逻辑网络，数目可以达到 1600 万个，可以较好地满足云网络对多租户的诉求。

1. 云上网络虚拟化技术：硬件 Overlay 与 Host Overlay

在云数据中心网络里，虽然传统网络厂商和云厂商都采用 Overlay 技术，但是具体实现方案上有较大差别。

◎ 硬件 Overlay 技术方案。为了满足云数据中心网络虚拟化的隔离需求，传统网络设备商提供了 VxLAN 隧道端点在硬件设备上实现的方案，虚拟化主机通过 VLAN 进行本地多租户隔离，在接入交换机上进行 VLAN 和 VxLAN 的映射转换，在核心层仅需完成 IP 地址转发（对东西向流量）。这种方案和传统网络模型较为接近，在部署运维上变化较小，但受限于交换机的转发和封装规格资源限制，该方案只适合中型数据中心，无法满足公共云大规模应用诉求。另外虚拟网络特性发布仍受限于硬件开发周期，对云上网络的高级特性如安全组、子网路由无法较好支持，因此目前仅存在于一些特性要求较为简单的私有云解决方案中。

◎ Host Overlay 技术方案。Host Overlay 指在 Hypervisor 上部署虚拟化交换软件，控制器将租户 VxLAN 转发配置下发到虚拟交换机上，在 Host 上软件交换机完成 VxLAN 隧道端点的封装和解封，从而完成虚拟机之间、虚拟机到边界网络的流量转发。这种实现方式对物理网络仅仅需要 IP 地址可达即可，而不再受制于物理交换机支持 Overlay 特性的规格。同时相比于硬件 Overlay 技术方案而言，基于 Host 技术方案实现的 Overlay 更加灵活，很好地满足在硬件交换机上较难实现的安全组、FlowLog、子网路由等特性。

在支持云原生应用方面，云原生应用的容器网络借用 VPC 本身的 I 层网络能力，这样容器本身可以更好地访问 VPC 里的其他虚拟机和服务，也具有更好的性能，但这对云原生的应用网络在 ENI 网卡密度和拉起效率、转发表项处理提出了更高的要求。对 Overlay vSwith 的表项的处理上主流有两种模式：模式 1，预下发模式，即采用对 vSwitch 全量 VPC 转发报表项预先下发的模式；模式 2，学习模式的优点，即首包过网关，之后 vSwitch 学习该活跃流的模式。在支持云原生应用快速启停的业务特征上，采用模式 2 更有优势。

2. 跨地域网络虚拟化技术

跨地域网络虚拟化技术用于实现租户跨地域 VPC/CCN/ 专线之间的互联互通。跨地域网络虚拟化同样采用 Overlay 技术构建。阿里云在每个区域部署了转发路由器网关，通过 Overlay 技术按需在不同区域的转发路由器网关间建立 VxLAN 隧道。在转发路由器网关的接入侧，需要将 VPC/CCN/ 专线的业务标志统一转换到跨地域网络虚拟化 Overlay 的统一标志。转发路由器网关可实现租户流量的地址隔离、QoS 标签、安全加密等能力。

3. 混合云网络虚拟化技术

云连接网 CCN（Cloud Connect Network）提供企业分支、移动端快速且高质量的上云连接。通过将 CPE 设备智能接入网关 SAG（Smart Access Gateway）上的物理连接、云网络遍布全球的网络接入点，以及将这些接入点连通的 Internet 网络、骨干网络资源池化。通过将 Overlay 技术和 SD-WAN 探测选路技术结合来构建基于租户的混合云网络，它兼具云的弹性、高质量，以及海量的连接能力。用户的业务可以平滑地在云上网络和云下网络之间进行迁移，同时企业分支/移动端能从 SD-WAN 网络的任何位置发起对云上 IaaS 资源、SaaS 应用的访问。SAG 智能接入网关是云网络 Overlay 技术概念从数据中心走向企业上云的延伸。通过创建 SAG Overlay 网络可以避免对传统物理基础设施的巨大改造，保护现有投资。SAG 支持各种软件版本，包括 Windows 系统、苹果系统客户端、Android 或 iOS 应用 App，也可支持以 SDK 的方式被 IoT 设备集成。

8.3.3 高性能转发技术

1. 基础网元软硬一体化概览

云网络的基础转发组件包括两部分：云网关 XGW 和虚拟转发交换机 vSwitch（基于 MoC 卡），如图 8-10 所示。

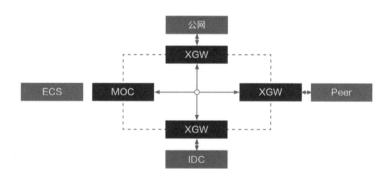

图 8-10 云网络的基础转发组件

云网关 XGW 负责公网、专线和跨区域流量的汇聚和分发。vSwitch（基于 MoC 卡）是服务器内部网络核心组件，负责服务器内部 ECS 流量的转发和交换。XGW 网关和 vSwitch（基于 MoC 卡）一起搭建出一张虚拟专用网络。在虚拟专用网络中，典型场景如下：

（1）用户经 Internet（公网）访问阿里云，使用的典型产品有 EIP 和共享带宽。

（2）用户 IDC 访问阿里云，使用的典型产品有高速通道（专线）。

（3）云上跨地域通信，如北京地域 ECS 访问深圳地域 ECS，使用的典型产品有 CEN。

纵观网络设备的发展史，网络设备的演进始终呈螺旋式发展态势，围绕着灵活性和高性能，软件和硬件相互融合、相互促进，从最开始的硬件转发（简称硬转发）设备，到软件转发（简称软转发）设备，再到硬件卸载的软硬一体化转发设备，以及大行其道的可编程转发设备。灵活性和高性能就像一只无形的手，引导着技术的持续发展。

物理网络经过几十年的发展，接口和协议相对标准和成熟，所以物理网络的各类交换机基本都是基于 Switch 芯片（其中大部分是 Broadcom 的）做硬转发的。云网络是近几年才发展的，业务和需求都在快速变化中，缺乏行业标准，各云厂商都是在按需做定制，所以云网络的各类业务大多是基于 CPU 做软转发的。软转发具有更高的灵活性，但会有不小的性能损失。随着云上业务对性能的要求越来越高，性能瓶颈越发突出，各种各样的软转发技术，比如快慢速分离架构、DPDK 用户态转发技术等应运而生。

DPDK 是 Intel 针对 x86 开发的数据面优化技术。作为一个开源软件，DPDK 也可以用于其他的 CPU 架构，比如 ARM 和 Power。DPDK 运行在用户态，通过大页、轮询、CPU 亲和性等技术，达到减少内存拷贝、减少缓存丢失（Cache miss）、减少中断调用、减少进程和线程切换等优化目标，进而实现 CPU 软转发的性能优化。DPDK 出现之后，基于 x86 的转发从内核态迁移到用户态，性能有了大幅提升。阿里云是最早把 DPDK 产品化的公司之一，以 vSwitch 为例，通过 DPDK，vSwitch 的性能得到了数倍的提升。

近年来，随着海量业务迁移上云，基于 CPU 的软转发面临新的问题：一是 CPU 的单核性能瓶颈，在大流和攻击场景下比较容易被"打满"，导致丢包故障；二是 CPU 的"摩尔定律"逐步失效，CPU 的频率和核数提升空间越来越小，靠 CPU 软转发做进一步性能提升的空间有限。而与之相反，以太网的接口速率正在飞速发展中，25Gbit/s NRZ 已经普及，50Gbit/s PAM4 已经成熟，单模块 400Gbit/s 已经成为现实。PCIe 的接口速率也在快速发展中，单 Lane 16Gbit/s 的 PCIe Gen4 即将规模上线，单 Lane 32Gbit/s 的 PCIe Gen5 的规范已经发布。随着云计算的发展，云网络的流量出现了爆发式增长。游戏、视频、NFV 化对 ECS 网络性能提出了更高的要求，单物理服务器的 vSwitch 网络能力正在朝 100Gbit/s 迈进。混合云的发展带来了专线和跨区域流量的激增，跨地域 Gateway 的带宽正在朝 100Tbit/s 迈进。为了提升云网络的性能和稳定性，满足云计算技术和业务发展需求，阿里云洛神 Sailfish 硬件转发平台对 VPC 的基础组件做了全链路的软硬一体化设计。

2. vSwitch 软硬一体化

vSwitch 的承载实体是 ECS 云主机，vSwitch 负责云主机内 VM、Docker 和 GPU 的网络接口和网络功能，如图 8-11 所示。

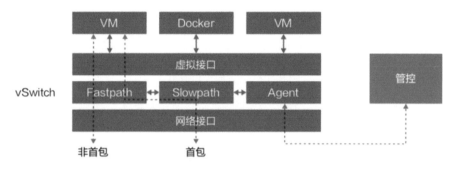

图 8-11 vSwitch 软硬一体化

vSwitch 的功能和云厂商的业务相关，各个云厂商会根据自己的业务特性进行设计开发。vSwitch 的指标主要包括 bit/s、pps、时延、新建连接数等，这些对客户体验有直接影响。vSwitch 性能和下面几个组件相关。

◎物理网卡接口：目前主流是 25Gbit/s，正在朝 100Gbit/s 演进。

◎虚拟网卡接口：可以采用半虚拟化接口或全虚拟化接口。

◎ Slowpath：基于 Route / ACL 和业务逻辑决定转发行为。

◎ Fastpath：基于 Slowpath 生成的 Session 做 Match / Action。

(1) 网卡接口。以太网接口速率正处于加速发展阶段，400Gbit/s 已经成为现实，如图 8-12 所示。

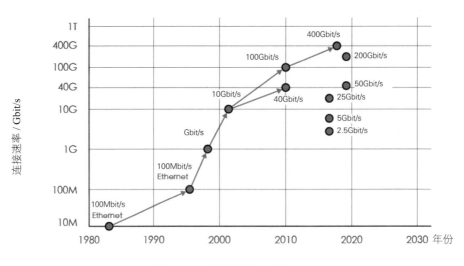

图 8-12　以太网接口速率

PCIe 也处于快速发展中，PCIe Gen5 的 Version 0.9 标准已于 2019 年 1 月发布，如表 8-1 所示。

表 8-1　PCIe 代际对比

	发布时间	单 Lanes 速率	x8 Lanes 速率	x16 Lanes 速率
PCIE Gen3	2010年	8Gbit/s	64Gbit/s	128Gbit/s
PCIE Gen4	2017年	16Gbit/s	128Gbit/s	256Gbit/s
PCIE Gen5	2019年	32Gbit/s	256Gbit/s	512Gbit/s

ECS 网卡的主流目前是 2×25Gbit/s+PCIe Gen3×8，随着 Intel 的 CPU 从 PCIe Gen3 加速驶入 PCIe Gen4/5，ECS 网卡正在逐步迁移到 2×100Gbit/s。虚拟接口分为半虚拟化接口和全虚拟化接口，具体对比如表 8-2 所示。

表 8-2　虚拟接口

	典型接口	Guest Driver	x8 Lanes 速率	时延/抖动
半虚拟化	Virtio	通用性好	断流时间短	相对大些
全虚拟化	SRIOV	通用性稍差	断流时间稍长	相对小些

Virtio 对运维更友好一些，Guest Driver 适配工作量小，热迁移方案成熟。而 SRIOV 在性能上略胜一筹，对游戏、视频、NFV 等性能敏感型应用较适合。取长补短、相互融合的技术发展趋势在 2018 年发布的 Virtio 1.1 里得到了很好的体现。Virtio 1.1 把 Virtio 1.0 的 Available、Used、Descriptor 三个环（Ring）合为一个，一方面提升

了转发性能，另一方面也更便于硬件实现。Virtio 预计会从 0.95/1.0 逐步演进到 1.1，但由于涉及前后端的生态配合，也不会一蹴而就。

（2）**快慢速分离。**网络的业务可以理解为各种 Route + ACL 的组合，一次报文转发要经过多次表项查找和报文头更新。快慢速分离的思路就是让 Slowpath 负责复杂的业务逻辑，首包上送 Slowpath 生成 Session/Flow，后续报文就不需要把整个业务流程再走一遍，直接在 Fastpath 里基于 Session/Flow 做 Match/Action，提升转发性能，具体如图 8-13 所示。

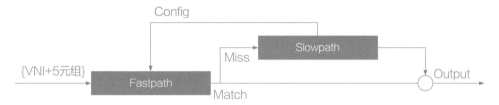

图 8-13　快慢速分离

Slowpath / Fastpath 分离后，vSwitch 的实现载体大致可以分为四种模式：标准卡 +Host 转发、标准卡 + 硬件加速、智能网卡 + 软件卸载、智能网卡 + 硬件加速，如图 8-14 所示。

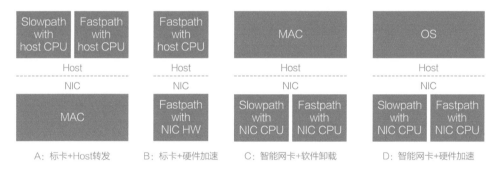

图 8-14　vSwitch 的实现载体的四种模式

云计算刚开始应用的时候，云厂商的选择基本一致，vSwitch 在主机上和售卖 VM 共用 CPU 和 DDR；这个方案的优势是资源调度灵活、按需伸缩，问题是挤占了主机上可售卖的 CPU 和 DDR 资源，导致售卖 VM 需要分摊的成本上升。为了腾出更多的 CPU 和 DDR 用于售卖，需要把 Slowpath、Fastpath 下沉到网卡上。

除了必需的 MAC 功能，大部分网卡都会有一些基础的硬件加速功能，比如 RSS、FlowDir、Checksum Offload、TCP Segment Offload 等。随着技术的发展，厂商正在往网卡里加一些高级的硬件加速功能，比如 Mellanox 网卡的 eSwitch 和

Broadcom 网卡的 TruFlow，都可以用于实现 Fastpath 的大象流卸载。

技术发展的趋势是把 Slowpath、Fastpath 都下沉到网卡上。阿里云 MoC 网卡、ECS 网络、存储、虚拟化都下沉到网卡的 CPU 上；全下沉后，Host CPU/DDR 全部用于售卖，既可以降低成本，也便于支持裸金属形态业务。与此同时，各网卡厂商也在标卡之外，陆续推出各种智能网卡，比如 Mellanox 的 Bluefield 系列和 Broadcom 的 Stingray 系列，在一颗 SoC 里集成了标卡功能和 ARM CPU。

Slowpath、Fastpath 下沉到网卡 CPU 后，网卡面积和散热能力的有限，导致网卡功耗和 CPU 能力的受限，进而限制了 vSwitch 整体性能的提升空间。云网络业务发展和 ECS 网络接口速率提高，对 vSwitch 性能提出了更高的诉求。阿里云 MoC 智能网卡集成了 CPU 和硬件加速引擎，CPU 实现 Slowpath，硬件加速引擎实现 Fastpath。智能网卡 + 硬件加速的方案，在架构上比较合理，解决了云网络下沉到网卡后 vSwitch 的性能下降问题，可以满足长期演进的需要。

在软转发里，快慢速都是通过 CPU 实现的。为了提升 vSwitch 的性能和稳定性，阿里云网络产品成功实现了 Fastpath 硬件化，如图 8-15 所示。

图 8-15 Fastpath 硬件化

通过 Fastpath 硬件化，vSwitch 的性能对比软转发有了数倍的提升。和世界范围内的主流云厂商相比，各项指标处于领先地位。除了高转发和低时延，硬转发相对软转发的另一个优势是没有单核性能瓶颈，抗大流和抗攻击能力强，CPU 被"打满"的风险大大降低，产品稳定性得到大幅提升。

（3）RDMA for VPC 支持。随着大数据、AI、HPC 等业务的快速上云，云上业务对云网络的时延、带宽、抖动等性能指标都提出了新的要求，云网络既要有海量弹性以支持可扩展，同时也要有极致性能以满足创新应用。例如，在高性能计算领域，RDMA 技术使得应用程序可以直接访问远端主机内存，节省内存拷贝和交互，提供更低的网络时延和更高的带宽。传统解决方案通过构建高性能物理网络如 Infiniband、RoCEv2 等来解决性能问题。随着用户业务全量上云时代的到来，高性能计算业务和其他云上业务的互联成为常态，用户既需要高性能也需要高隔离、高弹性。基于此，阿里云云网络基于软硬件一体化技术创新性地推出 RDMA for VPC

产品，通过将 RDMA 技术应用到 VPC，为用户构建出更高性能的云上网络。技术创新始终要为业务创新服务，解决业务发展痛点。软硬件一体化技术已经成为阿里云云网络的利器，成为新一代的技术平台，持续赋能用户业务发展。

3. 网关软硬一体化

云网关 XGW 是云网络流量入口，也是云网络带宽压力和稳定性压力最大的一环。XGW 的流量包括公网流量、专线流量和跨区域 VPC 互联流量。

和云网络的其他组件一样，云网关 XGW 也是从 x86 架构的软转发开始的。由于云网关的性能要求较高，阿里云的云网关直接跳过 Kernel，一开始就使用 DPDK 平台，全自研网关软件。

和其他基于 x86+DPDK 做软转发的云网络产品一样，云网关的问题也是 CPU 存在单核性能瓶颈，在大流量和攻击流量场景下 CPU 可能会被"打满"，引起故障。随着大型企业上云增加，专线流量出现了数量级的增长，达到数十 Tbit/s。云网关作为云网络的流量入口，面临的性能和稳定性迫切需要优化。

（1）**可编程交换芯片**。物理网络经过几十年的发展，接口和协议相对标准和成熟。物理网络通常是基于 Switch（交换）芯片做硬转发的。Broadcom 在 Switch 芯片领域占据垄断地位，Broadcom 的 Switch 芯片分为 2 条产品线：XGS 和 DNX。XGS 的子产品众多，主流是 Trident 系列和 Tomahawk 系列，Tomahawk 系列主攻大带宽，Trident 系列则在表项和功能上略胜一筹。XGS 的转发流程固定，配置上相对简洁。DNX 的代表是 Arad 和 Jericho；DNX 比 XGS 灵活很多，转发面有可编程能力，只不过这种可编程能力只对 Broadcom 开放而已，不对客户开放。凡事有利有弊，DNX 确实有很好的灵活性，但配置相对复杂。

在 Barefoot 的 Tofino 出现之前，交换芯片的数据面是固定的转发流水线（流水线）。Network OS 可以修改交换芯片的表项（Table）和寄存器（Register），但无法修改转发流水线，如图 8-16 所示。

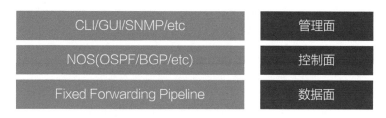

图 8-16 固定流水线交换芯片

云网络由于业务和需求变化快，没有业界通用标准，方案基本都是按需定制的。固定流水线的交换芯片，数据面没法满足云网络的定制需求，基本用不上。Barefoot 的 Tofino 是业界第一款基于 Protocol Independent Switch Architecture（协议无关交换机架构）、支持客户可编程的 Switch 芯片。Tofino 的 Parser 和 Match/Action 都是通用的，转发逻辑是客户可定制的，表项资源是动态可分配的，支持灵活的转发组合，如图 8-17 所示。

图 8-17 协议无关交换机架构

Tofino 的转发面编程语言是 P4，基本成为行业标准。除了 Tofino，一些网卡芯片（比如 Pensando）也开始支持基于 P4 的转发编程。P4 有点类似 Verilog，都是对硬件做编排，但抽象层次更高。

（2）阿里云云网关 XGW。可编程交换芯片的出现给云网络打开了一扇窗，让云网关硬件化成为可能。为应对超大流量的挑战，阿里云网络基于可编程交换芯片的云网关设计，成功实现了云网关的软硬结合设计，如图 8-18 所示。

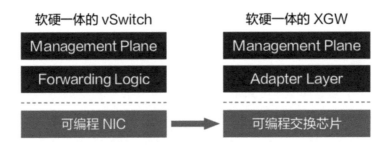

图 8-18 基于可编程交换芯片软硬一体的 XGW

通过可交换芯片的加速，云网关 XGW 单机 bit/s 性能提升 20 倍，单机 pps 性能提升 80 倍，时延降低 25 倍，集群能力提升 5 倍，整体 Capex 和 Opex 大幅降低。硬件 GW 的业务价值可以归结为以下几个方面。

◎大流量：比如"双 11"／大客户之时，为 数 Tbit/s ～数十 Tbit/s。

◎大单流：比如 IoT 场景的 GRE Tunnel，单流为数 Gbit/s ～数十 Gbit/s。

◎稳定性：没有软转发的 CPU"打满"隐患。

◎低时延／低抖动：硬件 GW 的管道足够粗，客户上云丝般柔滑，没有卡顿，就像高速公路的车道足够多，车辆行驶一路通畅，没有排队，也没有阻塞。

4. 小结

（1）vSwitch 持续演进。如果把网卡比作一辆车，那么 Fastpath 就是发动机——既是最大的亮点，也是最难的地方。Fastpath 性能受制于存储带宽，表项既要大，性能也要高，SRAM、HBM、HCM、GDDR 等都是潜在选项，但在成本和性能上需要权衡。

Fastpath 自身的性能优化很关键。在 Fastpath 设计里，定制和通用的权衡是最难把握的地方。Match-Action 规则组合越来越多，不可避免地需要定制；Fastpath 需要承载更多的业务，希望能尽量通用。FPGA 做 Fastpath，资源有限，要尽可能定制；ASIC 做 Fastpath，一旦流片，就没法更改，要通用可编程。这一切的根源在需求的不确定性，需要从架构层面做好规划，能明确的尽量地固化下来，不能明确的，通过通用可编程做扩展。

（2）云网关 XGW 持续演进。可编程交换芯片在一年多前还只是 Barefoot 的独角戏，现正在变成趋势；除了 Barefoot 的 Tofino、Broadcom 的 Trident 4 和 Cisco 近期推出的 Silicon One 交换芯片支持可编程。对云厂商来说，可编程交换芯片独家供货的风险基本解除。但可编程交换芯片对云网络来说，还有两方面的局限要克服：一是可编程交换芯片内置的 SRAM/TCAM 资源有限，可支持的 Table（表项）和 Meter（流量计量）规格有限；二是可编程交换芯片支持的元数据资源有限，可适配的报文格式和业务场景有限。

云网络的业务比较符合"二八原则"，少于 20% 的大象流贡献了超过 80% 的流量，超过 80% 的长尾流贡献了少于 20% 的流量。通过 Fastpath 给可编程交换芯片做 Table/Meter 扩展，支持复杂的报文格式和业务场景。可编程交换芯片的超大流量和 Fastpath 超大表项／扩展能力相结合，打造完美解决方案，支持云网络长期演进和持续发展。

8.3.4 云原生 NFV 技术

云网络是由各种网元（Network Element）组成的，例如交换机、路由器、NAT 网关、负载均衡等，这些网元在云网络中通常称为虚拟化网元。一方面，这些网元提供了多租户的能力，即一个物理上的网元，提供给多个租户共用，而不是每个租户独立使用一个网元。对于每个租户而言，是一个虚拟化的网元实例；另一方面，云网络的 4 ～ 7 层协议处理网元普遍使用 NFV 技术，相对于传统专用的硬件方式的网络设备，在技术上差异也非常大。

1. NFV 技术概念

网络功能虚拟化（Network Function Virtualization，NFV），是一种新的实现网络转发的技术。传统的网络设备内部架构如图 8-19 所示。

图 8-19 传统的网络设备内部架构

传统的网络设备内部架构通常包括三个平面：管理面、控制面和数据面。

◎ **管理面**，用于对接用户操作，包括 CLI、NETCONF、SNMP 等"人—机"和"机—机"交互的接口，处理用户或者网管下发的配置，例如，对设备、协议的配置等。

◎ **控制面**，又称为协议处理面，是网络设备的核心平面，主要处理各种网络协议。不同种类的设备控制面的功能也不同，例如，交换机的控制面支持更加丰富的二层协议，路由器的控制面中路由功能更加完整。网络中不同网元之间的控制面可以进行交互，生成相应的转发表项，指导数据面的转发。

◎ **数据面**，网络设备的执行单元，由控制面下发转发表项，例如二层 MAC、三层路由表数据面根据这些表项，将网络中的数据正确地转发至目的地。数据面强调性能，所以传统网络设备的数据面使用专用芯片，定制网络报文转发逻辑，目前单芯片业界最高已经达到 12.8Tbit/s。

从传统网络设备的架构可以看出，其核心特点是标准和性能，通过网元之间标准的协议交互，生成转发表项，下发给高性能的数据转发芯片。传统网络设备的三平面架构非常经典，引领了传统网络几十年的快速发展。为什么不能直接将传统设备直接复用到云网络中呢？面向云网络的业务要求，传统设备存在以下几方面的不满足。

（1）敏捷性，传统网络设备需要兼顾协议标准，满足异构厂商的设备在同一个网络中应用的要求；同时要兼顾各种场景的应用，要支持非常全面的协议，开发周期往往比较长。另外因为数据面使用专用芯片，追求极致的转发性能，舍弃了灵活性，新功能的增加，一旦涉及芯片转发逻辑的变化，需要下一代芯片才能支持，目前至少需要 18 个月的生产周期。

（2）开放性，传统网络设备的三平面是垂直集成的，为了使运行和运维的效率达到最高，内部都是封闭系统。用户只能通过设备开放的接口，进行有限的定制服务，且不能超过设备控制面和数据面提供的能力。

（3）规模，不管是企业网络，还是电信网络，网络的规模相对有限，所以控制面协议及数据面芯片表项空间的设计，都是只匹配其应用场景的规模。

这些挑战，在以云为中心的新一代网络演进中需要快速解决，这就触发了网络功能虚拟化 NFV 技术的应用。NFV 技术的核心是使用通用 x86 CPU 作为网络数据面转发组件，通过自定义的软件编码，实现业务的快速敏捷迭代能力、开放能力和快速横向扩展能力。目前主要应用在两大领域中，且具体实现方式有所不同。

2. NFV 技术应用的主流场景

目前 NFV 技术应用的主流场景包括两大领域：电信网络和云计算网络，其网络特点和实现架构也有差异。

电信网络较早地实现了 NFV 技术在电信网元中的应用，通过软件定义，NFV 方式提升快速交付能力、降低专用硬件带来的高成本。早在 2012 年 10 月，13 家运营商在 ETSI 组织下正式成立网络功能虚拟化工作组，即 ETSI ISG NFV，致力于实现网络虚拟化的需求定义和系统架构制定，目前电信 NFV 网元已经规模应用。

运营商在电信网络中的设备主要来自众多设备商，所以即使使用 NFV 技术，接口标准和分层解耦也是其必然的要求，ETSI 定义了电信 NFV 网元的分层架构，如图 8-20 所示。

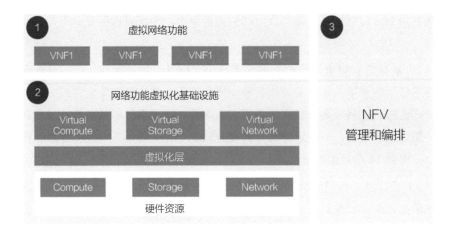

图 8-20 NFV 网元的分层架构

电信 NFV 网元主要由 3 层构成：NFVI（网络功能虚拟化基础设施层，NFV Infrastructure）、VNF（虚拟网络功能层，Virtualized Network Function）和 MANO（NFV 管理与编排层，Management and Orchestration）。

（1）NFVI 是 NFV 网元的基础，提供 NFV 网元所必需的基础资源，包括计算、存储和网络。当然这些资源是将物理计算、存储、网络资源通过虚拟化后提供的，NFVI 提供对这些池化资源的管理。

（2）VNF 使用底层提供的虚拟化资源，包括虚拟计算、虚拟存储和虚拟网络，通过软件方式实现各个网元功能，比如 EPC 网元、IMS 网元等。

（3）MANO 是基于不同的服务等级协议（Service Level Agreements，SLAs），提供不同的 NFV 网元的生命周期管理和业务编排，对接网元的网管系统，提供不同应用场景下的网络能力。

在电信 NFV 技术中，不同层次组件之间的接口遵循一定的标准，不同设备厂商提供的组件之间可以对接，满足电信网络中异构组网的诉求，层次和接口都非常清晰。电信云中 NFV 组件接口的标准化，是因为运营商依赖设备商提供标准化的设备，通过标准规范使更多的企业可进入，从而降低设备成本。

云网络的 4/7 层协议网元普遍使用 NFV 技术，最核心的原因是业务的快速迭代。企业上云后，不管是对外提供服务，还是访问内部、外部服务，网络的连通性要求没有减少，还可能因为上云的要求，网络的需求反而更多，这些网络功能需要云厂商快速提供，所以网络功能的快速迭代是最关键、最核心的。使用封闭的、标准的传统设备厂商提供的网络设备，无法满足云网络的要求，另外专用芯片因其芯片规格、内部逻辑固化等，灵活性也达不到云网络的要求，因此云厂商的网络最终选择NFV 技术，通过软件虚拟化的方式为云上租户快速提供网络功能。云网络在使用NFV 技术构建各种虚拟化网元时，也有清晰的架构分层，如图 8-21 所示。

图 8-21 使用 NFV 技术的云网络架构

使用 NFV 技术的云网络架构包括三层：网元转发层、网元管控层和云管理平台。

◎**网元转发层**，提供网元数据面功能，基于通用 CPU（x86/ARM 等），使用软件编程方式，完成网络数据报文的转发。因为云网络要提供海量租户隔离和复用的功能，所以网元转发层普遍使用 VxLAN 或者 NVGRE 等隧道技术，不同的隧道代表不同租户的网络，这是一种虚拟的网络。

◎**网元管控层**，提供网元数据面转发表项，对应传统网络设备控制面功能，但这也是差异最大的一层组件。传统网络设备的控制面是实现标准的网络协议，通过不同网元之间的分布式协议交互，达到网络内数据同步的目的，再经过本地计算，下发至数据面，指导数据面的转发。云网络的网元管控层，独立于网元转发层，不运行传统的标准网络协议，而是各个网元的控制面集中处理，在生成转发表项后，统一下发至数据面，通过简化分布式系统处理的复杂度，提供快速灵活的业务处理能力。

◎**云管理平台**，提供网元编排、鉴权和计费等功能，管理租户不同网元的配置、启动、删除等生命周期事件，这些配置和事件下发至网元管控层，刷新对应网元的转发表项，最终展现为不同的网络连接能力。

云网络网元的每一层组件都是自研的，不涉及多厂商之间的互联互通，不需要对外定义标准，所以接口和内部的协议是私有的，这与电信网元 NFV 技术的差异非常大。另外在网络规模上，云网络的网元数目要远大于电信网络，且租户对网络流量的突发需求变化大，所以规模和弹性的要求更高。

3. 传统云网络 NFV 技术的约束

云网络 NFV 技术核心组件网元转发层，经过两代架构的演进，如图 8-22 所示。

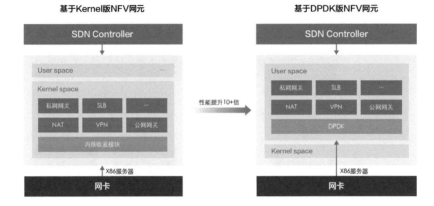

图 8-22　网元转发层架构演进

因为 Linux 内核提供了网络转发能力，所以最早构建云网络 NFV 网元时，最快捷的方式就是直接使用 Linux 内核的网络能力，例如，负载均衡 LVS 就提供了内核版本。使用 Linux 内核方式的 NFV 技术路线的优点是快速可获得，缺点也同样明显，即性能不足。当 DPDK 技术出现后，网元 NFV 技术快速演进到第二代，即基于 x86 裸金属服务器和 DPDK 软转发的 NFV 技术，在相同硬件条件下，性能有10 倍以上的提升，再叠加横向扩展能力，可以满足云网络对转发性能的需求，这也是目前主流的应用方式。

但随着云业务的持续发展，租户规模的持续增加，业务场景的持续变化，基于 x86 裸金属方式的 NFV 网元架构的一些约束逐渐暴露出来，总结起来主要有如图 8-23 所示的三个方面。

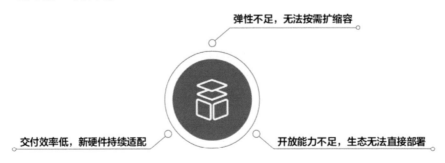

图 8-23　基于 x86 裸金属方式的 NFV 网元架构的不足

（1）**弹性不足，无法按需扩缩容**。裸金属服务器的上线周期通常以月为单位，无法满足突发需求，例如，云上有一些租户在特定时间进行业务促销时，对网元规格有突发需求。尽管云厂商可以建立一个足够大的资源池应对业务突发，但是这样就会导致成本过高。按需随时获取资源是云计算的核心特征，对应到云网络的产品和技术，就是要提供足够强的网元弹性能力。在实现云网络 NFV 技术的网元时，固定裸金属资源池的方式，显然非长久之计。

（2）**交付效率低，新硬件持续适配**，特别是在专有云场景，客户 / 服务器类型多种多样，适配工作量也线性增加。

（3）**开放能力不足，生态无法直接部署**。采用裸金属服务器需要直接接入底层物理网络，这样会跟基础设施层的网络直接连通，存在地址编址问题及安全隐患，这些问题使裸金属服务器上无法直接安装生态伙伴的网络镜像。

在某些应用场景中，可以为云网络的虚拟化网元专门部署一个虚拟机的资源池，但没有本质的变化，这个虚拟机的资源池一般也不会部署很大规模，同时因为网络隔离，也不具有开放能力。

4. 新一代的云网络 NFV 技术——CyberStar

云网络的 NFV 技术继续演进的方向是基于云原生技术的优化，让虚拟化的网元基于云上资源构建。阿里云洛神 CyberStar 弹性网元平台构建了新一代的云网络 NFV 技术，其最大的特点是，NFV 网元不再直接部署在裸金属服务器或专用计算资源池内，而是基于通用云上虚拟实例 ECS 部署的，ECS 是面向所有云租户的产品，是相对海量的资源，可按需随时购买，如图 8-24 所示。

基于云原生技术，通过云上虚拟 ECS 实例构建云网络的 NFV 网元，不是简单地改变部署形式就可以支持，这里关键的技术点是在虚拟网络里提供虚拟网络功能。云上每个租户的地址空间是相互隔离的，部署在独立空间内的云网络 NFV 网元，通过和其他租户地址空间的连接，获取不同租户信息，实现多租户共享和隔离，这是新一代的云网络 NFV 平台要提供的能力。

云网络 NFV 网元基于虚拟 ECS 实例构建，部署在独立的 VPC 内，通过 NFV ECS 挂租户弹性网卡的方式实现跟租户 VPC ECS 的连通。同时支持 NFV ECS 弹性扩展和负载均衡，提升转发规格和可靠性，阿里云网络采用 ENI-bonding 技术，以标准云原生网络对象，提供基于云上租户 ECS 跟 NFV 网元的网络连通性，如图 8-25 所示。

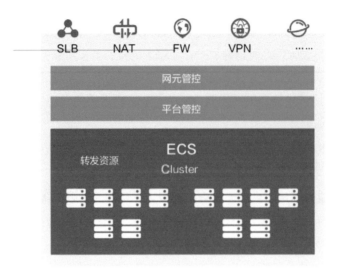

图 8-24 新一代的云网络 NFV 技术

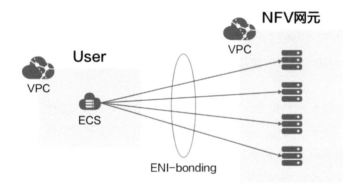

图 8-25 ENI-bonding 技术

传统的 NFV 网元通过 VxLAN 隧道中的 VNI 信息识别不同租户，但新一代 NFV 架构基于虚拟 ECS 实例部署，普通 ECS 只收发标准的以太报文，如何去识别不同租户的流量呢？ENI-Trunking 技术用于解决该场景的问题，如图 8-26 所示。

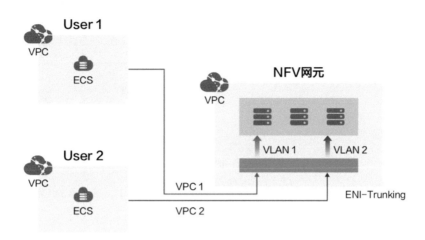

图 8-26 ENI-Trunking 技术

不同用户的流量在转发至 NFV 网元时，会打上不同的 VLAN Tag，标识不同的用户，服务网元根据不同的 VLAN Tag 执行不同的处理，为多租户服务。

云网络 NFV 技术在提供云计算虚拟网络的同时，也开始基于云原生的能力提升 NFV 网元自身的能力。NFV 网元可以使用不同规格的 ECS，提供不同类型的网元，例如，7 层负载均衡对计算能力的要求更高，可以选择计算型 ECS；而 4 层负载均衡对转发吞吐的要求更高，可以选择网络型 ECS。

5. 云网络 NFV 技术的开放能力

基于云原生的能力构建的 CyberStar 弹性网元平台，可以利用云计算资源池化、弹性、高可靠等优势，重构云网络中的虚拟化网元，接入非云厂商自身的第三方网元。

从使用方式的差异，第三方网元的接入包括两种方式。

（1）第三方网元接入通用产品服务。

第三方网元集中部署，给云上租户提供服务访问，关键在于不同 VPC 的租户的接入访问控制，以及服务的弹性扩展。目前云厂商普遍提供这种场景下的产品服务，例如，PrivateLink 产品，如图 8-27 所示。

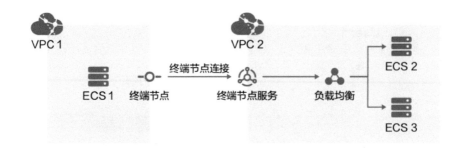

图 8-27　PrivateLink 产品

第三方网元将镜像直接部署在负载均衡后面的 ECS 中，由 PrivateLink 的终端节点接入用户访问请求，再通过终端节点服务和负载均衡，选择其中的一个节点提供请求应答。这种方式，一般提供 4/7 层服务接入，同时服务提供方需要管理虚拟机资源。

PrivateLink 有四个显著的优势。

◎私网通信，流量不会离开云厂商内网，大大减少数据泄漏的风险，以及避免被攻击等公网隐患。

◎简化管理，在提供业务连接的同时保持服务使用方和服务提供方私有网络的独立。

◎安全可控，控制服务连接请求，控制网络安全访问规则和访问带宽。

◎高质量，服务访问方和服务方可采用同可用区转发，更低时延、更高性能。

（2）第三方网元基于原子能力，为云上租户提供服务。

第三方网元提供路由类型的服务，不需要经过传统 4/7 层负载均衡，也可以直接基于 VPC 提供的 ENI-bonding 和 ENI-Trunking 技术为云上不同 VPC 的租户提供访问。由于第三方网元基于 VPC 原子能力，需要管理资源的生命周期，包括健康检查、故障隔离/恢复、水位管理等，对综合技术能力的要求比较高。

新一代的云网络 NFV 技术——CyberStar 弹性网元平台，不管是原子技术，还是产品化能力，都提供了生态部署服务化的能力，是传统基于裸金属 x86 的 NFV 网云架构所不具备的，大大丰富了云上产品，给用户提供更多的选择。

6. 云网络 CyberStar 弹性网元平台技术的未来演进

基于云计算海量虚拟实例 ECS 作为云网络 NFV 技术数据面的载体，已经逐步规模应用。但单个 ECS 的规格一般较小，例如 4 核、8 核、16 核，相对于裸金属服务器 96 核、104 核，单个数据面的处理能力有限，因此，基于云原生 ECS 构建的

NFV 网元是通过横向扩展技术将大量的小规格的 ECS，聚合而成的。量变引起质变，数据面资源的调度技术的要求会显著提升，即需要增强管控系统的能力。

对于大规格的 NFV 网元，静态的水位控制和扩缩容机制，将无法满足要求。流量的轻微突发（相对于传统的流量水位），可能就会导致单个 ECS 的 CPU 资源超限，因此，如何预判断、快速扩散、减少单实例给其他实例带来的影响，成为核心需要解决的问题。

演进的路线之一是智能化的资源管控系统，通过将人工智能和机器学习技术应用到 NFV 架构中，直接从真实历史数据中学习策略，预判断流量的变化趋势，闭环反馈至 NFV 管控系统，进行网络功能部署、扩缩容处理，实现提高系统性能、降低系统成本的目标。同时通过真实数据的学习和模型的匹配，快速检测出异常流量，由 NFV 管控系统进行拦截和隔离，减少实例之间的影响。

8.3.5　SDN 控制器技术

SDN（Software-Defined Networking）是一种新型的网络架构模型，由单独的网元组网重构为"控制器 + 网元"，其核心设计理念是利用控制器集中管控、网络可编程及 IT 技术来软化网络，其核心目的是快速部署业务，缩短上线业务时间，以及满足如集中算路和网络路径调优等新的场景诉求。SDN 并不意味着狭义上的基于 OpenFlow 技术的转控分离，我们更多关注和实践 SDN 的设计理念及其目的。SDN 控制器的核心功能是，对转发设备屏蔽了业务的复杂性，使得应用开发专注于业务功能开发，而不用关心底层设备的信息。

阿里云网络 SDN 控制器架构包括三层：北向 API 层、控制层、南向下发层。北向 API 层主要负责对上层应用开放 API，上层应用通过调用北向 API 层完成网络资源的配置。控制层主要负责把北向网络业务请求分解成原子的二三层网络服务对象。南向下发层将原子的网络对象转换成网络设备理解的配置和表项下发到网络设备上。同时，SDN 控制器还包括库存管理、设备管理、链路监控等通用模块。

阿里云网络 SDN 控制器包含三种类型。

◎单个地域内的 SDN 控制器：负责阿里云用户单地域的公私网网络管理控制。

◎跨地域 SDN 控制器：负责阿里云用户跨地域的网络管理和路由控制。

◎混合云控制器：负责用户混合云网络 CPE 连接管理、路径计算，及流量调度等。

1．VPC 控制器

（1）VPC 控制器面临的挑战。

随着云计算的高速发展，云网络产品日渐成熟，各大云厂商的网络产品发展慢慢趋向同质化，云厂商间的竞争慢慢由云网络产品特性的竞争转变成云网络产品能力上的差异化竞争。规模和弹性是未来云网络核心竞争力的体现，对 VPC 控制器而言，这两方面挑战尤为突出。

◎**超大规模的挑战：**规模问题主要体现在两方面，一是单区域承载百万租户，不同租户的业务特性不一样，只有做到业务流量合理调度才能避免相互干扰，同时因转发设备资源受限而需要做到配置的水平分割；二是单租户支持百万服务器，大客户上云给云网络带来的主要变化是单 VPC 的规模非常大，由于同 VPC 内服务器处于同一网络域，当 VPC 内路由或者网络拓扑变化时会有广播效应，可能导致配置变化广播到几十万台转发设备上，这给 SDN 控制器的配置下发和及时生效带来了很大的挑战。

◎**极致弹性的挑战：**弹性能力是云的关键特性之一，许多用户除了要求常态的大规模业务部署，也要求具备极致的弹性扩容能力以使业务规模快速翻倍，如为了应对应急的热点事件，再加上云原生的高速发展，VPC 控制器要满足容器的即弹即用的诉求。

（2）高性能 VPC 控制器。

阿里云 VPC 控制器是阿里云自研的全新分布式控制系统，除了完成传统的 SDN 控制器的基本功能，更专注于解决云网络的超大规模和极致弹性的问题，其整体的架构设计具备高可靠、高性能及水平扩展等特性。

◎**设备模型抽象。**SDN 控制器管理的设备有很多种，根据其业务特性的不同分别抽象为分布式交换设备和集中式网关设备。分布式交换设备的特征是设备数量很大但是资源受限，因此设备承载的租户配置较少，设备变配频率低，但是变配涉及的规模较大；集中式网关设备的特征是设备规模不大，但是承载的租户配置很大，设备变配频率很高，但是变配涉及的规模不大。

◎**通用配置下发服务。**针对分布式交换设备和集中式网关设备这两种类型，抽象出两种通用的配置下发服务：分布式下发服务和集中式下发服务。针对这两种下发服务的特点，在设备下发的模型和方式上采取了不同的措施，如图 8-28 所示。

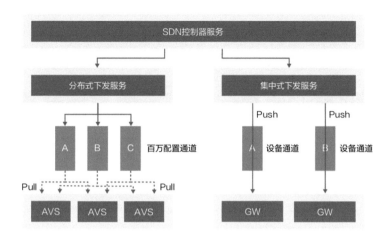

图 8-28 通用配置下发服务

◎**分布式下发服务**：不管是分布式下发服务还是集中式下发服务，设备下发都是采用通道信息＋版本号的机制实现的。分布式下发服务会针对转发设备的下发业务对象抽象出百万配置通道，每个业务对象抽象一个通道并关联不同的设备，每个通道具备唯一一份全量配置和配置版本号，转发设备基于版本号及其注册的通道信息获取相应配置。

设备下发方式分推和拉两种。对分布式下发服务而言，分布式交换设备量大，单设备变配频率低，通过定期拉缓存的方式来缓解配置下发压力。

◎**集中式下发服务**：集中式下发服务会针对网关下发特性抽象出设备通道，每个设备对应独立的下发通道，每个设备通道同样具备唯一版本号，网关设备根据版本号获取相应配置。在设备下发的方式上，集中式网关设备量小，变配频率高，通过主动推的方式来达到配置快速生效的目的。

◎**水平扩展能力**。SDN 控制器系统通过分层设计原则，下层服务向上层服务注册的方式实现服务之间的管理和通信机制，每层服务管理固定数量的下层服务，以此实现水平扩展，服务之间通过心跳机制保活。当下层服务探测到某个服务不可用时，主动连接新的可用服务。基于该设计架构，SDN 控制器可以完成百万设备的配置下发管理，以及高并发的业务变配，如图 8-29 所示。

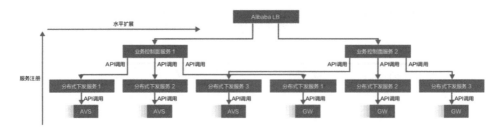

图 8-29　水平扩展

◎**数据对账系统**。数据对账系统分为实时对账系统和离线对账系统，通过配置下发版本号完成设备实时数据对账，有效保证转发设备业务的准确性；通过服务间离线的数据对账保证系统整体的配置一致性。

2. 跨地域控制器

跨地域网络主要负责打通用户在线下 IDC、云上 VPC，以及云上不同地域的 VPC 之间的网络。构成跨地域网络的网元包括云上 VPC、线下 IDC 及接入网元：VBR（Virtual Border Router，专线接入网元）、VPN 网关（支持 IPSec 和 SSL-VPN 协议）、CCN（Cloud Connect Network，云连接网）。CEN 使用把各种网元和云服务连接在一起。

（1）跨地域控制器面临的挑战。

跨地域网络的特点有：一是全球互联，它覆盖了阿里云全球多个国家、20+ 个地域、150+ 数据中心、200+POP 接入点，而且规模还在不断扩大中；二是复杂网络，跨地域网络支持专线、IPSec、SSL-VPN、SD-WAN 接入阿里云，把云上 VPC 及各种云服务接入跨地域网络中。根据以上业务的诉求，跨地域控制器面临以下挑战。

◎大规模。大规模首先体现在大量的东西向信令传递。不同于单域控制器多个地域间是完全独立的，跨地域控制器的每两个地域之间都有信令传递，因此它的信令传递规模是跟地域的平方成正比的。其次，对于单个租户来说，它的路由数量跟地域数 × 连接数 × 单地域路由数的结果成正比，尤其是线下 IDC 的路由数量相对云上普遍都要多很多。

◎灵活控制。由于跨地域网络构建的是一种大规模的复杂网络，不同的客户对不同的选择有不同的诉求，常见的场景有：专线 ECMP、专线主备、专线+CCN+VPN 之间互备、支持动静态路由、支持静态路由收敛、给路由打标、匹配路由标签、拒绝某些路由，等等。这需要跨地域控制器能灵活控制、灵活选路。

◎动态性和快速的收敛。专线、IPSec、SD-WAN 都支持动态路由接入跨地域网络，链路和设备的不可用都会使路由失效。当路由失效时，路由会在跨地域控制器中接收、重计算、下发转发设备、传播。在这个过程中，路由的收敛速度是业务切换的最重要的指标，有的要求在秒内完成。

（2）跨地域路由控制器。

云网络跨地域路由控制器是一个 3 层架构：全局路由控制器（Global Route Controller）、地域内路由控制器（Regional Route Controller）和边缘路由控制器（Edge Route Controller）。

◎全局路由控制器用于维护全局的网络拓扑并进行全局的路由传递，通过异地主备部署提供高可靠能力。

◎地域内路由控制器是本地路由计算决策的核心组件，它接收路由、进行路由计算、下发路由到转发设备、进行路由的本地传播和传播到全局路由控制器。

◎边缘路由控制器位于 SDN 的边界，实现与传统网络设备的 BGP 协议和专线接入交换机进行路由的学习和发布。

3. 混合云网络控制器

混合云网络控制器借鉴了云网络其他产品控制器的底层技术框架，并结合了 SD-WAN 产品自身的技术特点，通过统一的中心化管控与区域化管控将大量的 CPE 与接入点集中管理起来，通过控制器的配置和策略下发，实现零接触的快速业务开通，一次配置全网同步，同时 SD-WAN 控制器还兼具了路径规划与故障自动逃逸等功能，如图 8-30 所示。

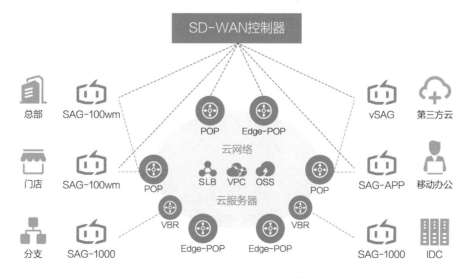

图 8-30　SD-WAN 控制器

混合云网络控制器面临的挑战。

◎海量规模的端的管理。随着用户规模的不断增长，硬件 CPE 设备及软件的数量也不断增加，而这些设备及所处的网络环境也各不相同，网络异常导致的配置失败及批量设备的频繁上下线，保证配置的及时下发及业务快速开通，对控制器提出了更高的挑战。

◎用户对于网络质量的高要求。无论是分支互通场景，还是分支访问云服务的场景，用户往往对于全链路的网络质量比较敏感，如面对端侧的网络质量参差不齐，以及骨干网络内部的链路抖动等。如何时时刻刻为用户提供最优的网络转发路径，是控制器要解决的核心问题。

面对这些挑战，云端控制器通过如下技术方案解决。

◎ ZTP（Zero Touch Provisioning）：ZTP 的概念最早出现在传统的交换机厂商，交换机在上电时通过 U 盘或 DHCP 等方式来获取初始的配置文件和镜像升级文件，从而简化设备配置的过程，节省人力。SD-WAN 场景中的 CPE 设备在入网前同样需要做准备工作（通常称为 CPE On-Boarding），为避免企业网络运维人员逐台设备配置 CPE，阿里云 SD-WAN 产品支持网络管理员在云端控制台上提前将 CPE 的组网配置编排好。在 CPE 通过有线或 4G（5G）第一次联网时，云端的控制器在完成设备认证后即开始配置下发工作，对于客户来说，在收到 CPE 包裹后只需要对设备进行加电和插网线，剩下的工作将由 CPE 和云端控制器相互配合自动化地完成。

◎ CPE 隧道管理：在通常情况下，为了解决安全问题及 Overlay 层面的网络互通，CPE 和接入点之间需要采用隧道技术进行打通，阿里云 SD-WAN 产品除了支持标准的 IPSec、GRE 等隧道技术，还自研了私有的隧道协议。CPE 与控制器之间也通过这个私有协议进行交互，通过控制器集中式的下发隧道配置，可以灵活地组合出不同的组网形态。

◎全网路由管理：在阿里云 SD-WAN 产品中，Overlay 路由分两类，动态路由和静态路由。动态路由指 CPE LAN 侧的路由能力，用于 CPE 引流与流量转发；静态路由指 CPE 与接入点及接入点之间的路由信息。使用静态路由的最大收益在于技术实现可以做到非常的轻量，通过 SD-WAN 控制器来计算和分发路由，大大简化了转发平面设备的复杂度。

◎增值功能配置管理：除了基本的组网互通需求，用户对于 SD-WAN 产品的需求是多种多样的，比如应用识别、流量调度、访问控制 ACL 及 QoS 等。这些功能的配置用户都可以在云控制台上自助配置，最终通过 SD-WAN 控制器下发到全网的设备上。

◎ CPE 接入调度：对于某个租户而言，CPE 设备可能分布在全国甚至全世界各地，如何为 CPE 设备找到最合适的骨干网接入点成为首先要解决的问题，因为这关乎着用户整体的网络体验。除了地理位置分散这一特点，CPE 设备的互联网出口运营商也都不同，甚至可能是动态变化的。SD-WAN 控制器通过感知 CPE 设备的公网 IP 地址，进而可以大致计算出 CPE 设备的地理位置，再结合 CPE 设备与接入点之间的网络质量及接入点的地理位置和负载，最终为 CPE 设备选择一个地理位置接近、网络质量较好且是同网络运营商的接入点。同时在系统运行过程中，如果网络质量发生抖动，则 CPE 设备和控制器一起配合，还可以实现接入点的无缝切换，不断优化网络质量。

◎全网路径规划与路径调优：正如上节所讲的，CPE 设备往往部署在用户的分支机构或门店内，用户除了 CPE 设备之间互通的需求，还有访问云上服务的诉求，以某一 CPE 设备作为起点，用户不同的业务需求意味着不同的访问路径。由于阿里云 SD-WAN 控制器存储着每个租户的网络拓扑结构，所以转发路径的规划及路径调优的任务自然也落在了控制器上。控制器实时收集 CPE 设备与接入点、接入点与接入点，以及 CPE 设备与云服务之间的网络质量，并采用改进过的类似于 Dijkstra 的算法，实时计算云中任意两点之间的最优转发路径：一方面可以给用户提供一张网络质量最优的虚拟网络，另一方面还可以规避网络中的一些故障节点。为了抑制网络抖动带来的路径震荡，SD-WAN 控制器采用了业界比较常用的 EWMA 算法来对网络质量数据进行平滑处理，进而计算出网络质量变化趋势，最终实现网络路径的调优，同时通过类似于 LFU 的缓存算法来缓存热点路径，重点调优。

◎转发设备故障逃逸：一张虚拟的云网络涉及的组件很多，包括 CPE 设备、接入点、基础网络等，任何一个组件都可能出现故障。一般情况下转发平面的设备都采用了高可靠的组网方式，比如 CPE 设备是双机主备或负载分担，接入点是集群化部署。假如某台设备或某条线路出现故障，则转发设备具备自动切换逃逸的能力。如果仅仅通过转发设备自身的能力无法实现故障逃逸，那么控制器会介入处理，通过控制器的调度能力实现跨集群的容灾调度。

8.3.6　如何选择云网络技术

云网络改变了几十年来的网络技术供给体系。最终客户不再购买设备自己搭建组网能力，而是通过向云厂商购买云网络服务。那么对于云网络厂商来说，相关的复杂的技术体系该如何获得？如何选择呢？通过十多年的积累，阿里云初步构建了相对完整的云网络技术体系，也在促使我们思考云网络技术将如何长期地发展与演进。

首先是关于使用开源、商用设备和自研路线的选择。从 L2~L7 网元设备就需要有不同的考虑了。从第一个需要进行云化的 vSwitch 设备讲起。在计算虚拟化伊始，无论是 XEN 还是 KVM 都主张利用 Linux 内核的 TCP/IP 协议栈能力。最初使用 Linux Bridge 实现虚拟交换，由于缺乏管控能力，逐渐引入了 OpenvSwitch。OpenvSwitch 对交换和路由进行了重构，试图采用流来实现软件定义转发，带来了流表管理的复杂性。由于功能的缺失，在安全控制方面引入 IPtable，QoS 引入 TrafficControl。当需要支持分布式路由时，又试图复用 IP 路由层。各方利益的纠葛，OpenvSwitch 逐渐背离初衷。

在管控层面。OpenFlow 也无法有效表达复杂的转发功能，并做好表项一致性的核查。当大部分人还在开源的泥沼中挣扎时，2015 年开始，25Gbit/s 服务器逐渐成为数据中心主流。由于曲高和寡，开源应用场景无法快速跟上高性能演进节奏，阿里云选择使用 DPDK 开发高性能用户态 vSwitch，并使用商用网卡进行少量硬件加速。当 100Gbit/s 服务器开始兴起时，智能网卡成为不二选择。由于涉及技术体系结构的划分，软件转发与硬件转发的边界是没有标准定义的，导致商用网卡无法直接使用。Overlay 网关层面面临的问题又不一样，商用设备在转发表项和管理开放性上无法满足云的需求。大规模、高性能的转发，驱使云厂商直接与芯片打交道，重构转发设备。在 L4~L7 网元设备上，面临不一样的问题。传统企业应用上云，需要保持业务的连续性。负载均衡和防火墙的设备商也对等地进行了软件化转型，将软件化的网元部署在云平台上。对于面向互联网弹性大规模的业务和云原生容器化场景，仅将设备软件化已经无法满足需求。云网络的本质是将原有分布式智能的封闭设备进行集中化弹性的改造，最终向用户呈现为一台大的网络设备。因此在充分借鉴开源利弊的同时，云厂商需要进行设备重构。考虑快速交付，敏捷迭代，再加上无标准可遵循，阿里云选择自研路线。

其次是关于开放性与标准化的问题。开放性不等于开源，阿里云理解的开放性包含多个方面：一、云网络需要支持 API，与各种编程语言和工具对接实现面向应用的开放；二、对运维能力的开放，可以由客户或者第三方工具对云网络的容量、状态、性能、告警、日志等进行管理；三、客户可通过云平台引入第三方网络设备，特别是 L4~L7 网元设备。NFV 平台支持路由或 ServiceChain 编排。

对于标准化，由于场景、节奏不一致，各厂商的 API 存在很大差异。这与传统设备中的 CLI 命令一样，很难做到统一。在面向应用的部分，云网络的服务也在通过 ACK 容器标准进行集成开放，便于应用在不同 K8S 平台上平滑迁移。在云网络内部，编排器、控制器、转发面之间基本上不存在标准，试图通过 OpenFlow 协议或者 Netconf 协议来统一接口标准的尝试均存在不足。尽管云网络发展多年，很多人并没有感觉到它与传统网络的格格不入，不像 IPv6 与 IPv4 那样需要惊天动地的变革。云网络在与传统网络对接时，同时选择两种技术实现平滑对接：

◎ 技术 1——在云网络的边界，云网络部署了各种网关设备，如 IGW（Internet Gateway）、专线网关、VPN 网关。这些网关采用传统网络的标准接口，如采用 BGP 协议、IPSec 协议、BFD、ICMP、ARP 等。对于传统网络来说，云网络就是一台网络设备。

◎ 技术 2——Overlay 编址方式，对底层的物理网络隐藏多租户、QoS、安全加密的细节。传统的交换机或路由器认为就是两台 IP 主机间的通信。

最后是开发运维模式。 由于无法再依赖设备厂商提供标准的设备满足云计算要求，云网络采用 DevOps 的方式进行开发与运维。这种模式在 IT 领域被广泛应用。对于云网络来说，优点是可根据应用的实际需求，快速进行功能迭代。由于开发和运维一体，运维中涉及的平滑升级、故障监控等天然地被开发人员首先引入使用，从而保证云网络服务的业务连续性。

第9章

云网络解决方案

在公共云出现之前，企业的 IT 资源都是构建在私有数据中心内部的，使用二层交换机、三层交换机、路由器、防火墙等网络设备将不同服务器相互连接起来。通过路由协议、访问控制条目、防火墙策略等将企业不同部门、业务、资源隔离并进行安全管控，这样的企业数据中心架构已经非常成熟，并且广泛地为业界及 IT 从业者所接受。

公共云由于具备相比传统企业数据中心的天然优势，而被业界快速一致地认定是企业 IT 数字化的大趋势。上云成为企业必选项后，如何构建一个符合企业管理要求的可管可控的云网络环境，成为企业上云过程中必须要解决的问题之一。企业级云网络方案利用 VPC、负载均衡 SLB 等网络产品，帮助企业用户构建一个支持多业务部署、安全、可靠的云网络。

云网络架构设计需要在基础设施层面遵从如下几个原则。

（1）**合规性**：满足不同行业对 IT 资源的合规性要求。不同行业的合规诉求不同，比如金融行业在数据中心互联场景要求使用 NAT 技术隐藏真实 IP 地址，防止一台设备被攻破、波及范围广的问题，通过在外联 VPC 中部署 NAT 功能来解决。

（2）**高可靠**：可靠性分为南北向高可靠和东西向高可靠，这两部分的高可靠分别为企业公网和企业内网互通的数据提供安全能力，需要不同的云网络架构提供支持，并要有专门设备来进行安全防护，还提供引流能力将业务流量引至这些专门设备。

（3）**高性能**：不同企业的应用系统不同，对 IT 基础设施的网络性能要求也不尽相同，有些企业有大数据互联互通的诉求，就对网络中的时延、带宽吞吐率、抖动指标有较严格的要求。这个诉求需要公共云厂商具备足够的体量来支撑。公共云本身的网络规模承载的客户量越大，资源水位就越大，在底层网络建设上就能提供越高质量的资源来部署，从而更好地支撑对网络要求高的客户的业务。

（4）**易于维护**：IT 成本是企业主要支出项之一，迁移至公共云主要为企业客户降低 CapEx 和 OpEx。除了在硬件采购上通过公共云的大规模为客户降低成本，公共云基础设施通过远程管理、自动化运维等功能降低对运维成本中的软性成本，即降低运维复杂度。

9.1 企业云上网络

在云上，企业需要构建一个可扩展的、安全可控的网络环境。公共云的网络环境与线下 IDC 类似，也是使用 IP 地址段作为基本单元划分不同网络空间的，公共云一般以 VPC 为基本单元，每个 VPC 使用一个 IP 网段，若干个 VPC 组成企业云上整体网络空间。由于相同 IP 地址不能互通和 IPv4 地址空间相对较小这两个限制，企业在进行上云早期规划时，需要提前做好网络设计，让网络承载企业存量业务的同时，具备高可靠和可扩展性，以保证业务稳定及未来系统的扩容和升级。

在网络设计过程中，通常有三个关键问题：

（1）确定资源所在的地域，并按照业务属性划分若干个 VPC 和各自使用的 IP 地址段。比如，使用阿里云上海地域，共分成 5 个 VPC，分别用来承载公网出入口、官方网站生产环境、官方网站 UAT 环境、内部 CRM 系统生产环境和内部 CRM 系统 UAT 环境。各自的 IP 地址段分别为 10.0.0.0/24、10.0.1.0/24、10.0.2.0/24、10.0.3.0/24 和 10.0.4.0/24。

（2）规划不同 VPC 间的互通、隔离逻辑，决定不同资源之间的路由、安全组或 NACL（Network Access Control List）规则。

（3）确定云上线下环境互联的方式。如果企业有混合云需求，那么需要确定上云连接方式，比如物理专线、SD-WAN、VPN 等。

下面我们将虚构一个企业，为网络规划做一个整体性的介绍。

1. 企业背景和业务系统

X 公司是一家大型企业，企业内部各种 IT 应用系统众多，其中部分业务放在云上，如 CRM、文件服务、API 服务等。企业核心数据部分仍然部署在线下 IDC 中，需要云上业务系统能够访问到线下 IDC 中的数据。

2. 企业需要解决的问题

◎需要建立云上线下之间的高可靠混合云连接。

◎根据业务需求为每个应用建立隔离的虚拟网络和对应的账号。

◎部分业务支持 Internet 公网访问及流量审计。

◎东西向网络安全防护。

3. 云网络解决方案介绍

X 公司采用了标准的企业级云网络解决方案架构，所有云资源都使用中国香港地域部署，与线下 IDC 保持一致。

◎公司按照业务应用划分账号：3 个业务生产账号，3 个业务测试账号。

◎分别部署接入层 3 个公共服务的 VPC、3 个生产 VPC 和 3 个测试 VPC。

◎混合云连接方面，线下 IDC 使用 2 条物理专线与公共云 VBR 打通，两条专线通过 BGP 路由协议实现主主冗余。所有 VPC 和 VBR 都使用云企业网转发路由器连接到一起，确保转发路由器可以自定义 VPC 和 VBR 之间的互通路由。

◎网络安全方面，公网出入口的安全审计通过 DMZ VPC 中的第三方防火墙实现，将所有进出企业云上网络的公网流量通过统一的云原生或第三方安全设备进行过滤。内网东西向流量的安全防护通过安全 VPC 中的第三方防火墙实现，阿里云网络在国内云厂商中率先提供的路由穿透功能，将企业网络东西向流量进行统一管控，节省了分布式部署的成本支出，同时大大降低了运维复杂度。

解决方案架构图如图 9-1 所示。

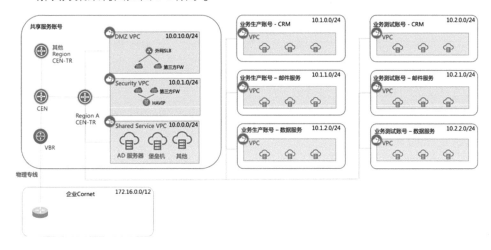

图 9-1 企业云上网络解决方案架构图

9.1.1 企业网络架构设计

1. 网络拓扑结构

与泛互联网型企业的轻资产相比，传统企业云下 IT 规模较大，历史包袱重，以及有行业规范的约束，对于网络的规划设计、部署使用、运维管理都有实际要求，并且还可能面临各种各样的特殊业务场景。所以企业云上网络的重点是帮助企业解决云上网络架构设计、云上云下网络互通、企业云上网络互通与隔离、云上企业间私网访问等场景下的问题。

2. 方案描述

场景一：云上网络分区

企业上云，为了考虑业务系统之间的调用和访问关系、关心路由边界，以及未来的规模扩展，需要实现合理的分区设计、简单的运维管理、灵活的弹性扩展。

每个分区可以由一个独立的 VPC 承载，VPC 内按照部署的业务模块选择创建不同的虚拟交换机（子网）。不同业务系统之间的互通即不同 VPC 之间的路由打通，可以使由云企业网 CEN 实现。同时可以按需进行路由表隔离、路由过滤、路由策略设置等，来满足企业用户的个性化需求。

按照使用习惯和业务访问关系，常见的分区有：

◎业务生产区、开发与测试区：这两个区域分别用于承载企业生产环境和测试环境的资源。

◎互联网出口区：这个区域类似于线下 IDC 中的 DMZ 区，用于承载互联网出口资源，如 EIP、NAT 网关、SLB、云防火墙等资源。

◎东西向安全区：用来承载南北向防火墙或其他云上 IDS/IPS 防护设备。

◎内联（运维）区：用来承载跳板机、堡垒机等企业内部人员连接云上环境入口的资源。

◎外联区：用来承载连接第三方 IDC 等外部环境的跳板机、堡垒机的入口资源。具体如图 9-2 所示。

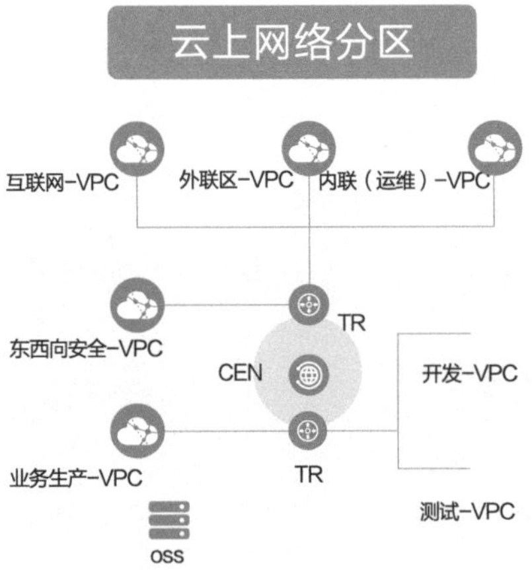

图 9-2　云上网络分区

场景二：本地网络和云上网络的连通

企业在云上构建新的业务系统时，为了和线下已有的网络互通，有以下需求：

◎业务搬站或系统迁移过程中，需要有大带宽、稳定、安全的网络通道。

◎企业用户都会选择先把前置系统优先上云，比较重要的业务系统仍放在云下，一方面有一个过渡过程，另一方面要利用云下已投入的 IT 资源，所以混合云状态会长期存在。

◎线下分支机构会有和总部办公室、企业 IDC 之间的内网互通需求，当业务逐步上云后，会涉及线下分支既需要和线下总部互通，也需要和云上互通。那最好的方案便是打通一张覆盖云上云下多地域的内网，同时确保每两点之间直接互通，不绕行。

按照云下网络环境的定位、规模和与云上系统的关系，推荐不同的互通方式：

◎ IDC 和大型企业总部：推荐使用物理专线互通。针对集团性企业，云下 IT 资源大多在一个大的机房内，通过物理分区或者逻辑分区隔离不同子公司之间的网络，但云上是不同的账号（账号间完全独立），此时可以由集团统一部署大带宽的专线，通过路由子接口和 VLAN 映射的方式把专线分成多个二层通道，每个二层通道关联一个 VBR（虚拟边界路由器），不同的 VBR 供不同的子公司使用，这样不仅资源共享投入产出比高，而且子公司之间的三层网络完全隔离。

◎企业分支和小型总部：推荐采用基于 SD-WAN 技术的网络产品，比如阿里云智能接入网关 SAG，通过 SAG 就近入云，打破地域限制，覆盖各种分支形态，形成云上云下一张内网。因为阿里云提供非常多的 POP 接入点，所以分支最后一公里（采用 VPN 加密通道）的距离会很短，长传全部走阿里云内网，端到端网络质量仅次于专线，但是价格接近 VPN。

◎特殊分支：针对不方便部署 SAG（如海外分支等）、企业想利用旧资产等情况，通过 VPN 网关快速和云上内网打通。虽然效果不如智能接入网关 SAG，但是可以让海外分支先解决内网互通的诉求。具体如图 9-3 所示。

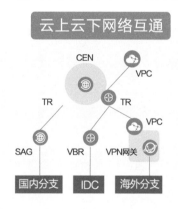

图 9-3　云上云下网络互通

场景三：云上企业网络互通与隔离

因业务发展需要，子公司的业务系统需要和其他子公司或集团业务系统路由互通，但又不能影响其与公司内部其他业务系统的正常通信和安全策略，为此，有两个方案。

方案 1：使用 CEN 连接多个 VPC。

当企业在不同业务账号中使用 VPC，可以让该 VPC 同时接入多个 CEN（可以是同账号的，也可以是跨账号的），此时该业务系统的网段路由就可以在不同 CEN 的路由域里，按需路由互通，且相互不影响，如图 9-4 所示。

使用效果：

◎简单方便：无须改动业务架构，没有复杂的规划，只需要有一个加入的动作，即可实现异构路由域的快速互通，且不影响已有访问关系。

◎边界清晰：VPC 的资源归属未发生任何变化，只是在路由层面进行了网络通道的打通。

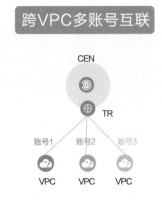

图 9-4　跨 VPC 多账号互联

方案 2：使用共享 VPC。

采用共享 VPC，提供一个共享的私有网络环境，参与的业务团队各自部署资源，可以同时解决基础网络互通、资源独立、资产独立等问题，如图 9-5 所示。

使用效果：

◎方便分账：各子公司可以自己购买资源，共享 VPC 一方提供平台和共享资源（如 NAT、VPN、公网出口等）。

◎快速满足业务需求：各子公司的资源部署在统一的 VPC，路由天然互通。

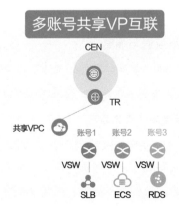

图 9-5　多账号共享 VPC 互联

这两个方案对比如表 9-1 所示。

表 9–1 跨 VPC 多账号互联和多账号共享 VPC 互联的比较

方案	连通性	隔离性	高级功能	成本	运维	使用限制
多账号共享 VPC 互联方案	同 VPC 内天然路由互通	使用 NACL 和安全组规则进行隔离	无	同 VPC 内无收费项	较简单	默认单个 TR 最多连接同 Region 内 200 个 TR Attachment（VPC、VBR、CCN）
跨 VPC 多账号互联方案	不同 VPC 之间天然路由隔离，使用 CEN-TR 进行路由配置	除了使用 NACL 和安全组，还可以使用 CEN-TR 进行路由隔离	可以通过安全 VPC 设置统一的东西向安全设备来提升内网安全级别	同 Region 使用 TR 互联，TR 按加载的实例数和实例之间的流量收费	较简单	默认单个 VPC 内可创建 24 个不同账号的 VSW

场景四：私网连接

如前所述，在企业云上网络解决方案中，通过 PrivateLink 能够在 VPC 与阿里云上服务之间建立安全稳定的私有连接，简化网络架构，实现私网访问服务，避免通过公网访问服务带来的潜在安全风险。简单概括有以下两场景：

◎集团基础服务: 一些共用的基础共享服务部署在集团网络中,向所有子公司提供。同时最好能够统计各子公司对于共享资源的使用情况，用于内部分账或成本分摊。

◎企业之间数据接口调用：部分公司会提供数据、API 等服务，供其用户或者伙伴调用。

使用私网连接实现服务化互通可实现上述场景需求，既安全方便地互通，又简单清晰地分账。

使用效果：

◎安全：数据通过阿里云内网互通，避免通过公网出现的不安全风险。

◎简单：无须创建前置数据交换 VPC，网络管理简单、运维边界清晰；因为服务化互通，所有路由层面不用打通，可天然避免 IP 地址冲突。

◎灵活：可以一对多、快速向对方提供服务，让企业间的合作更简单可控。

9.1.2 云上公网访问架构设计

在云上公网访问架构上，为了方便管理与计费，最佳实践是单独分配一个

DMZ VPC，将所有公网流量引流至这个区域并做统一公网出口。

此外，现在许多企业采用多云或混合云部署 IT 资源，同时越来越多的企业也提出了多企业互联互通的需求，比如在金融和政府行业，客户普遍要求在保证信息安全的基础上实现企业内部数据的互通。类似的架构通常使用物理专线进行连接，为了实现网络安全的能力，这里建议使用专用的外联区 VPC 与其他企业或基础设施进行专线对接，便于运维管理与配置，如图 9-6 所示。

图 9-6　多云或混合云部署 IT 资源

在对企业云上网络安全能力设计上通常分为南北向和东西向的安全设计。

1. 公网访问的南北向安全设计

公网访问的南北向安全设计架构如图 9-7 所示。

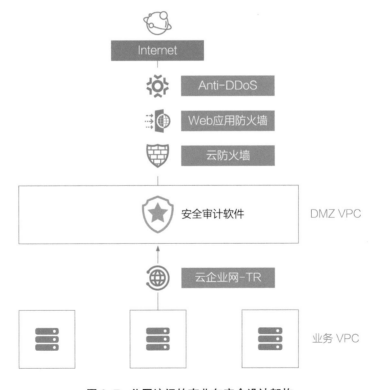

图 9-7　公网访问的南北向安全设计架构

此架构所带来的价值如下所述。

（1）公网出口统一，简化运维管理。

阿里云支持企业在云上的大规模 VPC 组网，同 Region 互联互通的 VPC 数量可达 100 个，在这个数量级的 VPC 中，使用分布式公网出口会带来安全等级下降、管理困难、费用高等问题。最佳的设计方案是使用统一公网出口，将所有流量通过默认路由跳转至 DMZ VPC，再做出公网 SNAT 动作。

注意，对公网流量的调度需要满足服务所在区域的相关规定，阿里云网络服务仅支持同 Region 内部的公网流量调度，不支持跨 Region 调度公网流量。通过统一公网出口，企业可将所有公网出口合并为一个，安全管理系统只需部署一套即可管理全局。另外，若企业选择按带宽付费，则所有流量可以共用峰值带宽，提高复用率，降低成本。

（2）公网安全审计

企业可使用多种手段进行公网安全防控，部署统一公网出口后，企业可以在 DMZ VPC 中部署安全防护软件，不论是阿里云一方安全服务，还是通过云市场购买第三方防火墙，都能通过网络流量调度能力将流量汇总到这个节点做安全审计后再出公网，企业可以选择在这个安全节点配置高级网络安全策略。另外，对公网安全的管理组件还有安全组和网络 ACL，若企业没有采用统一的云防火墙，则可以通过这两个组件来做公网方向的管控手段。

（3）公网应用防护和抗 DDoS 攻击能力．

不论是公网统一出口还是基于公网统一出口的安全审计，都是在公网出口的 VPC 内侧提高公网安全级别的方案，对于臭名昭著的 DDoS 攻击和应用层攻击，防御方式是进行流量清洗和使用应用层防火墙（WAF）。通常的方式是将 Anti-DDoS 清洗放在 WAF 外面，即流量先通过 Anti-DDoS 清洗，再通过 WAF 最终进入 VPC 公网入口，Anti-DDoS 也有多种不同的部署方式，如直挂和旁挂。

这主要因为 Anti-DDoS 更多作用于 OSI 的网络层和会话层，比 WAF 所处理的应用层 CC 攻击等攻击形式 OSI 层级更低，先处理低层级，后处理高层级更符合网络工作的逻辑。

9.1.3　云上内网访问架构设计

在云上内网访问架构上，根据公共云特性，可将企业不同 IT 资源使用不同云上组件进行隔离和互通。按层次划分：第一层为企业业务的生产环境、预发环境、测试环境各分配一个 VPC 进行隔离；第二层，在每个环境中，通过给不同业务分配单独 vSwitch，将不同业务做隔离与互通，这样即可将企业 IT 资源按照一个明确的逻辑做划分，便于日后的维护与管理。

使用云企业网连接所有 DMZ VPC、业务 VPC、外联 VPC 等，保证企业所有内部资源的连通性。之后可以通过基于转发路由器的多路由表路由隔离，以安全组和网络 ACL 的方式将对有不同安全需求的内部资源做隔离，比如，企业的财务部门所使用的 IT 资源一般需要与其他区域进行隔离，以确保企业精密信息获得高级别的安全保障。

1. 内网访问的东西向流量设计

内网访问的东西向流量设计如图 9-8 所示。VPC 内部架构设计如图 9-9 所示。

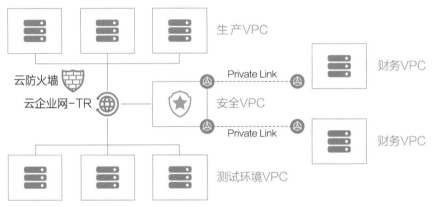

图 9-8　内网访问的东西向流量设计

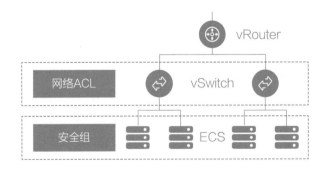

图 9-9　VPC 内部架构设计

此架构所带来的价值如下所述。

（1）**大规模业务互通能力**。通过转发路由器的功能，可以实现同 Region 内

200 个 VPC/VBR 的互联互通。若以 VPC 为单位部署企业业务，则可以实现同时承载非常大规模业务，保证极大规模的跨国企业业务能够以灵活的方式部署在公共云上，而不必费力考虑 VPC 合并等权宜之计。另外，同一个 VPC 可以接入来自多个 CEN 的同 Region 转发路由器，进而实现更复杂的多个 CEN 互联互通隔离的架构，最大限度地提高企业业务上云的灵活度。同时可在此 VPC 中部署安全功能，作为转发路由器间互联的安全闸口。

（2）细化控制业务间隔离能力。同样通过转发路由器的多路由表支持功能，可以细化控制路由并实现业务间隔离能力，即在同 Region 的不同 VPC 里部署不同的业务，全部 VPC 接入 CEN 的转发路由器，转发路由器不但可以通过默认路由表为每个 VPC 所使用，也具备为每个 VPC 绑定独立的路由表的功能。当在两个 VPC 之间做隔离时，只需配置本 VPC 的转发路由器路由表，删除去往需隔离的 VPC 网段的路由条目即可。当处于实际业务环境中时，多业务之间的相互访问关系也是通过对 TR 路由表的操作来实现业务间路由层面隔离的。

（3）提供东西向流量安全审计能力。大多数企业的东西向流量相对较多，因此东西向网络安全对企业至关重要。企业通常会选择部署 L4/L7 防火墙来部署安全防护。能否顺利部署 L4/L7 防火墙，网络是否支持服务链架构是其中的关键。对东西向流量进行安全审计，将需要进行审计的东西向流量引向同一个节点，通常在网络设计中会专门分配一个 VPC 用于承载安全节点，然后利用转发路由器多路由表功能，将所有流量通过路由先引流至这个安全 VPC 的安全设施，经过安全设施过滤后，再通过这个安全 VPC 所绑定的转发路由器路由表中的路由条目引流至实际目的 VPC。

9.1.4 云网络的分权与分账能力

企业用户特别是政府和大型跨国公司通常都有较复杂的部门，子公司和分支机构大多数都有财务独立结算和不同部门分权管理等需求，这是企业生产所必需的。企业在分权与分账方面的需求，主要可分成以下两部分。

（1）管理需求——分权分账管理能力。分权分账管理能力是企业内部不同部门不同角色对公共云的操作进行权限分级的能力。比如，一家公司有 IT 运维部和应用开发部，IT 运维部又分为网络管理员和安全管理员，应用开发部有业务开发人员。不同部门不同角色的职责不同，对公共云的诉求也不尽相同，比如，IT 运维部主要负责整体 IT 基础架构的部署和运维管理，其中网络管理员负责网络架构的设计和搭建，安全管理员负责安全设施的部署和安全规则的配置等，业务开发人员负责业务系统的开发工作和应用服务器的运维。两者都需要在同一套公共云租户账户内对资源进行操作，但由于企业 IT 资源的敏感性，两者又需要在资源层面上有隔离，以提升企业安全级别、降低信息安全事件风险。

（2）**财务需求——分账计费能力**。企业对财务审计要求非常严格，特别是在成本核算方面，需要将 IT 成本细化计算。公共云资源作为一个整体，需要按企业需求，将不同资源是由哪个部门或角色来使用或消耗的明确区分出来，比如，应用服务器是由应用开发人员负责运维和使用的，则应用服务器所产生的费用成本计入应用开发部；网络架构和防火墙是由网络和安全管理员设计并部署的，则这部分产生的成本计入 IT 运维部。在实际生产工作中，企业对公共云厂商的要求是对这部分要尽可能做到细化，所有的成本都要区分并具体到某一部门或人。

从资源管理总体架构上来看，树形结构是合理的选择，阿里云也延续了这一思路，以此为基础进行权限管控、合规审计、网络规划等工作。阿里云资源目录（Resource Directory）产品，可以实现企业云上资源结构和多账号的管理。阿里云将账号作为资源的逻辑容器，企业注册多个主账号来实现财务独立结算的能力。企业可以通过一个管理账号使用资源目录产品来构建出企业的资源目录的整体结构，实现对产品、业务进行分类管理。账号可分为 3 类，即企业管理账号、共享服务账号和应用账号。企业管理账号是树形结构的根节点，负责对整体结构进行管理；共享服务账号可以部署企业共享服务，比如堡垒机；应用账号与企业各类业务一一对应，可以由各个业务的开发运维团队使用和管理。

在独立结算的支持度上，资源目录提供了 3 种场景：全部主账号结算、资源目录中的其他账号结算和各账号自主结算。在账号维度上，一方面基于目录对多账号的账单进行聚合；另一方面，基于 Tag 实现账号内的多维度账单结算，最大限度地保证了企业财务结算的灵活性。

在网络架构上，除了可以利用常规的 CEN 跨账号互通将来自不同账号的 VPC 做互联互通，还支持共享 VPC 功能，可以通过某一个账号创建共享 VPC 实例，并将这个实例授权给其他账号使用，让来自不同账号的不同资源存在同一个 VPC 内，方便资源间的互联互通与共享。

阿里云通过订阅或多账号的方式构建一个企业在云上资源的树形结构，基于这个树形结构搭建企业的基础设施并进行业务的规划，从而形成一套完整的企业级云上架构最佳实践。

9.2　全球网络互联

9.2.1　从数据中心到公共云的混合云架构设计

如何快速获得公共云的弹性能力，构建一张云下云上混合云的网络，是当今企业在构建混合云数据中心的时候都需要考虑的问题。企业通常会采用物理专线、SD-WAN 和基于 Internet 的 VPN 三种技术方案来构建企业从数据中心到公共云的连接，三种方案各有利弊，根据业务场景的不同而分别部署。

在线下数据中心等大量数据传输需求的场景建议优先选择物理专线，因为物理专线的质量最优，大量数据传输可以做摊分降低单比特成本，另外有些关键数据使用最佳的传输介质进行传输也是企业的刚需。SD-WAN 产品的特点是部署和运维简便、网络质量高、智能化且形态丰富。阿里云目前已经推出了基于硬件网络设备、软件 APP、软件 vCPE 等多种形态的 SD-WAN 产品（智能接入网关），其中硬件设备适合企业分支办公室组网，软件 APP 适合办公人员移动办公，软件 vCPE 适合企业组建多云环境。最后，对于历史悠久的基于 Internet 的 VPN 技术，现在更多地在一些成本敏感、性能要求不高的行业和场景中应用。我们相信，未来 SD-WAN 将会逐渐取代 VPN 技术的位置。

物理专线可在本地数据中心和云上 VPC 间建立高速、稳定、安全的私网通信。高速通道的专线连接可避免网络质量不稳定问题，同时可免去数据在传输过程中被窃取的风险。

如图 9-10 所示，物理专线将本地内部网络连接到阿里云的接入点。专线的一端接到用户本地数据中心的网关设备，另一端接到阿里云的边界路由器。此连接更加安全可靠、速度更快、时延更低。

图 9-10　物理专线连接

将边界路由器和要访问的阿里云 VPC 加入同一个云企业网后，本地数据中心便可访问阿里云 VPC 内的全部资源，包括云服务器、容器、负载均衡和云数据库等。

高速通道专线接入也可以通过 VPN 连接打通本地数据中心和云网络的通信。但物理专线连接在网络质量、安全性和传输速度等方面都优于 VPN 连接，详见表 9-2。

表 9-2　物理专线连接与 VPN 连接

对比项	物理专线连接	VPN 连接
网络质量	通过专用的物理专线接入阿里云网络，提供内网级通信质量，网络时延和丢包率等极低	使用共享的公网资源进行通信，网络时延和丢包率等无法保证
安全性	用户独享物理专线，无数据泄露风险、安全性高，满足金融、政企等对网络安全性要求高的企业需求	基于公网的加密通信，可以满足企业的网络传输安全性一般需求
传输带宽	单链路最大支持 100Gbit/s 的带宽，多条专线做 ECMP，达到 Tbit/s 级别的带宽，可满足大数据量业务的需求	网络带宽受限于公网 IP 的带宽

企业数据中心面向云网络构建连接，无论是物理专线、Internet VPN，还是智能接入网关都能把线下 IDC、线下总部及分支机构连接到阿里云网络中，实现和 VPC 的互通，构建出一张拥有多接入能力的全球网络。

9.2.2　全球互联的广域网络架构设计

云企业网能够快速提供基于混合云和分布式业务系统的全球网络，为用户打造具有企业级规模和通信能力的广域网络。

使用云企业网产品后，用户能快速实现多地多中心混合云，其数据中心互联不再依靠传统网络设备构建自己的复杂广域连接方案，如图 9-11 所示。云企业网将连接到云企业网上的位于全球各地的 IDC 和线下分支及云上的 VPC 实现互联互通，通过这种互联互通方式，用户只需要将分散在全球各地的线下 IDC 连接到阿里云本地，然后把对应的 VPC 和 VBR/CCN 加入云企业网，就能实现全球 IDC 机房、云上 VPC、企业 IDC、企业总部及分支机构的全球互联互通。

云企业网基于阿里云网络平台的 SDN 技术，具备大规模的灵活组网能力，简化点到点连接的管理成本，提高组网的扩展性，通过灵活定义互通、隔离、引流策略提高网络安全性，提供高速、稳定、可靠的任意网络实例之间的互通质量。

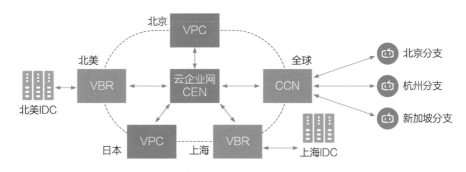

图 9-11　云企业网

云企业网有路由自动转发和学习的方式，不需要用户去对路由协议进行复杂的配置，只需关联实例即可。在路由转发学习的过程中，只需要在云企业网部署相应的路由互通策略即可对路由传递进行可选策略的控制，且收敛速度能达到秒级，如图 9-12 所示。

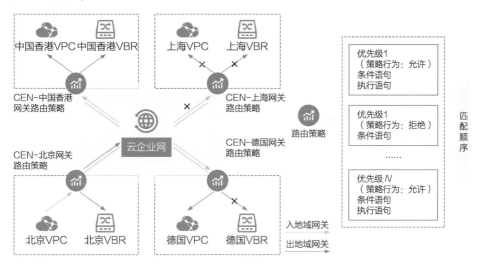

图 9-12　云企业网路由策略

传统企业常用的 BGP 路由协议，在云企业网上也能支持，且在传递 BGP 路由的过程中能保持 as-path 属性的传递，同时可以让用户自定义 community 属性，这是非常重要的。因为在大多数的路径切换调度中，路由策略的设置需要经常使用 as-path 和 community 这两个属性。

同时，分布全球的分支互联在过去一直是各大型企业需要重点解决的网络问题。由于信息系统要么位于总部基地，要么位于数据中心，因此，大多数企业都会采用星形物理结构，以企业总部作为星形汇聚节点，各地分支机构都连接到总部。若地域性的分支机构过于庞大，则会再进行一层星形结构的汇聚。WAN 链路多会采用物理专线和传统 VPN 的方式。

因企业信息系统只会部署在线下的数据中心，而线下的数据中心在通常情况下又会跟总部在一个相对靠近的物理位置，比如同一个城市，甚至同一个园区内，因此这种架构在过去是非常合理的。但是随着企业信息系统逐步部署到公共云以后，这种架构就发生了比较大的变化，企业上云，不用承担任何基础设施的建设工作和成本，业务系统随时可以部署在全球各地的云上，而这种时候企业也往往会在全国多个区域的云上部署相应的应用系统，因此，多地多中心变成一种常态。

企业分支需要能够就近且快速地访问云上的信息系统，因此过去企业分支互联的需求也慢慢从和总部互联，演变成了和总部及云上互联。而云却又无处不在，过去结构清晰的星形结构演变成了多中心点的不规则星形结构，企业总部及线下数据中心不再是分支结构需要互联去访问的唯一目的地。再延续过去的架构方式，一般只有绕行总部才能到云上，业务流量路径上不是最优的，也容易因此增加故障点，如图 9-13 所示。

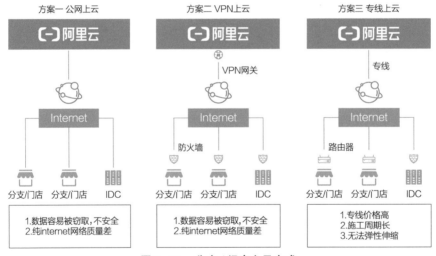

图 9-13 分支 / 门店上云方式

此外，很多行业企业的分支结构也都因为各种行业属性，普遍存在大量分支的现状，如金融行业里各大写字楼和社区里的金融网点、新零售行业里全国各地商场里的店铺、连锁酒店分布在全球各地的酒店、跨国制造业里遍布全球各地工厂和办公室等。庞大的数量带来的最大问题就是网络运维问题。传统 VPN 的经济性虽然解决了成本问题，但是需要大量的 VPN 配置，体量越大会越痛苦。

阿里云智能接入网关是一种同时具备经济、智能、安全、简易等优点的节点，能够在各种各样的企业场景里，满足用户的组网需求，实现快速组网，不用再担心因海量节点带来的巨大成本问题。无论是企业大型 / 小型 IT 分支、业务网点、零售门店，还是手机 / 笔记本移动端等场景都可以使用云智能接入网关方案实现和云上业务的互联互通，如图 9-14 所示。

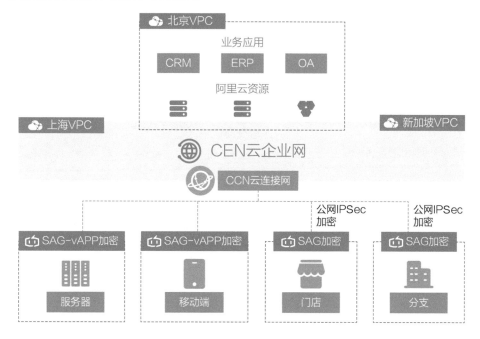

图 9-14　通过智能接入网关实现和云上业务的互联

在实际的组网场景里，智能接入网关也考虑到了各行业用户的网络现状，提供了如下多种丰富的组网场景，很好地兼容用户的现有网络，不需要调整即可实现云上互通。SAG 支持 BGP/OSFP 动态路由协议，让组网和后续运维更简单易用，五种组网场景如图 9-15 所示。

◎直挂部署，多用于分支新开业，分支机构直接使用智能接入网关作为出口设备即可。

◎旁挂部署，多用于现有网络以旁挂的方式接入，不需要破坏现有的网络结构。

◎专线备份部署（外置），用于现有物理专线的备份，已有存量物理路由器连接物理专线、新增 SAG 和成本低的 Internet 线路，SAG 和现有物理路由器属于平行角色，通过对路由协议优先级的调整来实现备份功能。

◎专线备份部署（内置），用于现有物理专线的备份，已有存量物理路由器连接物理专线，新增 SAG 可用于专线和 Internet 线路的接入设备，通过在 SAG 上配置主备方式来实现 Internet 线路的备份。

◎ vCPE 部署，用于多云场景。

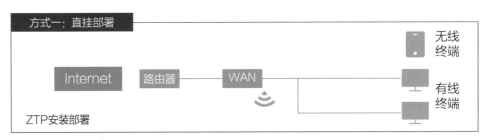

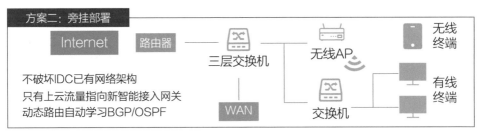

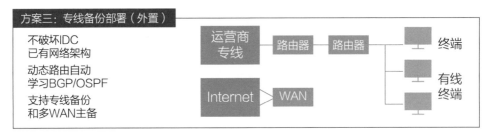

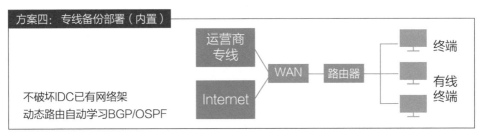

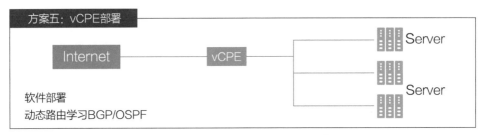

图 9-15　智能接入网关的组网场景

9.3　云原生应用网络

随着企业架构日益云原生化，越来越多的企业应用使用云原生技术构建。云原生的架构要求应用具有更大的分布式多云部署、更好的可移植能力、更高的弹性、更快的部署和交付时间等。而这些云原生应用的特征转换成对于网络的要求，就是需要更大的规模、更灵活的服务发现和负载均衡能力、更高的 SDN 的效率，以及独立于应用逻辑之外的网络流量管理能力。

阿里云结合云上客户的云原生落地的场景，逐渐完善云原生应用网络产品和方案，从物理层网关的带宽、时延、覆盖的基础能力提升，到大规模 VPC 容器集群网络构建，以及客户混合云、边缘计算、高性能计算主流云原生场景组网弹性提升方面进行全面的深化设计和升级，更方便用户利用云网络资源构建自己的云原生业务架构。云网络技术与解决方案能力主要由如下四个方面构建。

（1）云原生基础网络构建。AVS 从基于 DPDK+NIC 实现 10/25G 600W pps 40μs 时延的性能演进到基于自研神龙 MOC 硬件实现的 100Gbit/s 2800W pps 20μs 时延的飞跃，更好满足低时延场景的需求。

网关基于 DPDK+NIC 实现 100Gbit/s 带宽演进到可编程芯片的 +NFV 软硬一体的网关架构，带宽提升到 Tbit/s 带宽级别，NAT/VPN/SLB 关键网元能力得到了大幅度的提升，物理交换网络升级到 100Gbit/s 互联的无损网络，确保 RDMA 相关低时延技术无缝升级部署。

（2）云原生应用网络构建。VPC 支持 Flannel/Terway/Calico（自建）的主流容器组网模型，10W+ POD IPv4 和 IPv6 容器集群构建。SLB 和 NAT 网元通过标准 API 实现 K8S 的调用，一站式实现 Service 的对外访问。应用负载均衡高可靠的 Service 网关，适配 lstio 控制器更好地提供服务网格能力。

（3）云原生场景网络构建。云企业网、SD-WAN 互联产品、全球加速从公网到私网互联，全面 API 开放，适配行业云原生场景灵活部署，实现混合云集群组网方案、全球镜像分发网络方案、云原生边缘计算网络方案，助力云原生技术更好地在行业落地。

（4）云原生运维管理构建。云原生运维管理粒度从之前网元监控能力升级到基于 POD/Service 的监控的颗粒，更贴近业务。

下面，我们会分别介绍阿里云容器服务和阿里云服务网格两种不同的实现云原生容器网络和流量的管理方式，以及三个基于云原生应用网络的解决方案，分别是混合云容器节点池网络、边缘协同的容器网络和全球镜像仓库加速网络。

9.3.1　阿里云容器服务

阿里云容器服务是阿里云的容器应用管理平台产品，提供高性能、可伸缩的容器应用管理能力，支持企业级容器化应用的全生命周期管理。其中网络方面包含了：

◎结合 VPC/ENI 的网络虚拟化能力的高性能容器网络，为上层的网络功能提供了优质的基础环境。

◎容器的负载均衡和服务发现，服务发现可以让应用有较高的可移植能力，负载均衡提升应用的伸缩弹性。

◎容器网络接入层，接入层是容器网络与外部网络交互的入口。

高性能容器网络

众所周知，容器化的应用会在同一个节点上部署很多个业务，而如果每个业务都需要自己的网络空间的话，就需要为容器配置它们独立的网络，并且负责打通所有容器间的网络连通，容器网络的配置目前有统一的 API 接口是 CNI（Container Network Interface），每个容器网络的实现均遵循 CNI 的标准，如图 9-16 所示。

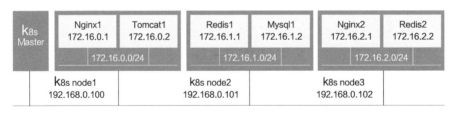

图 9-16　容器网络模型

阿里云的容器网络采用的是云原生的网络方案，如图 9-17 所示，直接基于阿里云的虚拟化网络资源来构建的容器网络，会具备以下优势：

◎容器和虚拟机同一层网络，便于业务云原生化迁移；

◎不依赖封包或者路由表，分配给容器的网络设备本身可以用来通信；

◎集群节点规模不受路由表或者封包的 FDB 转发表等 Quota 限制；

◎不需要额外为容器规划 Overlay 的网段，多个集群容器之间只要安全组放开就可以互相通信；

◎可以直接把容器挂到 负载均衡 后端，无须在节点上再做一层端口转发；

图 9-17 云原生容器网络

◎ NAT 网关可以对容器做 SNAT，无须在节点上对容器网段做 SNAT：容器访问 VPC 内资源，所带的源 IP 都是容器 IP，便于审计；容器访问外部网络不依赖 conntrack SNAT，失败率降低。

容器负载均衡和服务发现

云原生应用，通常需要敏捷的迭代和快速的弹性，单一容器和其相关的网络资源的生命是非常短暂的，因此需要固定的访问地址，以及自动负载均衡来实现快速的业务弹性。容器服务中采用 Service 的方式实现负载均衡，如图 9-18 所示。

Service 对象创建会分配一个相对固定的 Service IP 地址。通过 labelSelector 选择一组容器，将这个 Service IP 地址和端口负载均衡到这一组容器 IP 地址和端口上，以作为一组容器固定的访问入口，并对这一组容器做负载均衡。

同时，云原生的应用通常会在不同云环境中做部署和迁移，如果对于不同云环境无须做额外的配置，就需要容器网络支持服务发现，如图 9-19 所示。

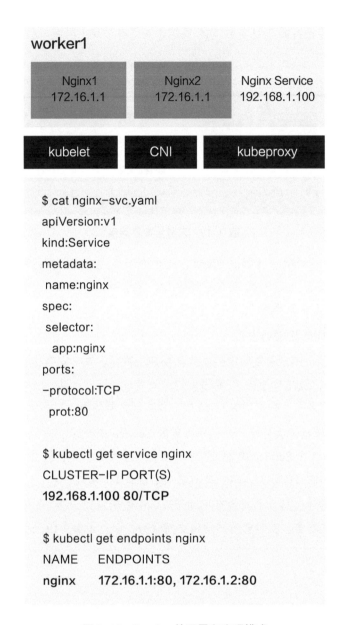

图 9-18 Service 的配置和实现模式

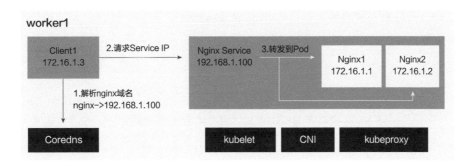

图 9-19　络服务发现

集群的 CoreDNS 会将 Service 名自动转换成对应的 Service 的 IP 地址，来实现不同云环境中同样的访问域名入口。

容器网络接入层

容器网络接入层是外部网络进入容器网络的入口，用于集群外部访问集群内部提供的服务。阿里云容器服务的网络接入层包含负载均衡（Load Balancer）和 Ingress 两种。

对于对外暴露的服务，阿里云容器网络提供了负载均衡的对外接入方式，如图 9-20 所示：

◎提供集群对外可访问的地址端点；

◎容器在不同节点上迁移时访问端点不变；

◎高可用挂载多个后端节点，将节点宕机的业务影响降到最低。

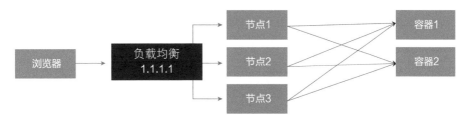

图 9-20　负载均衡

另外，阿里云容器服务也支持在负载均衡上通过注解的方式做很多自定义的策略配置，常见的配置有：

◎指定已有的 SLB 作为负载均衡：可以共享自己已有的一个 SLB 复用去做负载均衡来节省成本。

◎直接挂载后端容器：可以让 SLB 直接挂载后端的容器 IP 地址，加速负载均衡的效率。

◎指定 ACL ID：指定 ACL ID 可限制某个负载均衡只有某些 IP 地址访问。

◎指定公网还是内网 SLB：选择对外暴露到公网还是 VPC 内部。

◎指定负载均衡策略：有 rr(默认)、wrr、lc 等选项可选。

对于对外暴露的 7 层服务，例如 HTTP、HTTP2、GRPC 等，容器服务通过 Ingress 可以为多个应用暴露统一的服务端点，如图 9-21 所示。

◎对外暴露统一的访问端点。

◎可以通过域名、路径、header 等代理分布式应用中的每个应用。

◎多个应用复用对外的地址，节省成本。

◎通过 Rewrite 规则来保证转发到后端的路径。

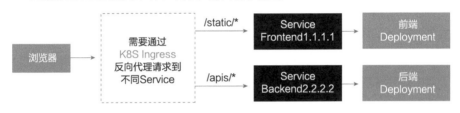

图 9-21 Ingress

9.3.2 阿里云服务网格

阿里云服务网格（Alibaba Cloud Service Mesh，ASM）提供了一个全托管式的服务网格平台，如图 9-22 所示，兼容于社区 Istio 开源服务网格，用于简化服务的治理，包括服务调用之间的流量路由与拆分管理、服务间通信的认证安全，以及网格可观测性能力，从而极大地减轻开发与运维的工作负担。服务网格包含了服务发现、负载均衡、灰度发布、故障恢复、度量、监控、访问控制和端到端认证等功能：

◎可以为多种协议的流量自动负载均衡。

◎通过丰富的路由规则、重试、故障转移和故障注入对流量行为进行细粒度控制。

◎可插拔的策略层和配置 API，支持访问控制、速率限制和配额。

◎集群内（包括集群的入口和出口）所有流量的自动化度量、日志记录和追踪。

◎在具有强大的基于身份验证和授权的集群中实现安全的服务间通信。

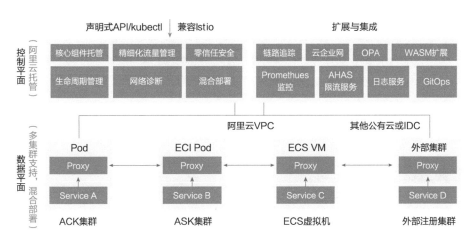

图 9-22　阿里云服务网格

在 ASM 中，Istio 控制平面的组件全部托管，降低使用复杂度，同时，保持与 Istio 社区的兼容，支持声明式的方式定义灵活的路由规则，以及网格内服务之间的统一流量管理。

一个托管了控制平面的 ASM 实例可以支持来自多个 Kubernetes 集群或者运行于 ECI Pod 上的应用服务。此外，也可以把一些非 Kubernetes 服务（例如运行于虚拟机或物理裸机中的服务）集成到同一个服务网格中。

阿里云服务网格可以通过路由规则对服务间的调用进行管理，服务管理的能力包含了服务发现、负载均衡的基本能力，还包含了超时、熔断、重试、基于百分比的流量切分和灰度发布等高级能力。

不同于传统的类似 Sping Cloud 微服务治理，服务网格采用 SiderCa 的方式，将用户服务中的业务代码实例和服务网格中的流量管理解耦开。业务开发人员无须关心微服务的调用和流量治理，而且流量管理的规则变更和升级也不会引发业务代码的变更。

如图 9-21 所示，每个服务的部署实例中都会通过独立的 SiderCa 的方式注入阿里云的服务网格实例，接管用户的服务实例的流量到服务网格的实例中，服务网格实例通过服务发现、负载均衡等模块来实现流量管理的功能。

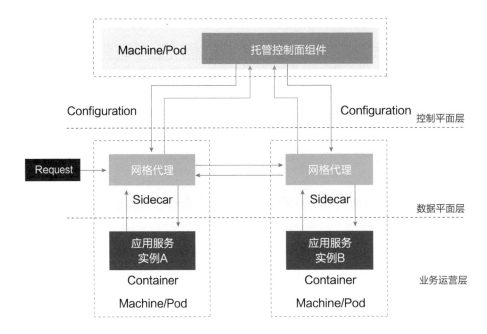

图 9-23 服务网格的流量管理

阿里云服务网格的流量管理采用声明式通过虚拟服务（Virtual Service）、目标规则（Destination Rule）和网关（Gateway）的配置来管理服务间的服务发现和访问规则。

虚拟服务

虚拟服务（Virtual Service）可以将一个虚拟的目标访问地址与真实响应请求的目标服务解耦开，通过规则配置，实现非常复杂的访问关系和拓扑的治理：

◎虚拟服务处理多个服务的统一访问入口和负载均衡，例如，让客户端服务通过统一的域名来访问一组服务实例。

◎虚拟服务定义服务的不同版本的访问比例，用来做不同服务版本的灰度发布。

◎虚拟服务定义协议相关访问的规则，例如，基于 HTTP 的 header 将不同的用户路由到不同的服务后端，以做 A/B 测试。

另外，虚拟服务的配置也可以实现微服务治理的能力，例如，超时、重试、故障模拟注入等，在不修改业务代码的情况下对服务间的调用方式进行治理。

目标规则

虚拟服务是将服务流量根据规则将流量路由到目标服务的规则，而目标规则是将目标地址与真实的地址关联并配置目标的流量管理策略,通过它可以配置服务的负载均衡策略、连接池大小、TLS 安全模式或熔断器配置等。

例如,在虚拟服务中,我们将不同比例的流量分配给了不同版本的服务 A 和 A',服务 A 同时处理 500 个连接,新版本的服务 A' 能力更强,处理 1000 个连接,通过目标规则为它们配置不同的连接池大小和熔断器配置。

网关

网关是外部流量出入服务网格的规则,比如从公网访问集群服务。类似于容器服务中的 Ingress,网关是独立于服务而不是 SiderCa 部署的,但通过它的规则能定制的流量管理能力比 Kubernetes Ingress 要强大和灵活得多。网关可配置服务的 L4~L6 的负载均衡策略,例如对外暴露的端口、TLS 配置网关可通过绑定虚拟服务(Virtual Service)实现对内部服务的接入,也可以复用虚拟服务和目标规则的流量管理能力,如图 9-24 所示。

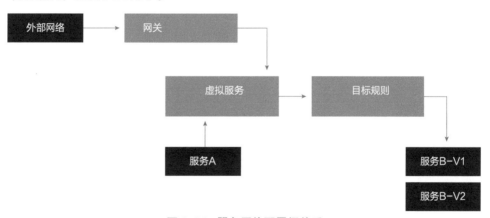

图 9-24 服务网格配置间关系

阿里云服务网格通过网关、虚拟服务和目标规则等方式来实现服务间的流量管理和微服务架构。

9.3.3 混合云容器节点池网络解决方案

企业在上云过程中由于要考虑数据安全性、风险可控性及建设维护成本等因素,通常会选择构建混合云。在云原生时代,混合云架构体系为 K8S 为标准和基础,并强调以应用为中心,将底层基础设施能力进行抽象化和标准化。同时,混合云架构的弹性能力,以及容器的标准化和可移植性能力的结合,使得应用可以在不同的云环境内进行迁移。

典型的混合云容器集群场景如图 9-25 所示，包括弹性扩容、容灾备份及异地多活这三个主要场景，具体介绍如下：

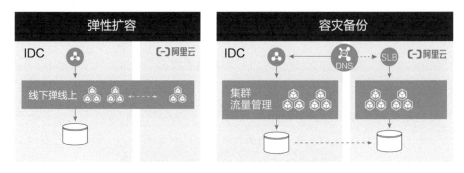

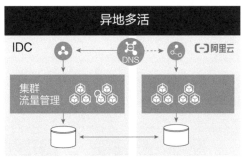

图 9-25 典型的混合云容器集群场景

（1）**弹性扩容**。在弹性扩容场景中，用户在本地数据中心内部署了容器集群，并将本地数据中心与阿里云通过专线打通。当出现业务高峰导致云下基础设施资源不足时，借助云上容器集群资源动态扩容，而在业务恢复平稳后，及时释放云上资源，从而以最佳的资源利用率应对业务突发情况。

（2）**容灾备份**。在容灾备份场景中，客户可将同一套业务系统同时部署在云上和云下集群中，借助集群内外部的流量管理和调度能力，实现对分布在不同集群中的服务进行灵活调用。当本集群出现故障时，能够自动发现并访问正常集群中的服务，确保业务的稳定性和可用性。

（3）**异地多活**。异地多活场景与容灾备份场景相似，同样采用多集群模式，在不同的云平台及本地数据中心内部署多个容器集群，借助流量管理和调度能力保证各服务的跨集群高可用性。但相较于容灾备份场景，异地多活场景除了需要流量管理调度能力，还需结合更多的混合云技术，确保多集群的底层数据同步，实现业务多活。

构建混合云节点池，依赖云上集群与云下集群的网络互通，需要考虑选择本地数据中心 K8S 集群内的网络插件、云上 K8S 集群内的网络插件，以及云上云下集群间的混和云组网方式。

（1）本地数据中心 K8S 集群的网络插件选择。Calico 和 Flannel 是容器的 2 个主流 CNI 组件。在容器间跨主机通信的场景中，Flannel 只提供 IPIP 模式，而 Calico 可提供 BGP 和 IPIP 两种组网模式。相比于 IPIP 模式，BGP 模式无须在节点之间以隧道方式构建 Overlay 网络，从而避免引入额外的网络性能损耗。除了性能优势，Calico 在网络策略、网络安全等方面的功能也更为全面。因此，很多客户会选择 Calico 作为自建 K8S 集群的网络插件。

（2）阿里云 K8S 集群的网络插件选择。除了 Calico 和 Flannel，Terway 是阿里云容器服务 Kubernetes 版自研的网络插件，将阿里云的弹性网卡分配给容器，每个 Pod 拥有自己的网络栈和 IP 地址。同一台 ECS 内的 Pod 之间通信，直接通过机器内部的转发，跨 ECS 的 Pod 通信，报文通过 VPC 的弹性网卡直接转发。由于不需要使用 VxLAN 等的隧道技术封装报文，具有较高的通信性能，因此，阿里云 K8S 容器服务主推 Terway 网络插件。

（3）云上云下集群间的混合云组网方式选择。除了需要选定容器集群内的网络插件，云上云下之间的网络互通是构建混合云节点池的必要前提。我们将基于阿里云侧容器集群使用 Terway 网络插件，客户本地数据中心侧容器集群使用 BGP 模式的 Calico 网络插件的场景，介绍容器集群间的混合云组网方式。

混合云节点池网络结构如图 9-26 所示，阿里云通过高速通道和云企业网两款产品，帮助用户构建混合云组网环境。用户首先借助高速通道服务，使用物理专线连通本地数据中心与阿里云专线接入点，阿里云将专线接入的端口抽象为边界路由器（Virtual Border Router，VBR）。VBR 与客户本地数据中心的 CPE（Customer-Premises Equipment）设备之间支持运行 BGP 路由协议，并且，VBR 作为 VPC 与本地数据中心之间的数据转发桥梁，需将云上集群所在 VPC 与 VBR 加载到同一个云企业网中，方能建成云上、云下集群间的完整网络链路。

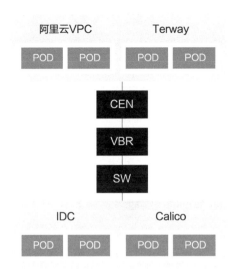

图 9-26 混合云节点池网络结构

网络链路打通后，还需云上云下集群能够获知彼此的路由信息，方可实现网络互通。VPC 网段的路由信息将自动分发至相同云企业网中的 VBR，然后通过 BGP 路由协议传递至本地数据中心，从而使云下集群能够动态获取访问云上网段的路由信息。与此同时，由于云下集群使用 BGP 模式的 Calico 网络插件，集群网段的路由信息可通过 BGP 路由协议经 CPE 传递至 VBR，继而通过云企业网自动分发至云上集群所在 VPC，从而使云上集群能够动态获取访问云下网段的路由信息。

综上，依托物理专线和云企业网的底层物理网络，同时结合云企业网及 BGP 协议的动态路由学习与分发能力，实现云上云下集群的网络可达。

基于上述混合云组网模式，可实现以下 4 类混合云节点池的网络互通场景。

场景 1：云上 Pod 与云下 Pod 之间可基于 IP 通信

云上 Pod 与云下 Pod 间通信场景如图 9-27 所示，云上集群使用 Terway 网络插件，POD 可通过弹性网卡 ENI 直接使用 VPC 地址段。云下集群使用 BGP 模式的 Calico 网络插件，令集群内各 Pod 在 Underlay 层面通过 IP 地址直接通信，无须在节点之间以隧道方式构建 Overlay 网络。如前所述，云企业网和高速通道相结合，可实现云上云下集群网段的自动发布与学习，使 POD 之间路由可达，继而便捷实现云上、云下 Pod 之间的跨节点通信。

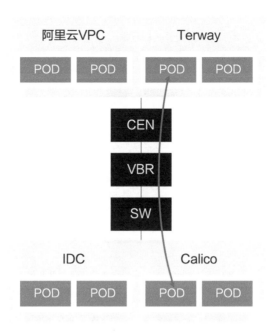

图 9-27 云上 Pod 与云下 Pod 间通信场景

场景 2：Pod 与非宿主节点之间可基于 IP 通信

K8S Ingress Controller 负责将集群内的 Service 对外发布，并作为反向代理将外部访问流量导入集群内部。在混合云节点池场景中，当云上服务需要访问或调用云下集群中的某个服务时，只要确保云上 Pod 与云下集群服务对应的 Ingress Controller 网络可达即可。

Pod 与非宿主节点间通信场景如图 9-28 所示，与场景 1 相似，云上 Pod 使用 VPC 地址段，通过云企业网可将路由信息自动发布至 VBR，并通过 BGP 路由协议宣告给云下集群。与此同时，云下集群中 Ingress Controller 的路由可达信息也通过相同原理被云上 VPC 学习，从而实现云上 POD 与云下 Ingress Controller 之间路由可达与互通。

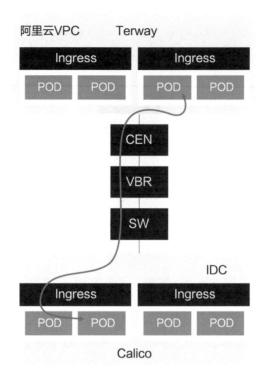

图 9-28　Pod 与非宿主节点间通信场景

场景 3：云下集群访问云上镜像仓库

容器镜像仓库能够提供集中的镜像存储和镜像分发服务，用户可以直接使用阿里云的容器镜像服务，也可在公共云或本地数据中心内自建镜像仓库。镜像仓库既可以被容器通过公网 IP 地址或公网域名访问，也能够通过内网 IP 地址或内网域名访问。某些用户出于对公网下载镜像的网络带宽、时延抖动及安全可控性等因素考虑，需要镜像文件以内网方式进行传输。因此需保证混合云节点池与镜像仓库的网络可达。

云下集群访问云上镜像仓库场景如图 9-29 所示，阿里云容器镜像服务提供应用镜像托管能力，简化了 Docker Registry 的搭建运维工作。在混合云节点池场景中，阿里云的容器镜像服务可被云上多 VPC 共享。与此同时，该服务作为众多云服务中的一种，能够借助云企业网被云下集群访问，实现混合云节点池的镜像仓库统一。

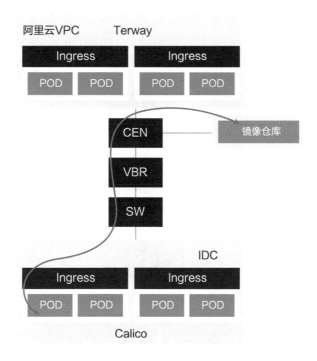

图 9-29　云下集群访问云上镜像仓库场景

场景 4：云上负载均衡承载云下、云上容器集群的公网流量入口

如果需将部署在容器集群中的服务发布至互联网，就得具备公网访问入口。K8S 集群支持三种外部访问方式：Node Port、Load Balancer 和 Ingress，它们都是将集群外部流量导入集群内部的方式。

云上负载均衡承载公网流量入口场景如图 9-30 所示，现阶段，阿里云负载均衡 SLB 可为容器集群提供 Load Balancer 服务，并能够作为公网访问集群的流量入口，将请求负载转发至后端节点，负载均衡 SLB 借助 CEN 可将本地数据中心的容器集群节点作为后端服务来挂载，从而使云下集群能从更高性能、更强弹性及更稳定的公共云负载均衡 SLB 作为外部负载均衡服务器。

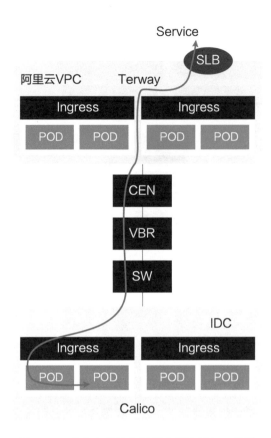

图 9-30 云上负载均衡承载公网流量入口场景

9.3.4 边缘协同的容器网络解决方案

随着互联网智能终端设备数量的急剧增加，以及 5G 和物联网时代的到来，传统云计算中心集中存储、计算的模式已经无法满足终端设备对时效、容量、算力的需求。将云计算的能力下沉到边缘侧、设备侧，并通过中心进行统一交付、运维、管控，将是云计算的重要发展趋势。

云边协同平台如图 9-31 所示，其本质上是一个跨地域的资源纳管、算力调度、应用下发解决方案，能将中心容器云的弹性计算能力下沉至边缘，提高运维效率，减小运维成本。

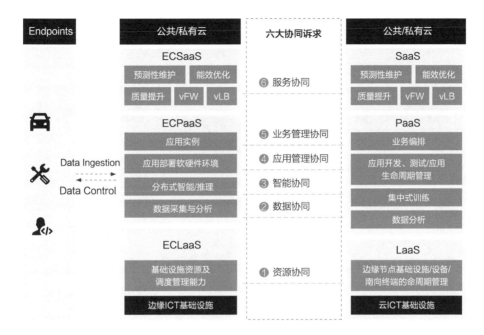

图 9-31　云边协同平台

与云计算不同，除了以 CPU、内存、硬盘存储为代表的传统计算资源，地理区域亦成了应用调度需要考虑的一类新型资源，通常某组应用和某个区域节点强关联，以满足应用的低时延需求、数据的安全性需求、网络的低占用需求。边缘计算产业联盟《边缘计算和云计算协同白皮书》中，云边协同总结六大协同诉求，云边之间涉及多层次复杂的协同。

边缘云网络解决方案如图 9-32 所示，阿里云云网络充分发挥公共云资源和运维的优势，推出基于容器版本的 VSAG 产品，边缘节点部署内部单独一个容器承载 VSAG，VSAG 使用阿里云 SD-WAN 资源就近安全 VPN 接入最近的接入点，接入点通过阿里云云企业网专线联通到公共云的中心集群节点，实现安全加密、私网高质量的云边网络互通。VSAG 产品完全适配阿里云 Edge K8S 集群协同平台，实现网络部署和镜像应用的部署全程自动化，支持多容器主备部署，提升整体边缘协同的备份能力。

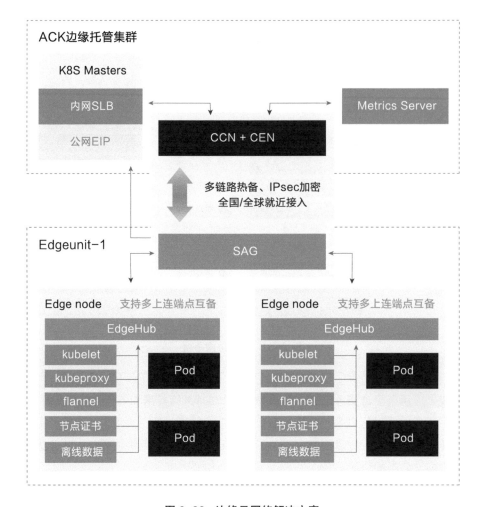

图 9-32　边缘云网络解决方案

　　VSAG 云边连接可通过控制台灵活实时地调配连接带宽资源，满足客户边缘扩展需求，控制台整体提供每个边缘网络的连接状态、流量带宽、拓扑结构等信息，充分简化大规模边缘运维。

9.3.5　全球镜像仓库加速网络解决方案

　　在全球化的大背景下，众多企业开始拓展全球市场。为了提供最佳的访问体验，企业通常会在全球多地部署业务系统，以便用户能够就近访问。在此背景下，若使用容器技术，用户则需要在全球多个地域部署镜像仓库，以便各容器集群可就近拉取镜像，保障业务的快速部署和更新。然而，该部署模式需要保证镜像仓库之间的高度一致性。开发者完成新镜像的制作和上传后，需要快速将镜像文件同步至全球其他地域的镜像仓库中。在通常情况下，镜像仓库之间可通过公网或内网方式通信。使用公网传输，受限于时延、抖动、丢包等跨国互联网线路质量实现镜像的全球快速分发。如果使用内网传输方式，虽能够有效改善公网传输的质量问题，但用户自建全球互联的镜像分发网络需要投入高昂的线路成本和运维成本，那么也很难实现镜像的全球快速分发。

基于此，阿里云的容器镜像服务可与全球加速或云企业网相集成，无论通过公网或内网分发方式，均可构建高性价比的全球镜像分发网络。

基于公网加速镜像分发的实现方式如图 9-33 所示，容器镜像服务可与全球加速集成，基于阿里云高质量的全球传输网络，优化各 Region 容器镜像服务之间的公网传输质量，为全球范围的镜像分发提供网络保障，提升客户全球镜像同步的传输体验。

图 9-33 基于公网加速镜像分发的实现方式

基于内网加速镜像分发的实现方式如图 9-34 所示，客户部署在全球各 Region 内的容器集群，可通过云企业网，以内网形式访问阿里云容器镜像服务并拉取所需镜像。相较于基于公网的镜像分发方式，传输质量更好且更为安全。

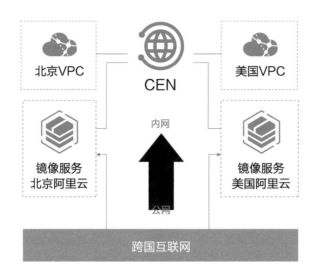

图 9-34　基于内网加速镜像分发的实现方式

9.4　云网络监控运维

对公共云客户来说，对 IT 资源的监控运维与规划部署同等重要。监控运维工作主要包括日志记录、故障处理和水位监控。日志记录对企业安全生产至关重要，同时也是一些行业的合规入场标准；故障处理是企业运维监控工作必不可少的工作，运维人员需要了解如何感知和排查故障；水位监控是从主动和被动两方面对企业 IT 资源进行状态监控，确保 IT 资源处于正常的运行状态和水位。

9.4.1　日志记录

1. 流日志

功能介绍：流日志（Flowlog）可以记录传入和传出企业网络的流量信息，帮助用户检查访问控制规则、监控网络流量和排查网络故障。流日志所记录的信息一般包括：源 IP 地址、目的 IP 地址、源端口、目的端口、协议类型、传输方向、数据包数量、数据包大小、开始时间、结束时间、动作（允许 / 拒绝）等。

解决的问题：通过流日志，用户可以将内网的流量信息存储起来，并定期分析。比如，用户可以导出一个时间段内的流日志记录，并将按照每条流的数据量大小进行排序，这样可以看到网络链路中，哪（几）条流占用了大量的网络带宽，快速查到业务由哪（几）台服务器所占用。另外，当业务受到流量攻击时，可以通过按相同源 IP 的记录数据量求和的方式，查看是哪台服务器发出的数据量最多，快速定位被攻破的机器并进行处理。

解决方案：流日志功能是一般公共云平台的通用功能，通常可对服务器、VPC、VSW 等单元部署，记录出 / 入这些单元的流。另外，一些企业出于安全考虑，需要保存流日志一段时间，可将这些日志导入日志存储服务器并存档。另外，在数据展示方式上，由于流日志默认状态只是一般的数据，可读性较差，企业可利用商业化数据处理软件，对流日志数据进行处理，包括排序、筛选、图表化展示等，便于更加清晰地从中分析出有意义的内容。

2. 流量镜像

功能介绍：流日志解决了用户对流量模型的分析问题，但是当用户有更深层次的分析需求，例如需要对流量进行详细的内容审查时，就需要用到流量镜像（Traffic Mirroring）了。流量镜像就是将出 / 入服务器网络流量完全相同的进行镜像复制并发送至另一个网元，再做进一步的分析或存档。

解决的问题：由于流量镜像可获取全部的流量内容，所以可用 DPI 方式对流量进行深入分析，包括内容审计、威胁监控和故障处理。

解决方案：通过将进出 VPC/ 交换机或服务器的流量镜像到另一个服务器或弹性网卡，用户可以在这个服务器上部署流量分析软件，如 Zeek 和 Suricata。通过流量镜像，用户可以对内网数据进行内容审计，并及时发现安全威胁。

9.4.2　故障处理

故障处理是企业需要面临的问题之一，随着企业将 IT 资源迁移到公共云，故障处理的方式有了巨大的变化，但企业对故障处理的要求没有变，故障处理的基本原理没有变。总体上讲，对故障依然需要做到早发现、早处理，同时需要公共云平台能对故障的处理进行有力的支持。

1. 故障感知

故障感知是否及时和清晰是故障处理早期的重要指标之一。公共云资源的故障感知可以分成两类：一类是云原生资源的故障感知，比如用户在公共云平台上使用的服务器、网络、存储和数据库等，从硬件环境到底层软件都是由公共云平台来维护的，有的会提供必要的灾备能力。除此之外，要用户需自行通过公共云提供的监控能力进行故障感知，比如负载均衡器的健康检查能力就是故障感知能力之一；另一类是用户自建的服务和资源的故障感知能力，比如，构建混合云架构所使用的物理专线，企业用户通常会使用主备两条专线来进行故障逃逸。虽然发生故障时业务会自动迁移至备线，但 IT 人员也需要及时知晓线路的故障并排查。对于此类资源的故障感知，由于公共云平台不能触达全部的资源，对故障的感知有限，因此用户需要收集多方的信息，比如与专线运营商保持良好沟，随时获知专线的运行状态，在专线两端（公共云和线下 DC）也要配置健康检查实时监控线路问题。

2. 故障排查

故障排查的原则是先用简单快速的方法恢复业务，再考虑如何处理故障，最小化故障影响。大多数公共云资源底层故障，是用户无法处理的，这时就需要依赖用户部署业务时做了充足的高可靠性预案来进行故障逃逸，保证业务不中断的同时联系公共云平台尽快排查故障。若云资源的应用发生了故障，则需要用户自行处理解决。

9.4.3　水位监控

水位监控是指用户日常对云资源用量，比如网络带宽及使用率、存储空间的使用率等的监控，防患于未然。实时查看系统是否被异常流量所占满，正常的业务流量增长是否造成带宽拥塞引起业务故障，都是水位监控的任务。水位监控也是大多数公共云资源所天然具备的能力，用户可以从公共云平台直观地看到监控图表，更高级的方式是通过 API 方式从公共云平台获取监控数据，然后通过自建监控平台的方式将数据展现出来，这种方式对监控数据能做一些个性化的展示，更适合对监控有更严格要求的用户。另外，用户也可以通过消息订阅的方式，及时获取监控信息的变化，从而对事件迅速采取行动。

9.5　行业实践

9.5.1　互动音视频

1. 音视频行业现状

音视频（AV）系统是指对音视频信息进行采集、处理、传输、存储、管理、呈现及人机交互的信息技术系统。音视频系统已经广泛应用于会议及交流、监控及指挥、主题乐园、文化演艺及展示、科研教学、军事培训、工业设计及制造等多个国民经济和社会领域，成为提升信息传输及呈现质量、提高工作效率、提升综合竞争力的重要手段。

音视频系统的发展经历了如下过程。

（1）信号技术的演进：音视频系统伴随着音视频信号传输技术和方式的发展而不断演化出三个阶段，即模拟信号阶段、数字信号阶段和网络信号阶段。

目前，音视频信号传输已经进入网络化时代，信号 IP 化传输已成为行业和技术发展的必然趋势。在此种传输方式中，须由编解码设备对数字信号进行编码和解码，便于网络传输和接收。此等信号可远程采集和传播，信号精确度和画面清晰度较高，更加易于实现信息分发、路由、检索、权限管理及共享，打破了原有设备体系的局域性；但对于较大信息流，存在信号时延，要求传输带宽较高等问题。此等信号的传输主要依赖于各类不同标准的编解码技术，随着 H.265、AVS 等技术的成熟和产业化，音视频系统的应用范围大幅扩展。在保证图像质量的前提下降低网络带宽需求、实现高速传输及设备互联互通，是音视频系统新的发展方向。

（2）应用领域的拓宽：音视频系统是不断在具体应用场景和业务流程相结合发展而来的综合应用系统，融合了 IT、建筑声光学、工程结构等其他领域的技术。目前，AV、IT 技术的不断进步，既推动了整体系统的不断升级，又进一步降低了系统开发成本，使得之前由于资金和技术问题无法实现的音视频系统应用逐渐成为现实。未来，音视频系统还将发展出更多行业的应用形式或组合，AV、IT 的深度融合将在政府、电信、文化演艺、展览展示、视景仿真、军工、教育、交通等等领域得到体现。

音视频技术从出现至今经历了三个阶段。

阶段一，2000 年左右，音视频技术快速从专有领域向通用领域扩散，通用平台的能力逐步加强，出现各种 PC 音视频播放软件及 DVD-ROM，CPU/GPU 计算力增加。

阶段二，2007 年左右，随着互联网的普及和带宽提高，大众可以通过下载＋高清播放器包房、点播、互动点播等方式获取内容，相对于租赁、购买 DVD 碟片来说，这一阶段用户获取高质量内容更快、更高效。

阶段三，2010 年左右，网络带宽进一步提高、移动互联网广泛覆盖，基于互联网的实时互动音视频迅速蔓延到 PC、手机、电视等多种平台，随着行业的多样化发展，实时互动视频和多平台支持成为必需，并开始应用到各行各业。

互动音视频根据时延情况细分为如图 9-35 所示的类别。

图 9-35 互动音视频据时延分类

时延大小是互动性的决定因素，在音视频系统的各个环节中时间花费如图 9-36 所示。

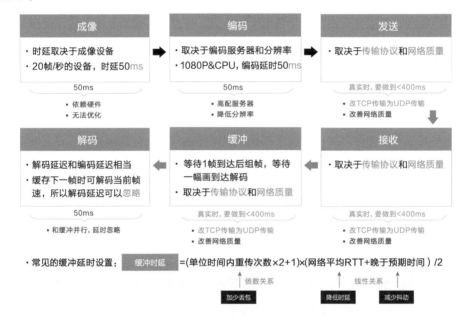

图 9-36 音视频系统的各个环节中的时间花费

从图 9-36 中可以看出，中间数据传送环节占据了整个时延的大部分，同时也具备较大的优化空间，而数据传送环节时延的优化关键在于网络（网络协议、网络架构、网元技术等）：

（1）网络传输层协议舍弃 TCP 改用 UDP，TCP 协议本身固有的缺点（丢包重传导致传输带宽剧烈下降、时延大幅增加；有内嵌的 ARQ（Automatic Repeat reQuest），但不允许开发者对 ARQ 策略进行控制；没有 FEC（Forward Error

Correction），无法主动对抗弱网环境丢包），使其不适合在实时互动音视频场景中使用。而 UDP 协议的优势（允许开发者深度控制的 ARQ 和 FEC，有效对抗弱网环境丢包；根据网络状况自适应地选取 ARQ 和 FEC 策略，以及调整传输码率和报文的数量，减小时延，使互动特性得以为继）正是互动音视频场景所需要的。

（2）数据传送过程中网络丢包产生的重传会将时延成倍数放大，因此减少网络丢包是优化时延的重中之重。

（3）减少端到端绕路（距离）可以减少网络层的绝对时延、改善传送网络的质量、降低抖动，进而提升音视频的互动体验。

2. 网络架构设计

音视频交互场景如图 9-37 所示。

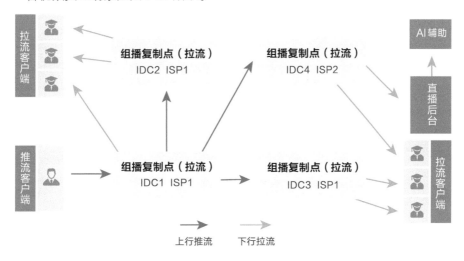

图 9-37　音视频交互场景

对参与交互的任一角色而言，既有话筒、摄像头采集的音视频信息要向外发送（上行推流），又有从对端收到的音视频信息在音响、屏幕上呈现（下行拉流）。以在线教育行业的小班课为例（老师端推流、学生端拉流），具体过程如下所述。

（1）推流客户端：将本地流量推送到就近服务器。

（2）推流复制点：收到推流客户端流量后，向其他服务器（此过程中作为拉流复制点）转发，如果本地有拉流客户端也向此客户端复制转发。

（3）拉流复制点：收到推流复制点的流量后，向本地拉流客户端复制转发。

（4）拉流客户端：向就近服务器注册申请拉流，注册信息一直向上传递到推流复制点。

为了缩短中间数据传输过程中的时延，理想的网络模型是全互联、多路径的，如图 9-38 所示。

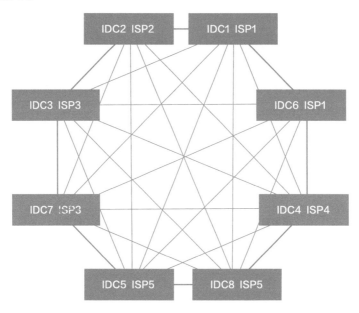

图 9-38　理想的网络模型

◎去中心化、网状拓扑：任意两点间都有最短路由。

◎全球同网、智能调度：全球一张网，任意点都能接入，任意两点间智能调度最优路由。

◎上线下线、自动运维：节点上下线和其他节点间的路由可自动处理。

为了达到上述理想的模型状态，真实的网络架构在不断地演进，如图 9-39 所示。

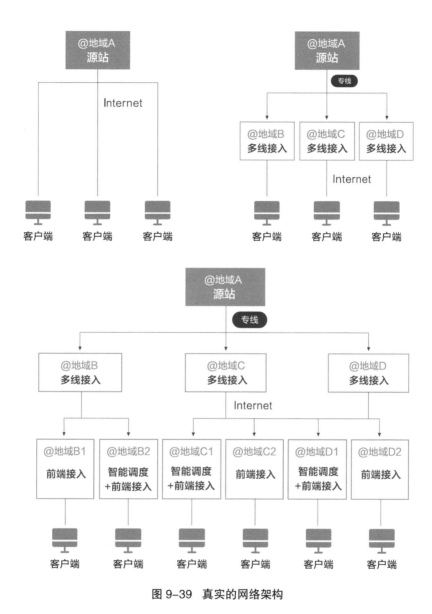

图 9-39　真实的网络架构

◎一地数据中心架构：直播源站、组播分发复制点都部署在同一个地域，完全通过 Internet 和客户端互联互通，互动质量完全依赖于 Internet 的网络质量，所以通常互动体现不是很好。

◎多地数据中心架构：直播源站中心化部署，组播分发复制点部署在就近客户端的多线机房（IDC 或公共云），分发复制点和客户端之间通过 Internet 互联互通（距离较近、相同运营商线路接入）、直播源站和分发复制点间通过专线网络连接。这种缩短到端的距离、中间使用专线互联的方式有效改善网络质量，大大提升了互动体验。

◎边缘节点覆盖架构：直播源站中心化部署，组播分发复制点继续向客户端靠近（部署在边缘节点机房，一般为单线机房），中间通过多线机房做中继转发，中间线路尽量采用专线互联，此种方式又进一步改善了网络质量、提升互动体验。

3. 实践方案

阿里云网络紧随行业架构演进，深知业务痛点，实践出当前互动音视频行业网络最佳方案，如图 9-40 所示。

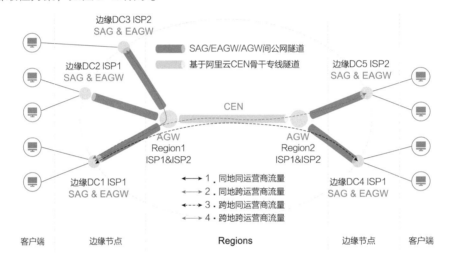

图 9-40　云网络实践方案架构

◎客户端：推流、拉流；到边缘节点内接入服务器探测并选择接入点；快速屏蔽转发故障节点，选择最终的接入机房。

◎边缘节点 +SAG：接入服务器向其他边缘节点和客户端复制流量。SAG 将接入服务器流量转入隧道到目的边缘节点服务器。SAG 构建了全球虚拟网络、智能选路、FEC 弱网优化。SAG 作为 ARTN 接入边缘支持多形态（硬件、镜像、SDK）灵活部署。

◎ Regions：具有多线 BGP 能力、转发跨运营商流量，全球 20 个多线 BGP 公网能力，有效解决跨运营商互通问题。多 Region 间具有专线互联能力，可转发跨地域流量，合规冗余专线的全球互联，有效解决跨国、跨地域的问题。

云网络实践在移动终端场景的部署（以在线教育 APP 为例）如图 9-41 所示。

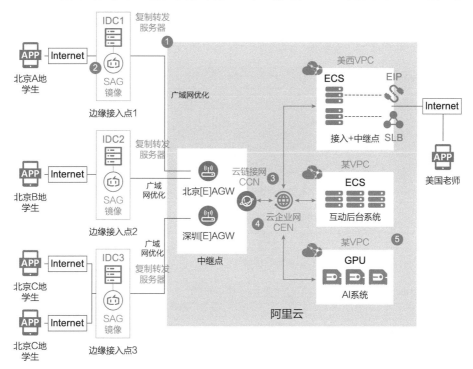

图 9-41 云网络实践在移动终端场景的部署（以在线教育 APP 为例）

（1）部署组播服务器：选取边缘 IDC 部署服务器，用于推拉流"组播复制点"转发。

（2）部署 SAG：边缘 IDC 内部署 SAG 镜像，将本地组播服务器的流量接入 ARTN 网络，并向目的端服务器转发，支持智能选路、FEC 能力。

（3）部署云连接网 CCN：CCN 是全国 AGW/EAGW 的集合，部署 CCN 意味着全国 AGW/EAGW 全部开启并建立隧道；CCN 负责将 SAG 接入 CEN，CCN 具有路径调优能力。

（4）部署云企业网 CEN：CEN 负责连接 CCN 和 VPC；底层是阿里云 ABTN 专线网络：冗余专线 + 智能调度。

（5）部署 VPC 内云服务：VPC 内部署 ECS+RDS+OSS 等，搭建互动后台系统，实现从发送端拉流：转码、协议转换、混流、录制、美颜 / 滤镜等功能。VPC 部署 GPU 等，搭建 AI 系统，实现音视频分析、课堂质量评估等功能。

云网络最佳实践在移动终端场景的流量转发（以在线教育 APP 为例）如图 9-42 所示。

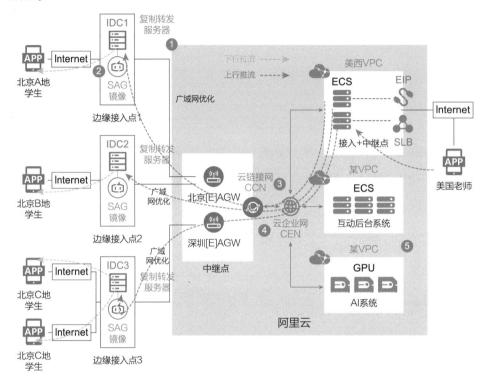

图 9-42　云网络最佳实践在移动终端场景的流量转发

（1）上行推流：没有通过 SAG 接入的客户端上行推流到就近 Region 的 VPC（如图 9-42 中美国老师端），VPC 内 ECS 做边缘节点、复制分发流量，流量经 CEN、CCN、SAG 到达各个边缘 IDC；通过 SAG 接入的客户端上行推流到就近的边缘 IDC，边缘 IDC 内的服务器做边缘节点、复制分发流量，流量经 SAG、CCN、CEN、SAG 到达各个边缘 IDC。

（2）下行拉流：没有通过 SAG 接入的客户端从就近 Region 的 VPC 拉流（如图 9-42 中美国老师端），VPC 内 ECS 做边缘节点、复制分发流量到本地客户端；通过 SAG 接入的客户端从就近的边缘 IDC 拉流，边缘 IDC 内的服务器做边缘节点、复制分发流量到本地客户端。

云网络实践在固定场所场景的部署（以在线教育校区为例）如图 9-43 所示。

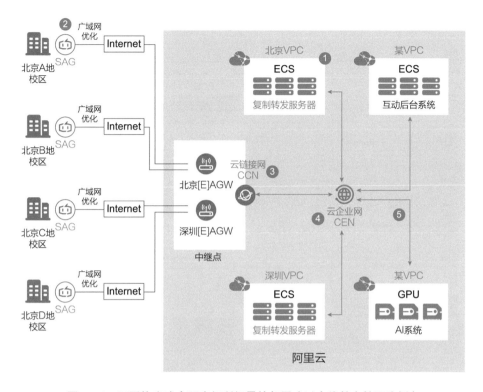

图 9-43　云网络实践在固定场所场景的部署（以在线教育校区为例）

（1）部署组播服务器：根据校区位置就近选取阿里云 Region 部署服务器，用于推拉流"组播复制点"转发。

（2）部署 SAG：各个校区部署硬件 SAG 设备，接入本地服务器的流量进 ARTN 网络，并向复制转发服务器转发，支持智能选路、FEC 能力。

（3）部署云连接网 CCN：CCN 是全国 AGW/EAGW 的集合，部署 CCN 意味着全国 AGW/EAGW 全部开启并建立隧道；CCN 负责将 SAG 接入 CEN，具有路径调优能力。

（4）部署云企业网 CEN：CEN 负责连接 CCN 和 VPC；底层是阿里云 ABTN 网络，冗余专线 + 智能调度。

（5）部署 VPC 内云服务：VPC 内部署 ECS+RDS+OSS 等，搭建互动后台系，实现从发送端拉流：转码、协议转换、混流、录制、美颜及滤镜等功能。VPC 部署 GPU 等，搭建 AI 系统，实现音频音视频分析、课堂质量评估等功能。

云网络实践在固定场所场景的流量转发（以在线教育校区为例）如图 9-44 所示。

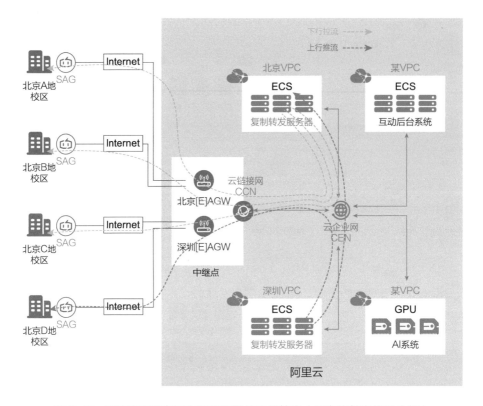

图 9-44　云网络实践在固定场所场景的流量转发（以在线教育校区为例）

（1）上行推流：通过 SAG 接入的校区上行推流到就近 Region 的 VPC，VPC 内 ECS 做边缘节点、复制分发流量，流量经 CEN 到达其他 Region 的 VPC。

（2）下行拉流：通过 SAG 接入的校区从就近 Region 的 VPC 拉流，VPC 内的 ECS 做边缘节点、复制分发流量到本地校区。

4．典型案例

某在线少儿英语机构是一家专注于在线青少儿英语教育的公司，遍布几十个国家和地区、数十万的付费学院、几万多的优质教师，通过 1 对 1 的在线视频教学方式全面提升孩子英语的听说读写能力。

业务诉求：

（1）国内学生端视频教学体验要提升。国内学生越来越多，并下沉到三四线城市，提升互联网络覆盖和质量，进而提升课程互动体验及完课率。

（2）简化部署和运维。区域覆盖网络能够快速部署，尽量简化运维工作。

网络痛点：

（1）公网质量不好。通过公共云 Region 的公网直接覆盖学生端，公网链路长、丢包多、质量差。

（2）不稳定且维护复杂。Region 内 ECS 上部署调度转发系统，运维复杂。

网络方案：

（1）边缘节点 ENS。边缘 DC 部署 ENS 节点负责学生端接入。

（2）SAG-CCN。阿里云 SAG 负责回源调度、智能选路、抗丢包。

客户价值：

（1）提升网络质量：ENS 就近客户端部署，缩短公网接入链路，减少丢包；SAG 回源智能选路＋抗丢包优化，减少丢包、抖动、时延。整体网络质量提升 10% 以上。

（2）简化部署运维：SAG 智能选路，网络层路由到直播后台，简化业务层部署调度系统，简化运维。

9.5.2　电商网站

1. 电商网站业务场景

这里主要介绍以买卖交易为主的电商网站场景。用户层面可感知的常见情形如下：

- 用户收到商品后，可以给商品打分，评价；
- 目前有成熟的进销存系统，但需要与网站对接；
- 希望能够支持 3~5 年业务的发展；
- 预计 3~5 年用户数达到 XXX 万；
- 定期举办 618、双 11、双 12 等活动。

为了有针对性地说明方案实践，我们对该场景做个简单的细分（基于对网络架构、并发和性能的要求来分类）。

（1）**基础网站服务场景：**主要提供基础商品浏览、交易、售后等服务，规模可大可小，根据企业的业务发展策略可以逐步扩容规模。从应用和数据的维度看，基础网站主要的演进路线如图 9-45 所示。

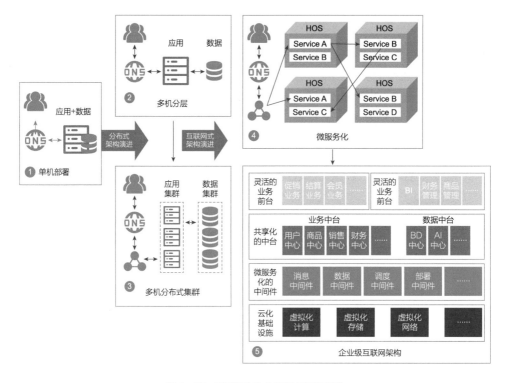

图 9-45 基础网站主要的演进路线

（2）**多平台生态对接场景**：企业有自己的电商网站入口，但同时也会对接第三方的大型主流电商平台，比如淘宝、天猫、京东等，让自己的销售引流入口可以多维度、更大范围地覆盖，但同时也需要保证后端产品资料、订单、库存等信息及时同步。大概的业务架构如图 9-46 所示。

（3）**秒杀大促场景**：电商业务目前也面临着各种各样的压力，需要制定各种策略提升销售额、增加用户数和用户粘性、树立品牌口碑。各种线上促销活动、秒杀抢购、营销活动是当前使用比较多的手段。面对这种场景，业务层面需要做各种的架构和性能升级，网络层也需要快速响应，进行灵活的资源伸缩和架构优化，以应对秒杀时的突发请求，如图 9-47 所示。

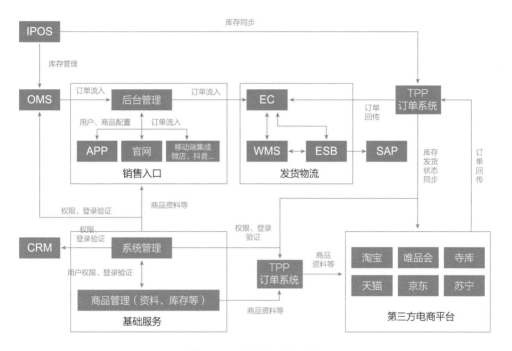

图 9-46 多平台生态对接

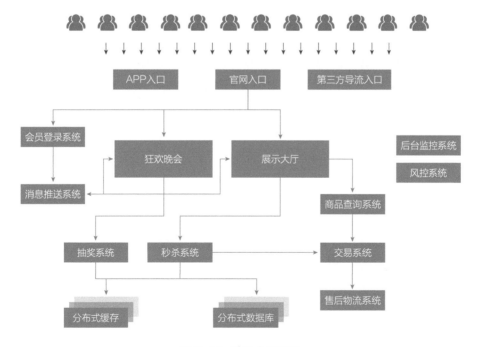

图 9-47 秒杀大促场景

2. 网络架构设计

电商网站无论规模大小，承载的都是非常重要的业务，因为服务的用户群很大，一旦出现问题，不仅影响收入，而且会引来一堆的投诉，甚至影响网站的品牌和口碑。网络作为支撑整个业务系统运行的基础，从前期规划设计，就需要考虑周全和长远。简单梳理几个关键的设计原则，见表9-3。

（1）架构高可靠：如上面所说，因为承载的用户群体大、影响面广，所以整个网络架构要有足够的可靠性及可持续演进，满足业务层面规模扩展的需要。

（2）容灾能力强，故障切换快：整个架构设计需要具备多维度的容灾切换能力，至少包含网元设备、流量入口、转发路径这三个层面。无论哪个环节出现问题，都能够快速地完成故障的切换，尽可能降低对业务数据转发的影响。

（3）资源可灵活伸缩，能够快速响应业务诉求：云网络打破传统线下组网带来的硬件边界和物理分区边界的限制，所以云网络本身也是以资源的形式存在的，包括可以承载的用户请求、并发的能力、带宽的吞吐等，但是在整体网络架构规划的时候，要结合具体的场景需求进行合理的设计，既规避掉相关产品的上限规格限制，也要在有需求时进行快速的资源伸缩。

（4）能够应对突发业务流量、高并发连接的冲击：在电商场景下，正常时段网络带宽需求和并发量都是相对平稳的，只有在活动过程中的秒杀、抽奖、投票等环节才会出现突然的增长，但这些增长往往只会继续几分钟左右，流量模型会出现非常明确的波峰波动。这个时候就需要产品能够应对突增流量和连接请求，网络出口能够应对突增的带宽峰值，网络转发路径上能够对突增的大流量进行合理的分发和负载。

（5）产品计费需要足够灵活：技术层面的设计非常重要，但对于网络架构设计来说，性价比是方案能否落地的一个非常重要的指标。所以对于产品规格的选型，产品的计费模式选择都非常重要。如果是一套自己搭建的私有云架构，这个层面可能没有什么选择的余地，但是对于公共云来说，这一部分的选择权就完全掌握在了用户自己的手里。阿里云网络产品提供了非常丰富的网元产品规格，以及多种的计费模型，网络设计者和使用者可以结合自身的业务特征灵活选择适合自身流量模型的产品规格和计费方式。

表 9-3 电商网络架构设计原则

		基础网站服务场景	多平台生态对接场景	秒杀大促场景
架构	稳定性	高，能够持续稳定运行	高，能够持续稳定运行	非常高，需满足短时高并发
	扩展性	高，长期范围内满足业务规模增长所带来的网络横向扩展要求	高，新增平台对接，网络层需要简单灵活	低，更多关心弹性和突发
容灾	故障切换	高，无论哪个环节出现问题，均需要	高，需要保证数据访问的实时性	非常高，流量峰值就在几个关键时间点，必须保证从最快速度切换
弹性	公网服务能力	高	高	非常高
	网元平滑升级	中	中	高，波峰波谷明显，需满足任意时刻的需求
	带宽平滑扩展	高	中	非常高

3. 实践方案

（1）基础网络服务场景方案实践。

◎ 小型电商网站：更多服务小范围或者刚上线的业务，基本采用 DNS+WAF+SLB 的架构即可满足网站的正常工作。刚起步时，一台 ECS 部署 Tomcat 构建一个轻量级的 Web 服务，并在同一个 VPC 下面部署 RDS 数据库服务，即可满足小型网站开张的基础网络环境，再按需部署云存储 OSS 服务、FW 和 WAF 的安全服务、DNS 的解析服务，如图 9-48 所示。

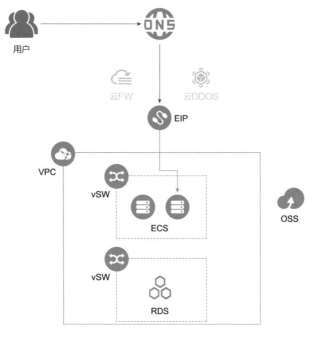

图 9-48　小型电商网站

◎中型电商网站：业务发展至一定的规模，需要考虑高并发、稳定性和客户访问体验等问题。采用 DNS+CDN+ 全球加速 GA+SLB 的架构搭建基础环境，其中全球加速 GA 的目的在于为跨地域的用户访问提供内网般的访问体验。业务系统需要的网络环境可以考虑用专门的 VPC，并使用阿里云七层 SLB 搭建 Tomcat 的 Web 服务器集群，数据库 RDS 可以部署在单独的 VPC 中，实现分区化的部署和管理，如图 9-49 所示。

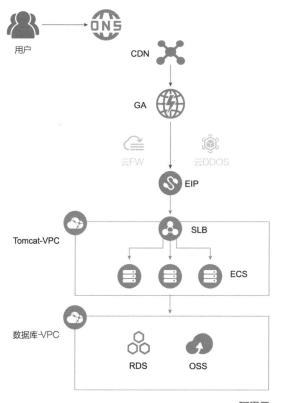

图 9-49　中型电商网站

◎大型电商网站：业务的规模已经非常庞大，覆盖的用户地域可能也在全球范围内，此时需要考虑两个问题：（1）系统本身的大并发访问能力；（2）业务系统跨地域容灾能力，确保无论任何时候用户都可以访问网站。针对第一个问题，可以考虑横向扩展 Web 层，提升缓存能力，数据库按照商品、支付、售后等业务子系统分开部署，从网络架构的角度看，可以采用 4 层负载均衡（LVS）作为第一层入口，按照网络层特征进行第一次分发，回源到 7 层负载均衡（Nginx、Tengine），再按照应用层特征进行第二次分发，支撑整个系统的分布式处理能力，如图 9-50 所示。

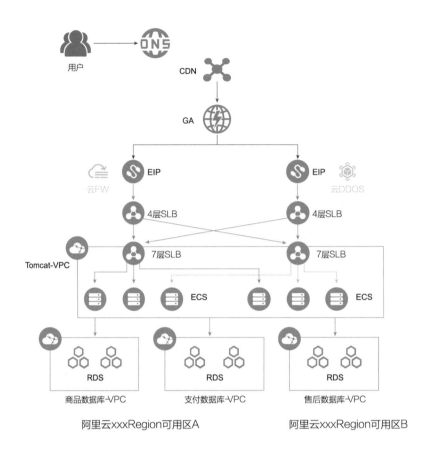

图 9-50 大型电商网站

◎跨地域服务：上面基本是按照规模这个方向进行的方案设计建议，其实在整个过程中，有一个共性的问题，那就是无论规模大小，最终用户群总是离散分布的，很难把用户集中在某一个特定的范围内。当然随着业务规模的不断扩大，用户分布的主要变化可能是某个省→某个片区→全国→某个大洲→全球，我们不可能在每个地方都部署业务系统，但又要有高质量的访问体验。此处很多人选择用 CDN，首先这是一个非常好的解法，但是现在都流行视频看商品，甚至交互式的购买体验，针对动态的内容就不得不回源站进行交互。而回源站大部分都走公网，公网的不稳定性，或者拥塞、时延出现的不可预见性总会让用户措手不及。此时，全球加速产品可让访问就近进入阿里云，阿里云的内网是一张全专线互联的高质量网络，可以提供稳定、持续的能力输出，数据传输的时延率、丢包率等都会大大降低，所以用户在进行商品浏览、交易的体验会得到非常大的提升。全球加速产品也可以和 CDN、WAF、DDoS 等产品配合，实现端到端的网络安全架构快速搭建。

（2）多平台生态对接场景方案实践。

很多企业会完全自主地设计和运营搭建自己的官网商城,达到和自身产品特征、业务场景的完美融合。但是在业绩压力面前,大家都会选择对接用户基数大且活跃用户高的平台进行引流。而此时,在整个架构设计中,对接数据传输依赖的网络管道需要慎重选择,多平台网络互通方法有三种,如表 9-4 所示。

◎公网互通:适用于业务规模小,对安全要求不太高,但要以简单快速的方式对接起来。

◎私网互通:适用于双方业务规模都比较小,但是对数据安全要求级别高,且网络架构可简单调整。因为涉及路由打通,可能会有地址冲突等问题,所以规划和配置复杂度较大。

◎服务互通:适用于对数据安全要求高,且双方的规模都比较大,需要有长久的合作,且可能会有更多方参与进来调用数据接口。

表 9-4　多平台网络互通方法

方案类别	公网互通	私网互通	服务互通
方案模型	直接通过 Internet 进行数据接口调用	打通双方的私网,L3 路由打通	L4 打通访问接口,走私网,但是无须路由打通
连通方式	多对多访问	一对一访问	多对一访问
网络规划复杂度	简单	复杂	简单
配置复杂度	简单	复杂	简单
安全性	公网裸跑,不安全	安全,但是策略配置略复杂	安全

（3）秒杀大促场景方案实践。

秒杀大促是电商网站场景经常会搞的活动,大到 618、双 11 等网购狂欢节,小到店庆、节假日的优惠促销,无论哪种情况,都会带来用户访问量和并发连接数的激增,对于系统是一个非常大的挑战。此时至少需要考虑:系统的分布式处理能力、设备的吞吐性能、公网出口的快速伸缩能力、公网资源的安全防护能力。建议的网络架构如图 9-51 所示。

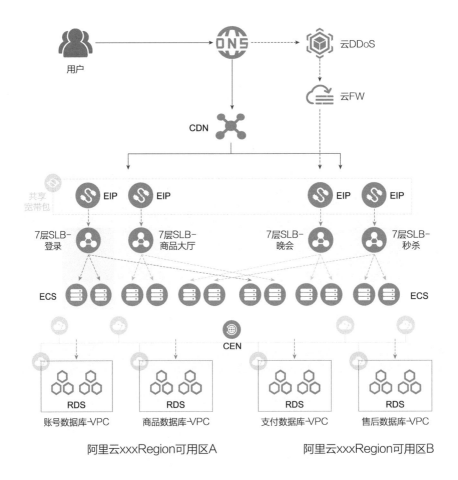

图 9-51　秒杀大促场景网络架构

◎**分布式处理**：承载业务系统的云资源（ECS、SLB、RDS 等）建议选择同 Region 不同可用区，实现跨可用区负载，支撑业务系统分布式处理。

◎**应对高并发**：重点是负载均衡 SLB 层面，根据需要选择大规格的实例，如果业务系统庞大，那么就可以选择超大规模的实例，阿里云 ALB 支持超大规格的 QPS。

◎**应对公网出口的瞬时峰值**：主要是公网的出口需要具备大区间的弹性伸缩能力，秒杀大促场景基本都是定时出现波峰波谷，建议选择消峰的计费逻辑，既能应对瞬时峰值，又能有效地降低成本投入。

◎**应对出口安全能力**：需要考虑按照源站的地域选择合适的、性能足够的防 DDoS 攻击产品、Web 应用防火墙 WAF，进行有效的防护。

单单有以上的架构冗余和弹性能力还不够,在整个基础架构和业务架构设计过程中,还会遇到很多不可预知的问题,所以在正式环境上线之前需要预留充足的时间进行多轮压测,尽可能地模拟出大促峰值的场景去考验系统的能力。这个过程也是确保各个环境能够顺利落地的前提。这里提供两种压测途径供用户选择。

◎ **专业的压测工具**:阿里云专门的压测工具 PTS(Performance Testing Service)是面向所有技术背景人员的云化测试工具。有别于传统工具的繁复,PTS 以互联网化的交互,提供性能测试、API 调试和监测等多种功能。自研和适配开源的功能都可以轻松模拟任意体量的用户访问业务的场景,任务随时发起,免去烦琐的搭建和维护成本,更可紧密结合监控、流控等兄弟产品提供一站式高可用能力,高效检验和管理业务性能。

◎**客户自建压测系统**:客户有特殊需求(如果有),可能会自建压测系统,可以在阿里云多 Region 购买 ECS 作为压测机器,通过性能增强型的 NAT 网关,配置 SNAT 实现高并发的压测环境。

4. 典型案例

某电商客户有每年一度的狂欢节,节日期间会举办晚会、优惠促销、整点秒杀等活动。客户平时的主要业务系统部署在线下,活动期间会弹性上云,弹性的规模约是线下规模的 2~3 倍。

对于云上的主要诉求如下所述。

◎稳定:整体架构需要足够稳定,因为弹性伸缩的部分基本部署在同一个 Region,要在此基础上满足稳定、容灾的需求。

◎高质量:需要保证任意地域的用户均有一致的体验效果。

◎大并发:活动期间的并发请求可能是平时的几十倍,但是持续时间并不长,所以不单单要考虑大并发,也要控制成本。

◎安全:需要大吞吐的安全防护能力,避免被恶意攻击。

活动期间的高可靠性网络架构设计如图 9-52 所示。

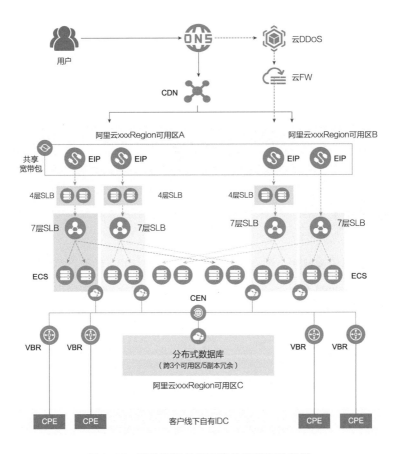

图 9-52 活动期间的高可靠性网络架构设计

◎业务访问逻辑：用户请求通过 DNS 解析，进入在全国主要城市开通的 CDN 节点再回源到业务系统所在的 Region，为了扩大访问请求且节省资源，客户自己搭建了 LVS 的 4 层负载均衡节点，后面挂载阿里云的超大规格 7 层 SLB 节点。

◎业务系统跨可用区部署，所有的 7 层 SLB 均跨可用区关联后端的 ECS 机器，并且 SLB 本身也采用主备可用区的实例。

◎数据库：采用跨 3 个可用区的部署方式、5 副本的机制，最大限度保证冗余性。

◎公网出口：采用阿里云弹性公网 EIP 加大规格的共享带宽包，以及 95 去峰的计费方式。

◎安全：在公网出口部署阿里云云盾，因其均采用企业版的 DDoS 和 WAF。

◎线下 IDC 互通：通过多个运营商，部署多条专线，并分别接入阿里云不同可用区的专线接入点，形成跨设备、跨线路商、跨可用区的全冗余架构。

用户价值：

◎周期短：从开始准备到活动开始，仅用不到 1 个月的时间，并且中间还组织过了多轮次的大规模业务压测。

◎稳定可靠：阿里云的网元设计、基础架构设计均有很高的冗余性，且稳定性经受了自身双 11 的洗礼，在正式活动期间未出现任意意外情况，过程非常平滑。

◎大规模实例：为保证用户的特殊场景，阿里云通过白名单开放专用集群，保障用户的业务实现高效的分布式接入。

9.5.3 在线游戏

1. 游戏行业现状

游戏作为应用经济的主要推动力之一，全球游戏下载量、用户支出和参与度持续攀升，全球游戏成熟市场如美国、韩国，以及新兴市场印度、印尼、巴西等地的游戏市场持续火爆。随着中国游戏开发者在游戏领域的产品、技术、资金、运营方面能力的不断增强，海外市场提供了一条游戏收入增长的"快车道"，越来越多的中国游戏开始出海参与全球竞争，中国游戏的全球影响力不断提高。

游戏出海，这一另一个世界的"丝绸之路"对于游戏商来说无疑是突围破局、进军海外的关键。在这个过程中，产品和资本都是关键因素；以手游、页游产品为主，以自主研发和代理发行作为主要发行方式；对于资本来说，出海的游戏商主要在海外游戏市场寻找相关热点游戏进行并购和外延布局。

除此以外，另一方面，云游戏的发展也成为行业趋势。相关调研报告数据显示，2018 年，中国云游戏用户规模为 0.63 亿人，市场渗透率较低。中国云游戏产业日益加大的投入力度将会提升社会对云游戏的关注和认知程度，而 5G 网络的逐步普及，将提升游戏玩家对云游戏的参与度，驱动云游戏用户规模快速增长。预计，中国云游戏用户将保持较高的增长速率，云游戏用户规模有望达 3.73 亿人。

2. 场景和面临的挑战

目前，国内游戏市场开始趋于成熟，游戏开发者面临着日益激烈的用户争夺战，在游戏核心玩法创新、提升用户游戏体验、抵御恶意流量攻击、游戏出海、保障运维质量等方面寻求突破。为了提升整体竞争力，众多游戏运营商纷纷选择了游戏上云，但游戏属于重网络应用，在云网融合方面具有迫切需求。

首先，最为熟知的是大型多人在线游戏（（Massive（Massively）Multiplayer Online Role-Playing Game，MMO RPG）是指任何网络游戏的服务器上可以提供大量玩家(1000 人左右)同时在线的游戏。MMO RPG 是目前非常流行的网络游戏类型，具有极大的市场占有率。如《魔兽世界》《怪物猎人 online》《龙之谷》《剑侠情缘》《永恒之塔》《剑灵》等。

第二类比较流行的游戏是多人联机在线游戏竞技（Multiplayer Online Battle Arena Games，MOBA）。MOBA 游戏的鼻祖是暴雪公司在 2003 年发布的实时 RTS 游戏《魔兽争霸》。耳熟能详的 MOBA 游戏是 2009 年在美国上市发布的经典游戏 *League of Legends*，中文名为《英雄联盟》，简称 LoL。2015 年 LoL 营业额达 16.7 亿美元，月平均活跃人数超过 1 亿用户。而排名第二的 MOBA 游戏 Dota2 目前年收入达 3 亿美金。

除此以外，还有像第一人称射击类游戏 FPS 游戏、策略类游戏 SLG 游戏也是比较常见的游戏。无论是目前哪种主流游戏，虽然游戏场景略有不同，但是对于 IT 基础设施却提出了相近的新挑战。

◎高性能主机：由于 MMO/MOBA 游戏电子竞技属性的特点，必须保证游戏运行环境的稳定和公平性。因此，游戏运行主机性能和稳定性极为重要。

◎分布式部署和高质量网络：由于 MMO/MOBA 游戏的玩法为即时战斗，所以，需要玩家和服务器之间有极低的网络时延和稳定的网络连接。云厂商要实现不同地域的分布式部署极为困难。

◎玩家实时语音通话：MMO/MOBA 游戏节奏较快，决定游戏胜负的战斗往往在几秒之间结束，玩家们的高效沟通非常关键。因此，实时语音能力对 MMO/MOBA 游戏来说非常重要。而对于传统游戏厂商来说，游戏内实时语音技术门槛较高。

◎游戏直播、游戏点播、录像回放：游戏直播、观战和查看录像是 MMO/MOBA 游戏玩法中重要的一环。而对于游戏厂商来说，而直播、录播、存储等功能的实现复杂度和投入成本都很高。

◎基础资源成本控制、快速部署：MMO/MOBA 游戏每场比赛都是互相独立的，并且在线玩家人数会随着工作日和节假日的交替而变动。因此在保证游戏正常运行的前提下，控制服务器成本也是 MMO/MOBA 游戏的关键点之一。

◎安全：MMO/MOBA 游戏在上线后，将会面临频发的网络攻击，包括 DDoS、CC 和应用层攻击等。游戏厂商往往缺乏应对手段，影响游戏正常运行，严重者将会造成游戏中断和玩家流失。

◎数据运营：游戏上线后，厂商手中会积累大量日志、玩家行为、玩家画像等数据。怎样利用这些数据产生价值，促进游戏的运营，也是游戏厂商在摸索的方向之一。

此外，海外互联网存在访问质量问题。游戏源站在海外部署，面向海外各国家和地区的广大互联网用户，如何确保玩家的游戏访问体验是首要问题。

第一，最终用户和游戏源站不在同一个国家，需要通过海外多个运营商的互联网互通来实现对游戏业务的访问，海外互联网各运营商之间的互联互通质量问题，如时延、拥塞、丢包都会影响玩家的访问体验。

第二，由于互联网应用基于 Internet，MPLS 和 WAN Optimization 技术无法适用于互联网应用加速。

3. 方案最佳实践

阿里云以全球一张网的庞大资源池为基础，为游戏运营商提供海外区域同服、游戏加速、iOS 提审核服网络架构等场景的网络架构部署与实施，以及专属网络连接等一站式服务，帮助游戏客户高效上云，让游戏运行更流畅、运营更简单。

对于产品资源来说，游戏行业涉及的阿里云网络产品主要有云企业网和全球加速。

对于应用场景来说，由于游戏行业客户遍布在全球各地，涉及跨国甚至跨大区之间的访问，主要分为全球分区分服、海外全球同服和区域服三大场景。另外，很多游戏商还会涉及 iOS 提审方面的网络架构，以下逐一介绍。

全球分区分服

分区分服场景常见于 MOBA/MMO 等类型的游戏，这类游戏对时延和网络稳定性要求较高。

对于全球分区分服的场景，网络架构建议如下：

◎全局服 / 东南亚区域服部署在新加坡（中国香港），东南亚重点覆盖的国家使用全球加速产品。

◎欧洲区域服部署在法兰克福，俄罗斯使用全球加速产品。

◎北美区域服部署在美西（美东），巴西使用全球加速产品。

◎海外各区域服使用云企业网构建游戏运营内部网络，满足全局服和区域服的数据同步需求，对国内运维人员进行全球加速，保障运维访问质量。

海外全球同服

分区分服场景常见于对时延和网络稳定性要求不高的游戏，如休闲类游戏、棋牌类游戏（德州除外）、养成类 RPG 游戏等。

网络架构建议如下：

◎全局服部署可以选择 3 个 Region：新加坡、中国香港、美国西部。

◎大洲内的用户直接使用公网覆盖，重点保障地区使用全球加速产品。

◎跨大洲的用户使用全球加速覆盖。

◎国内运维人员进行全球加速，或者使用云企业网构建境内外游戏运营内网，保障运维访问质量。

区域服

分服场景常见于游戏产品有比较具体的定位，比如覆盖日韩台或者欧美的用户。

网络架构建议如下：

◎日韩台服，源站选择日本，从公网质量上看，日本有直达韩国和中国台湾的海底光缆，互联网质量优于韩国和中国台湾。

◎欧美服，源站选择美国东部，美国东部到欧洲的公网时延大概在 100ms 左右，可以使用美国东部同时覆盖整个美洲和欧洲地区。

◎国内运维人员使用全球加速或者云企业网构建境内外游戏运营内网，保障运维和访问的质量。

在阿里云美国数据中心部署网络加速 POP 接入点，将流量通过阿里云云企业网加速到阿里云中国内地数据中心的 APP 服务端，中国内地到美国西部硅谷的云企业网的网络时延可保持在 140ms~160ms，没有丢包，要求远端海外只能有一个入口的场景，如图 9-53 所示。

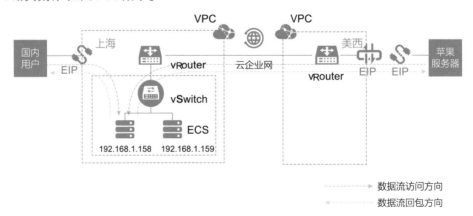

图 9-53　iOS 提审核服网络架构

4. 典型案例

某游戏客户 IP 系列游戏多次被 Facebook 全球推荐，移动游戏的海外成绩也相当出色。该游戏客户通过 5 年时间探索海外市场，在北美、中国台湾等地启动运营公司，海外发行版图扩展至全球 150 多个国家及地区，全球范围内成功发行 30 款网页游戏及移动游戏，全球发行产品线从自研游戏扩展至代理游戏。

客户主要业务诉求： 位于欧洲、北美、东南亚等海外地区有大量的出海游戏玩家，除了用户部署在阿里云华东 1 和华东 2 的主服务器，还有分布式存储系统部署在国内扬州、无锡等地区的线下 IDC 机房。客户急需稳定、高可靠的跨境加速解决方案，提高用户游戏体验，匹配其游戏出海战略。

客户痛点： 第一，跨地域时延高导致游戏响应成功率低，数据通过跨境传输链路时延高且不稳定，容易导致游戏响应时间增加而大幅降低 IP 页游及端游的游戏体验。

第二，快速部署的能力，客户分布式存储系统有部分部署在线下，希望在不更改源站系统的基础上，快速进行部署。

解决方案： 覆盖全球的加速网络：可以提供美国、欧洲、东南亚等多个区域上车点基本满足客户需求，并且提供与安全完美融合的方案，可适配融合 DDoS 与 WAF 等增值安全能力，随时升级防御 T 级别攻击。

业务价值： 显著提升游戏体验，海外游戏玩家网络时延投诉率减少 42%；加快部署速度，旗下的一款新上线的 IP 题材游戏的区域同服加速在 1 周内即可完成测试、商务及部署实施；提升业务覆盖度，完美覆盖海外包括亚太、北美、欧洲、澳洲等主流游戏用户覆盖较高的区域。

9.5.4 互联网金融

1. 互联网金融行业现状

互联网金融是近几年来飞速发展的新兴行业，凭借传统金融业态与云计算、大数据的结合，形成的新的业态和服务体系。中国的互联网金融行业呈现出多种多样的业务模式和运行机制，主要包含众筹融资、P2P 网络贷款、第三方支付、数字货币、消费金融、互联网保险 / 基金等模式。我国互联网金融行业经过这些年的发展，已经走到了世界的前列，特别是移动支付、电子清算、网上银行、数字信贷等方面。目前银行业的离柜交易率已经接近 90%，小微企业贷款实现了秒审秒贷。互联网金融行业从本质来看依然属于金融行业，但同时又具备互联网的开放、平等、协作和分享等特性，特别在服务模式和场景化上区别于传统金融业务。消费观念转变带动互联网金融发展。随着生活水平的提高和消费能力的提升，人们的消费观念转变，投资欲望增强，信用消费、超前消费被越来越多的消费者所接受。同时，社会大众对第三方支付、互联网理财产品等互联网金融产品的认可程度越来越高，互联网金融正在步入新的发展阶段。

2. 场景和面临的挑战

互联网金融行业大部分都是在线业务，无论是用户体验、交易流程还是客户服务都需要实时交互，因此支持业务的基础设施需要可靠、可扩展、稳定且快速。更加敏捷、可靠的 IT 系统架构设计有助于客户实现业务的升级和快速迭代。尤其是互联网金融业务飞速发展的当下，IT 系统架构需要支持业务的发展。互联网金融行业的主要场景可以分为以下两部分。

（1）初创互联网金融公司或中小型互联网金融公司基于成本考虑，会首先在某个地域部署服务。随着其业务规模的扩大和用户数量的增长，单地域部署的系统无法保证多地域用户访问甚至全球用户访问时的网络质量，从而降低用户的满意度和体验感，直接影响到业务规模和营业收入的快速增长。这个时候，许多企业会考虑服务的全球化部署，但随之到来的就是，IT 支出成本与运维管理成本的明显提高。网络加速方案，既满足减少 IT 支出和运维管理成本的痛要求，又能提升终端客户的使用体验和服务质量，尤其对于一些快速增长期的企业，以最优的成本促进业务的增长。

（2）一些中大型互联网金融公司，IT 系统已经初具规模，业务营收也保持在稳定增长期，需要更多地考虑整个 IT 系统的稳定性、可用性、资源弹性及安全性，为客户提供更优质且稳定的产品服务。往往这些企业已经在使用云服务，对云产品的稳定性和资源弹性有很高的信任，但是在网络架构的高可用及安全设计上，需要投入更多的精力。因为一旦系统被安全攻击、病毒污染、木马植入甚至公共云故障等，就会给企业带来无法估计的业务损失。云上的安全高可用的网络架构设计，是这些企业的刚需。

主要挑战

由于终端用户分布广，特别是移动端的广泛接入，对云上资源的公网质量的要求非常高，需要具备多运营商 BGP 线路及更广的覆盖，特别是对于跨地域访问用户，需要保证其网络的低时延和高质量。

由于互联网金融业务演进较快，对云网络资源的弹性扩容及灵活调度的场景相较传统金融行业更加频繁，例如 SLB、EIP 等产品快速弹性伸缩、分钟级扩展。同时，对云上架构的高可用也有很高的要求，尤其是跨 Region、跨 AZ 高可用网络架构设计。

最后，网络架构需要与安全产品有效结合，实现业务和应用的安全稳定运行。

3. 方案最佳实践

互联网金融应用加速解决方案

目前互联网金融主要以网站、移动端 APP 提供服务为主。为终端用户提供低时延、高可靠的用户访问体验是确保企业满意的关键所在，特别是交易、行情、股票等对时延敏感的服务商来说更是如此。出于成本的考虑，多数互联网金融公司会在全球某个地域部署服务，对于跨地域访问的用户来说，网络访问质量就成了重中之重。

本解决方案（如图 9-54 所示）可以让用户通过阿里云在世界各地部署加速节点来加快全球范围内访问网络的速度，采用防 DDoS 防护和 WAF 产品避免应用遭受网络攻击，为企业的网络和应用保驾护航。同时配备的健康检查机制能够帮助企业直观地了解后端服务的可用性，保障系统稳定运行，提升用户体验。具体描述如下。

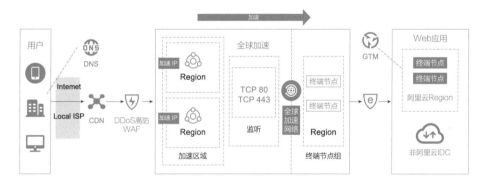

图 9-54 互联网金融应用加速解决方案

加快客户访问网站、APP 的速度：为用户提供从最近的阿里云接入节点接入阿里云网络，根据智能动态路由选择及智能流量调度，计算连接应用的最优传输路径。

企业级的高可靠和高可用：凭借阿里云的全球网络基础设施资源和智能流量引导，提供企业级的可靠性和可用性，采用基于协议的健康检查实施 DNS 故障自动切换，以满足灾难恢复要求。

增强网络安全防护：提供数据加密的专用网络传输路径保护业务数据，可自动关联实时更新的 DDoS 防护和 WAF 产品，保护应用免受恶意攻击。

操作简单、快速部署：提供分钟级的部署体验，并且源站无须做变更，保证业务快速上线。

互联网金融行业云上组网解决方案

许多互联网金融公司会提供电子支付或者贷款等业务，这就需要在云上部署高可用、弹性扩展且稳定的架构，以满足其业务连续性要求，以及提高高标准用户的满意度。互联网金融行业云上组网解决方案如图 9-55 所示。

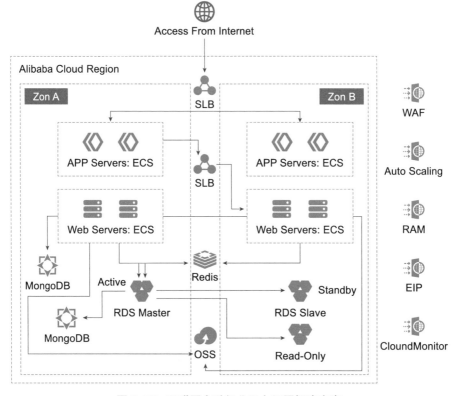

图 9-55 互联网金融行业云上组网解决方案

云上资源（如 ECS、RDS 等）均为跨可用区高可用部署，减少因公共云故障存在的单可用区的停机风险，满足业务连续性要求。

用户通过互联网访问应用程序时，请求会通过负载均衡 SLB 的调度提升应用系统的服务能力，通过消除单点故障提升应用系统的可用性，响应突发流量高峰，最大限度缩短服务响应时间，提高业务峰值时期的系统稳定性。

VPC 的网络 ACL 功能及安全组可以对不同安全等级的子网进行隔离。根据不同安全等级，通过不同的虚拟交换机划分不同安全域，如互联网区（DMZ 区）、管理区和内网区。只有互联网区接受用户的互联网访问，保护后端服务资源不受恶意攻击。

此外，WAF 和防 DDoS 等安全产品自动快速地缓解网络攻击对业务造成的时延增加、访问受限、业务中断等影响，从而减少业务损失，降低潜在安全攻击风险，保护系统不会因为被攻击而承受业务损失。

4. 典型案例

某知名美港股券商，致力于为用户提供一流的全球投资体验，不仅可以交易美股、港股、A 股（沪港通、深港通），并且还提供现金管理、货币基金、债券基金、股票基金等产品服务，真正实现资产的全球化配置。其主要业务部署在中国香港和北京，最初的用户主要以中国内地为主。随着业务规模的增长，东南亚地区及欧美等国家逐渐也有用户，但随之而来的是，因公网质量问题，海外用户的访问体验非常差。该客户考虑过在全球多地域进行系统部署，但因成本高、数据同步困难等问题不得不取消计划，暂时通过自建加速线路的方式，优化部分地区的用户访问体验。

主要业务诉求：（1）交易行情系统加速：海外用户加速访问中国香港交易系统及海外用户访问北京的行情系统。

（2）现有系统架构不变：因涉及核心业务，客户希望提供无侵入性、改造相对较少的解决方案。

（3）简化部署和运维：客户原有自建的加速线路服务，管理和维护成本高。

客户痛点：（1）运维复杂：自建加速线路，需要专人管理和维护，无网络 SLA 保障。

（2）扩展困难：当业务增长时，往往需要几天甚至几周才可以完成系统扩容。

（3）公网质量：用户通过公网访问行情和交易系统，时延高、易中断，用户体验非常差。

解决方案： 如图 9-56 所示。

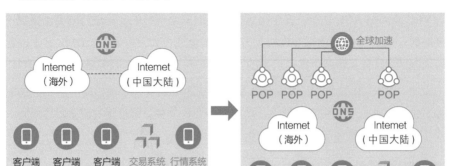

图 9-56　使用阿里云全球加速网络方案前后对比图

利用阿里云全球加速网络，覆盖全球，并且提供优质的加速网络服务。

◎系统架构平滑升级：不改变用户现有架构，并且满足客户业务平滑迁移。

◎应用网站安全防护：全球加速与防 DDoS、WAF 等安全产品的联动，保护源站服务器免受网络攻击的影响，提高系统安全性和稳定性。

业务价值： 全球应用安全加速解决方案，帮助终端用户把访问交易系统和行情系统的性能提升了 5~10 倍，通过修改 DNS 解析系统即可完成流量调度，帮助客户实现分钟级部署和业务快速无损切换，同时满足客户端到端的加速访问和安全防护的需求。

9.5.5　传统金融机构

1. 传统金融机构扁平化广域网现状

保险证券客户广域网扁平化进程，相比银行更加积极。各数据中心和总部机构之间，没有投巨资自建 MPLS VPN 核心骨干网，而是直接连接到运营商的 MPLS VPN 网络（线路），实现高速互连。证券基本没有多级机构划分，各个营业网点通过 1 条 MPLS VPN 专线或互联网线路，连接交换所、总部机构、数据中心。保险省级机构保持 2 条 MPLS VPN 线路，连接各个数据中心和总部机构，地市级机构只保留一条专线，满足一些 Wi-Fi 局域网控制端集中、视频会议等业务需求，其他业务都直接通过互联网访问总部。证券、保险应用系统全面互联网化。县区级职场网点为节省通信线路成本，只需通过互联网宽带或手机热点就可接入数据中心 VDI 办理几乎所有业务。同时，各级业务人员，通过手机移动端 APP 和 4G/5G 移动互联网，就能到客户侧办理各种业务。证券保险公司部署大量 VDI 虚拟桌面。各级办公、业务人员通过 VDI 自带双因子认证的互联网 SSL VPN，以及根据不同人员不同场景，裁剪的不同安全等级和访问内容的虚拟桌面，访问数据中心各种业务系统，如图 9-57 所示。

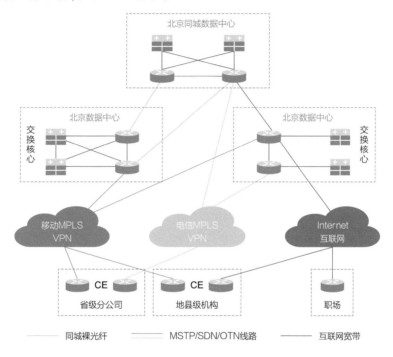

图 9-57 传统金融机构广域网架构

金融机构广域网现状分析：（1）树形广域网建设维护成本高：大型银行保险核心、一、二级骨干网建设和维护成本很高。总部机房和数据中心之间互连专线、保险省级 / 地市 2 条上行专线成本高。

（2）分支互联网线路质量无保证：运营商跨省线路定价高。服务使用规模是通信服务定价的关键因素，中心金融机构缺乏议价能力，大型金融机构又面临三大运营商携手涨价风险。

（3）分支网络和设备运维量大：三级骨干网高 SLA 运维依赖内部 3 级机构协同配合，难以统一集中管理。各级分支机构接入网络设备缺少自动化配置和一体化监管控能力。

（4）未统筹考虑混合云组网要求：保险、证券业务应用全面上金融行业云，银行互联网金融、研发测试系统、灾备系统也在分步上金融行业云。各级分支机构需要同时高速连接云下和云上部署的各种应用系统。

2. 金融机构广域网发展趋势

随着我国金融机构的数字化转型不断深入，金融业务应用更加在线化、场景化、开放化、生态化、智能化、服务化。这些业务应用的发展趋势，促使金融机构WAN 广域网向扁平化、在线化、服务化的发展。

（1）**广域网混合云化趋势**：WAN 混合云化，是指广域网要适应混合云的发展趋势，与国内主流公共云建立广泛深入的网络连接，甚至直接在公共云的全球骨干网上构建按需弹性、通达全球的虚拟骨干网，实现广域网的全面在线化或者混合在线化，使得金融机构各总部、数据中心、各级分支机构均能够灵活便捷地访问自有数据中心和公共云数据中心中的各种 IT 应用服务，还能敏捷高效、自助方便地与公共云上的其他机构、企业建立对等连接，促进更加高效广泛的社会协作。

云计算，不仅是一种软件定义 IT 基础设施的技术架构，更是一种规模经济、服务经济、平台经济的商业模式。按需自助服务、敏捷弹性扩展、低价高效、随时随地接入等云计算的本质特性的价值，只有在公共云、行业云这种大平台下，才能得到最大限度的发挥。金融机构业务场景化、生态化发展，传统主机/小机等集中式架构向开放通用的分布式架构发展，金融机构 IT 基础设施需要更大的规模、更低的成本、更高的弹性、更好的按需自助。金融 IT 应用架构需要利用丰富的云原生 PaaS 平台进行动态申请、实时绑定、快速构建。金融业务管理需要更开放灵活地连接使用社会化的 SaaS 服务。近年来，银行、证券等金融机构前期从合规性、连续性、安全性等角度出发，建设各自线下专有云系统的实践，难以在本质上获得公共云、金融行业云的规模经济、服务经济、平台经济的优势。

为此，在以互金、保险、基金为先锋的金融机构先行先试，拥抱连接公共云、行业云的实践引领下，以及监管部门不断开明开放、鼓励支持、规范管理公共云、金融行业云的背景下，银行、证券等金融机构都将加快中低安全敏感、高规模弹性业务应用向金融行业云的迁移。金融机构建设发展融合专有云、公共云、金融行业云的一体化混合云架构，成为必然趋势。这将促使金融机构广域网，与公共云、行业云的广域网，进行广泛的连接和融合。

（2）**广域网混合云化架构**：如图 9-58 所示，金融客户的广域网混合云化架构主要有 3 种 SD-WAN 方案：

（1）保险分支机构全面在线是指金融机构各级分支机构通过 3 条线路（一条

专线、一条互联网宽带、一条互联 4G/5G），各个本地数据中心通过 2 条专线，同时接入阿里云云连接网和云企业网。此架构适合互金、保险、基金、理财、小微金融等主要 IT 大量应用系统都部署在公共云、行业云上的金融客户。

（2）金融客户数据中心在线是指金融机构各级分支机构使用 2 条专线（最好是 MPLS VPN 线路），同时连接客户线下各个本地数据中心。这些本地数据中心再通过 2 条专线接入阿里云云企业网，实现金融机构到云上的集中访问，以及跨城数据中心之间的调整互连。此架构适合以线下本地数据中心部署业务为主、公共云、行业云 VPC 里部署业务较少的金融客户。

（3）金融移动端互联网在线是指金融机构员工、客户、用户通过阿里云 SAG 客户端 SSL VPN 软件或 SDK，安全加密连接到阿里云分布在全各省主要城市的 POP 点云连接网接入点，再通过阿里云内部骨干网实现与客户线下本地数据中心、线上公共云、行业云 VPC 里 IT 业务应用，提升移动办公、远程开发、移动展业、客户移动访问等高质量网络连接客户的体验。

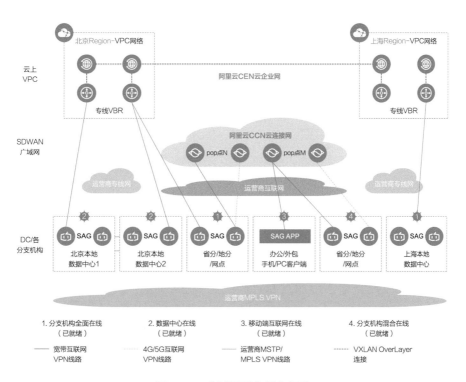

图 9-58　广域网混合云化架构

3. 阿里云 SD-WAN 解决方案最佳实践

（1）场景 1——多分支机构全面在线：具体架构如图 9-59 所示。

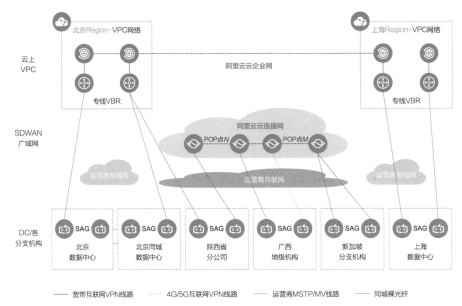

图 9-59 多分支机构全面在线

目标场景：

◎全国多分支机构的保险、证券、基金等金融类客户。客户原广域网络每个分支机构有 2 条专线与总部互联。

◎全国性保险类分支机构，通过此方案与总部数据中心构造扁平化网络。

方案介绍：

◎客户国内分支机构，通过 1 条专线 +1 条互联网宽带或者 1 条互联网宽带 +1 条 4G/5G，连接到阿里云云企业网。

◎客户本地数据中心，通过 2 条专线就近连接到阿里云接入点机房。

◎客户将基于阿里云 CCN、CEN 网络建立自己专有的、覆盖国内、海外扁平化、虚拟化 SD-WAN 网络，实现云下各数据中心、各级分支，以及云上各 VPC 网络和互联网出口等灵活互连的混合云网络。

（2）场景 2——多分支机构混合在线，具体架构如图 9-60 所示。

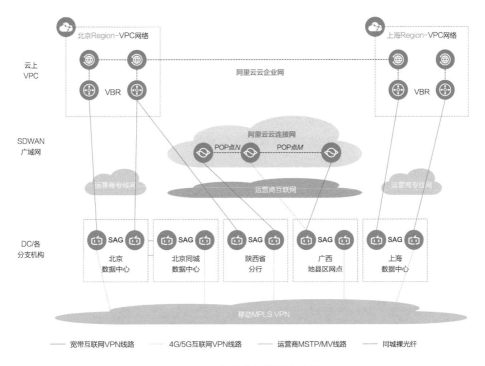

图 9-60　多分支机构混合在线

目标场景： 已经在云上、云下分级部署了应用系统的大中型保险类客户。

方案介绍： 用 2 条专线将本地数据中心就近连接到阿里云核心节点中某个城市的 2 个接入点机房，再接入阿里云企业网。客户省分公司保留 1 条原运营商专线连接本地数据中心，再通过一条专线就近连接到阿里骨干节点中某个城市的接入点机房。云下云上 WAN 设备、连接，统一纳入阿里云 SD-WAN 控制器集中管理。云上云下 2 条网络连接，根据调度负责不同业务流量的路由，并相互备份。客户地县区网点，通过 1 条专线（运营商 MPLS VPN）、1 条互联网宽带或 1 条互联网4G/5G，连接到阿里云云连接网，再到阿里云云企业网。客户在中国香港或其他的海外数据中心，只需要租用 1 条海外专线连接阿里云海外机房接入点，再租用 1 条海外互联网线路，就可以与国内建立高速网络连接。客户将基于阿里云云连接网、云企业网，建立自己专有、覆盖国内、海外扁平化、虚拟化的 SD-WAN 网络，实现云下各数据中心、各级分支，以及云上各 VPC 网络和互联网出口等灵活互连的混合云网络。

以上两种场景的方案均体现出阿里云 SD-WAN 方案的价值。

◎ **成本节约：** 客户可节省原大量构建骨干网的设备采购费用，线下分支通过

SAG 或物理专线即可就近接入阿里云全球传输网络。通过阿里云 SD-WAN 线路替换其中省会 1 条、地市 2 条长途专线，大幅降低网络建设成本。日常维护运营成本也将大幅下降，无须 5 年一次网络设备全面升级换代，总体成本节约 35%~45%。

◎**安全可靠**：各级分支机构就近连接阿里云全国的 POP 点，POP 点通过多条运营商专线连接阿里云云企业网。阿里云内部 SD-WAN 的秒级链路质量检测能力和智能调度，为用户提供质量高于传统互联网 VPN 的接入服务。

◎**混合组网**：客户可分钟级在线自助开通任意两机构之间的网络互联，打造线上 / 线下一体化混合云容灾架构，也可以与云上其他企业之间对等自助开通任何两点间的网络连接，迅速构建对接的网络互联。

◎**敏捷弹性**：在线分钟级带宽自助扩缩，大量扩展分支机构，无须新增本地 DC 设备，同时也利用阿里云全球传输网的优势快速扩展出海机构业务，完成全球互联。

◎**简单运维**：SAG 零配置自动上线、链路端到端健康检查快速监控故障和切换、集中自动配置 QoS 和安全策略，云上云下网络设备、链路、流量状态集中可视化管理，大幅降低企业 IT 运维压力。

4. 典型案例

某金融客户 WAN 网络现状如下所述。◎云下两地灾备 IDC，云上两地 2 个容灾中心架构。云下 2 个数据中心之间租用 2 条 MSTP 物理线路。同时，两地数据中心各租用 2 条 MSTP 线路连接本地阿里云。

◎全国 30 多家省级分支机构各租用 2 条 MPLS VPN 线路，接入北京、上海 2 个云下数据中心。

◎全国 300 多个地市级分支机构各租用 1 条 MPLS VPN 线路、1 条互联网 VPN 线路，分别接入北京、上海 2 个云下数据中心。

结合当前客户的广域网现状，我们提出了以下的优化改造方案，如图 9-61 所示。

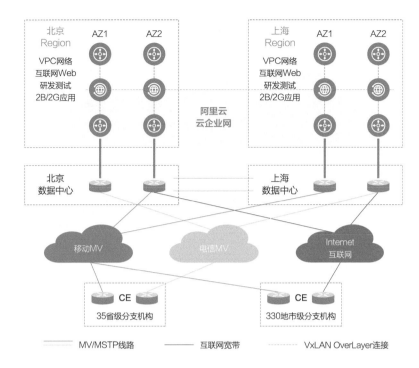

（a）优化改造方案前

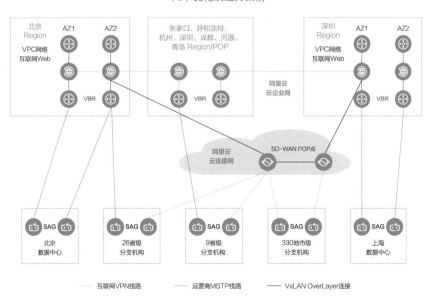

（b）优化改造方案后

图 9-61　优化改造前后

◎云下两地数据中心，各通过 2 条 1G MSTP 线路连接本地阿里云。

◎省级分支机构原有 2 条 MPLS VPN 专线，利用 SD-WAN 线路替换 1 条 MPLS VPN 线路。

◎地市分支机构原有 1 条 MPLS VPN 专线、1 条互联网宽带专线，改为 1 条阿里云宽带互联网 CCN 连接、1 条阿里云 4G 互联网 CCN 连接。

改造成本对比如表 9-5 所示。

表 9-5　改造成本对比

SD-WAN 服务改造方案	成本下降
两地数据中心改造	33%
省级分支机构改造	50%
地市级分支机构改造	83%
合计	60%

除了在建成本的优化，利用阿里云 SD-WAN 的敏捷弹性，客户可以根据业务需求灵活地调配 SD-WAN 带宽，真正做到网络为业务服务，进一步提升了运营效能。利用阿里云 SD-WAN 简单运维的特点，客户可以实现云上云下统一的可视化监控管理，让网络做到真正的可管可用。同时，基于阿里云 SD-WAN 全球一张传输网络的优势，地级分支机构只需就近加密加入阿里云 POP 即可完成分支总部的核心传输网的互联，避免了原有跨省、跨运营商的公网时延、抖动、丢包对业务带来的可靠性影响，进一步地提升了总部分支机构广域网的网络质量，确保业务的稳定性。

9.5.6　新零售

1. 零售行业概述

21 世纪，互联网开始普及，大量电商平台涌现，最初的网络和实体零售发展相对割裂，但是随着消费升级、移动支付和物联网技术的应用，零售朝线上线下一体化的全渠道发展，越来越多的零售企业开始寻求数智化转型。阿里云新零售数智化五部曲的第一步是基础设施云化，而基础设施云化的第一步是网络云化。企业上云，网络先行，未来的零售企业网络将以云中心，基于 SDN 和 SD-WAN 组网技术构建降本、增效的公共云，以及总部 /IDC、分支、门店互连互通的智能网络。

2. 零售企业网络架构演进

（1）**零售企业网络互联现状**：传统零售企业 ERP、CRM 等业务应用部署在 IDC，网络流量以 IDC 为中心，门店通过公网和私网两种方式去访问 IDC ERP、

CRM 等业务应用系统，其中，私网访问又分为 IPSec VPN 访问和专线访问两种方式，如图 9-62 所示。

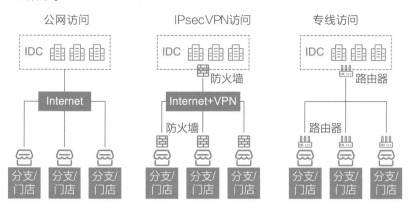

图 9-62　访问方式

（2）**零售企业网络的问题与挑战：** 全球范围内，零售行业是属于排名头三个容易被网络攻击者定位为攻击目标的行业之一，是数据泄露重灾区。所以，零售行业除了电商 ToC 业务系统因业务场景等客观原因需要开放在公网，其他零售核心业务系统不建议直接暴露在公网。零售分支门店互联云端和 IDC 均需要一个可信任的网络环境。

◎ **IDC 公网：** 经常会受限于单一运营商，公网访问质量差，无秒级弹性能力，扩容，缩容周期长，大促期间容易被打爆，造成业务中断。另外，线下 IDC 无同城 / 异地网络容灾能力差，一遇到机房断电等故障就会业务不可用。

◎ **门店网络：** 公网访问 IDC 生产业务不安全。私网 IPSec VPN 方式有配置复杂、运维效率低、质量差、排障困难等问题，当遭遇突发流量链路拥塞或质量劣化的时候，关键业务体验无法保障。而专线访问方式则会使得每年门店专线成本投入巨大，而且专线开通时间长到 2~3 个月，无法满足业务快速扩张。

随着零售企业开始面向全渠道业务发展，IDC 网络基础架构已经无法支撑企业数智化转型升级，门店网络无法满足业务的快速扩张。零售企业普遍希望通过灵活便捷、按需定制的网络连接、弹性部署的扩展能力，让网络更贴近业务，让业务应用得到更好的保障支撑。

（3）**零售企业网络演进：** 随着零售企业数智化转型的推进，ERP 等业务应用系统上云，企业流量模型不再以 IDC 为中心进行交互，门店和 C 端更多地会跟云上业务应用系统建立连接，传统以 IDC 为中心的网络架构逐渐演变成以云为中心的新型网络架构，如图 9-63 所示。

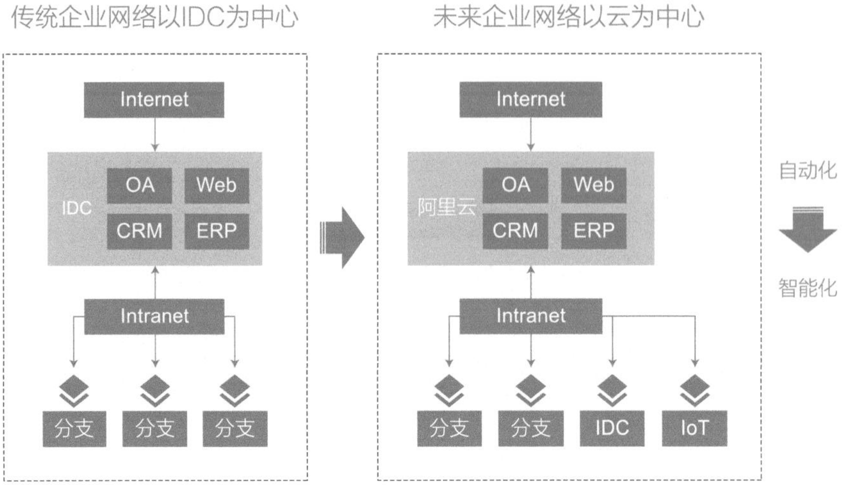

传统企业网络以IDC为中心   未来企业网络以云为中心

图 9-63　传统以 IDC 为中心的网络架构与以云为中心的新型网络架构

3. 新零售企业网络最佳实践

我们从零售行业的特点、业务需求分析，结合阿里云网络解决方案选型如下所述，具体如图 9-64 所示。

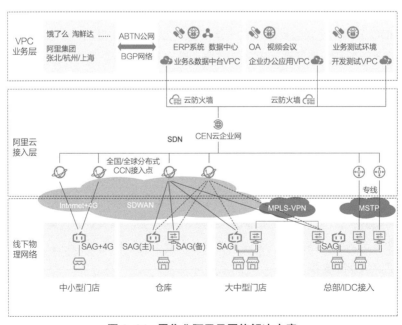

图 9-64　零售业阿里云网络解决方案

◎**云上网络**：多 VPC 部署，通过 CEN 实现互通，通过云防火墙来实现生产、办公、测试业务隔离，业务通过 BGP 互联阿里集团业务。对于 ERP 等生产核心应用，采用双可用区部署，来实现同城机房级的应急灾备能力。

◎**总部网络**：总部跟阿里云互通流量大，在整体业务架构系统中属于关键节点，对时延、抖动要求高，推荐主用专线，智能接入网关 SAG-1000 可作为专线备份。

◎**大中型门店**：主要跟企业部署在阿里云前端和中台业务系统进行交互，使用智能接入网关 SAG-1000 双机部署，双链路上行接入阿里云的分布式 SD-WAN 网络。

◎**中小型门店**：使用智能接入网关 SAG-100WM+4G 有限宽带和 4G 的方式接入，实现链路冗余的同时，具备快速大批量交付能力。

◎**移动端**：使用智能接入网关 SAG-APP 版本。

注：门店的 SAG 部署模式可以根据实际需求灵活调整。

新零售数智化网络解决方案主要组件包括虚拟 VPC、云企业网 CEN、高速通道 VBR、云连接网 CCN、智能接入网关 SAG。

解决方案应用价值如下所述。

◎**业务上云**：弹性伸缩支持双 11 等大促期间线上线下联动。

◎**线下互访**：支持门店访问云和 IDC，业务平滑迁移。

◎**快速交付**：门店网络开通从月到天，满足 K 级门店扩张需求。

解决方案运营价值如下所述。

◎**高可靠**：云上核心业务多可用区部署，实现同城灾备。总部专线和 SAG-1000 备份，门店有线 +4G，可靠性达 99.95%。

◎**高安全**：私网 IPSec 加密通信，防劫持。

◎**易扩展**：支持门店 IoT 设备（摄像头、大屏）接入和反向内网管理。

◎**易维护**：门店设备 SAG-100WM 即插即用、零配置、控制台统一运维，运维简单。

◎**降成本**：无人门店，跨省门店使用智能网关替代专线，降低成本 60%。

4. 典型案例

（1）某国内知名商超集团：截至 2020 年 1 月，某商超集团已在中国内地地区成功开设 414 家综合性大型超市，遍布华东、华北、东北、华中、华南五大区域，服务覆盖全国 29 个省市及自治区，拥有十多万名员工和十万多名导购，每天为四百多万位顾客提供服务。

传统商超信息化技术滞后，阻碍业务发展，希望通过数智化转型将业务能力平台化，借助强有力的数智化技术支撑业务扩张。客户选择了基于阿里云的数据中台和自研的 ERP 系统框架，以及盒马淘鲜达体系能力，启动数智化转型之路。在推进数智化转型的过程中，将数据中台等系统上云，减轻 IDC 包袱，降低运维投入，标准化门店业务架构让未来的扩店更简单。

基于上述业务诉求，如何让线下数百家门店的云 POS、传统 POS、磅秤机等可靠、稳定地访问盒马开放平台、公共云上的数据中台，以及连接总部 IDC 的 ERP 等业务系统，成为客户需要解决的问题。

网络解决方案：云网络——多 VPC 部署，满足生产和测试的安全隔离，高速通道对等连接升级为云企业网；超市门店——采用智能接入网关 SAG-100WM+4G，应急备份 Internet 和专线，IPSec VPN；子品牌总部——采用智能接入网关 SAG-1000 替换 MPLS 专线；子品牌门店——采用智能接入网关 SAG-100WM+4G 替换 MPLS 专线；无人门店——未来整合欧尚无人门店使用智能接入网关 SAG-100WM+4G 主用。

客户价值：客户使用智能接入网关 SAG 加云企业网 CEN 的产品组合，同时满足了传统商超业务系统和淘鲜达业务系统的线路备份，一举两得，保障上云链路高可用，进而实现了业务系统的高可靠。

◎线下互访——支持门店访问云和 IDC。

◎降低成本——欧尚门店替换 MPLS 专线，成本减低 60%。

◎提升网络可用性——门店专线，宽带 IPSec VPN 加智能接入网关 SAG+4G 应急，可用性 99.95%。

◎敏捷部署——未来无人门店网络开通速度缩短到以天计，快速满足扩店需求。

（2）"集合店之王"：该客户是一家集商品营销、特许加盟、经营培训、生活服务于一体的全国性电子商务企业。旗下拥有多个进口电子商务品牌，因旗下多品牌都名列相关赛道的头部，因此也被业内誉为"集合店之王"。客户在全国有超过 600 多家门店，以"买全球卖全球"理念经营全球产品，业务迅速扩张，预计开设 1000 家以上门店，估值超 10 亿美金，成为其所在领域的独角兽。

客户目前在全国有超过 600 家门店，门店互联网出口设备品牌不一，维护管理困难。2019 年 11 月新上 POS 系统，对于门店销售数据上报的实时性要求非常高，原有的业务系统通过公网访问，加之公司人员流动性问题，安全问题凸显，新 POS 系统急需数据安全保障，网络架构已经不再适用新的业务应用。

网络解决方案：经过前期大量的测试，客户最终采用阿里云云原生 SD-WAN 组网方案，实现云上云下"接入一张网"。每家门店部署一台 SAG-100WM，通过阿里云控制台进行统一管理，通过阿里云遍布全球的 POP 点及传输网络，快速构建跨地域互联网络。

客户价值： 客户借助阿里云网络方案，实现"千店一网"，既保障了传输网络链路优化，又低成本地解决了连锁店模式中普遍存在的门店系统数据传输难题。

◎安全互访——SAG 自带的加密功能，保障了门店 POS 业务系统数据安全。

◎网络稳定——就近接入阿里云 SD-WAN POP，实现链路优化，提升网络稳定性。

◎敏捷部署——门店网络开通速度缩短到以天计，快速满足后续千店扩容需求。

◎数据在线——客户所有门店的数据能够实时在线，为数据驱动业务打下基础。

未来，客户还将和阿里云在数据中台、智能运营平台等方面深化合作，进而在选货、供应链、仓储、门店等多个环节实现更加全面的智能化运营。

9.5.7 企业数字化转型

1. 企业数字化转型概述

什么是数字化转型？数字化转型，是企业实现虚拟化和数字化的过程，将基础设施、平台及应用云化、虚拟化，让各项业务系统便捷互通，实现数据化的展示和沉淀。数字化转型，是企业实现效能提升的过程，上云带来了新的连接方式，提升了办公协同率，使员工、企业、客户之间享受更高的连接效能，同时，以真实业务数据为基础的"数据经验模型"取代了传统的"主观经验模型"，大大提升了企业的决策效能；数字化转型，是企业实现商业智能化的过程，低成本的云化设施，高质、高效的用户触达模式，大大降低了企业拓展新业务的试错成本，结合数据智能化沉淀，使更稳定、更自由、更快速的反应成为可能，在复杂市场中实现商业模式升级。

云是企业承载数字化转型的基座，想转型，云先行，上云是企业数字化转型的必经之路。根据 *The 2020 IDG Cloud Computing Survey* 最新数据展示，在所有规模的企业中，有高达 92% 的企业在云上拥有一个应用程序或一部分企业计算基础设施。如此高额的占比，一定程度地说明了在"数字经济时代"下上云趋势的不可逆，再加上疫情这一因素的刺激，上云的规模化将被加速放大，企业将在数字化转型赛道中深化"如何上云"，并逐步过渡到"如何用好云"。

2. 数字化转型中的企业网络架构演进

（1）**数字化转型中的企业网络现状。** 当下的企业生存在新技术重新定义下的商业环境中，市场高速变化驱动业务变化，业务变化要求底层架构也跟着变化，原有以 IDC 为中心的网络架构已疲于应对，特别是新冠肺炎疫情爆发的 2020 年，灵活升降配的带宽、按量扩容的产品规格、随时随地随需连接企业内网的、灵活打通各地的算力、存力，都是以 IDC 为中心的网络架构所不能提供的，经历了疫情的企业们更加坚定了向以云为中心的网络架构演进的决心。

（2）企业数字化转型中的网络问题与挑战。

◎ **降本增效**：这是企业数字化转型的基本价值，也是上云的关键动力所在，在企业内、供应链上下游以优化资源配置的方式提升效率，在保障规模、弹性、性能的同时，降低上云成本，甚至是新业务的试错成本。

◎ **云上互联**：随着越来越多的业务系统上云，企业按业务、按项目创建 VPC 的模式，导致云上 VPC 数量大量上涨，系统与系统之间的调用与联动也会随业务需求变得频繁起来。如何合理地在云上打通这些系统，使不同团队、不同业务的数据高效联动、消除信息孤岛，同时按需做好环境隔离，是让企业感到棘手的地方。

◎ **安全规划**：企业因外部防护、内部监管原因，对安全的诉求非常强烈，原IDC 内多套 FW、IDS、IPS、WAF 会随着搬站上云后逐步弃用，转化为云上对于整个安全体系架构的需求，路由隔离、出入访问规则、南北墙的策略、东西墙的规则，都需要安全组、NACL、路由策略、云防火墙等云上产品来配合实现，若没有一个比较明确的规划可供遵循，则整体上手难度较高。

◎ **统一出口**：云上的灵活能力为上云后的业务部署带来了很大的便利，但往往超出管控外的便利也会给企业带来不可预期的风险，尤其是公网出口这个环节。企业上云后，不同部门、不同项目对应的业务系统都存在公网出入需求，对于公网入口是否需要统一，大家见仁见智，但对于统一公网出口，企业们的认知出奇地一致，带宽共享、行为管理、安全审计、流量分析，都是企业刚需的功能。

◎ **高可用**：对于企业基础设施团队而言，在原先的 IDC 架构中，从 Underlay 到 Overlay 都需要自己手工搭建，为了业务高可用往往需要额外准备 30%~100% 的费用来实现架构的稳定性和冗余能力。从链路高可用、设备高可用、出口高可用、数据中心同城 / 异地灾备，到算力高可用、存力高可用、数据库高可用，都需要自己考虑设计，建设成本和运维成本非常高昂，急需上云后的优化方案。

◎ **连接效能**：疫情的共生完全改变了企业的办公模式，原先作为备份方案的远程办公被迫转正。海量的员工接入后，访问速度、访问效率、访问安全等问题接踵而至，传统的远程接入方式因为 License、IDC 带宽等资源瓶颈无法支持，急需一种更灵活、更便捷的移动办公方案增强连接效能，特别是在疫情这类特殊时期，提升办公、协同的效能。

（3）**企业数字化转型中的网络架构演进**。企业网络架构演进，是基础设施往云架构的演进，如图 9-65 所示。

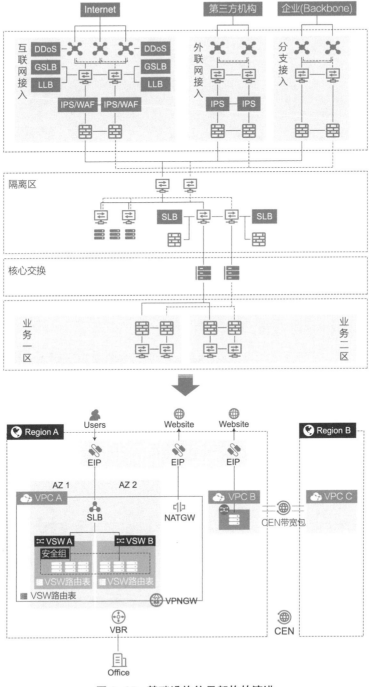

图 9-65　基础设施往云架构的演进

随着业务逐步上云，网络架构从以 IDC 为中心演进为以云为中心，硬件逐渐网元化，带宽逐渐流量化，功能逐渐服务化，原有的业务部署和访问模式均被重新定义。

业务公网访问方式重新定义，提供 4 种公网访问云上业务的方式，如图 9-66 所示。

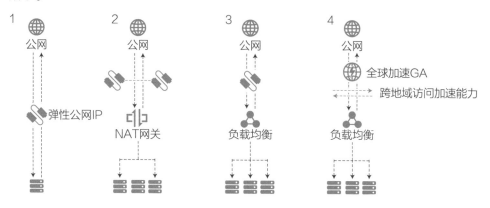

图 9-66　4 种公网访问云上业务的方式

◎弹性公网 IP（EIP）：应用采用非集群部署时，可以给每个应用所在的 ECS 绑定独有的公网地址——EIP，提供公网访问服务；

◎ NAT 网关：应用采用非集群部署时，可以给多个 ECS 绑定一个 NAT 网关（DNAT，对外转化成公网地址），提供公网访问服务；

◎公网负载均衡：应用采用集群部署时，可以给集群部署 SLB 绑定公网地址，提供公网访问服务；

◎全球加速 GA：依托阿里云全球骨干网络，实现全球范围内的就近接入，减少时延、抖动、丢包等网络问题对服务质量的影响，提升服务在全球范围的访问体验。同时，该模式非常适合新业务试错。

业务私网访问方式重新定义，提供 4 种私网访问云上业务的方式，如图 9-67 所示。

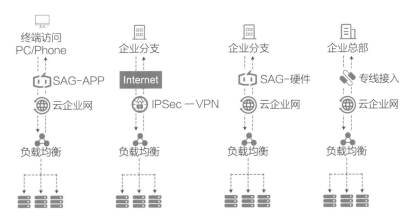

图 9-67　4 种私网访问云上业务的方式

◎智能接入网关软件版（SAG-APP）＋云企业网：移动办公的 PC 或手机采用 SD-WAN 技术，实现随时随地随需就近私网加密接入，并通过阿里云企业云网，实现加速访问云上应用。

◎ IPSec——VPN：企业分支部署 IPSec——VPN 网关设备、阿里云提供 IPSec——VPN 网关产品，两端网关建立连接后可供企业分支采用内网加密方式访问云上应用。

◎智能接入网关（SAG）＋云企业网：免运维、加密、加速的智能接入网关设备放入企业分支内、自动连接阿里云云企业云网，实现分支访问云上应用。

◎专线接入＋云企业网：当对访问质量要求很高时，可以采用运营商专线接入阿里云边缘 VBR，VBR 加载到云企业网中，实现总部访问云上应用。

云服务的访问如图 9-68 所示，当客户的业务和数据上云后，部分如数据库、存储等会以云服务的形式提供。

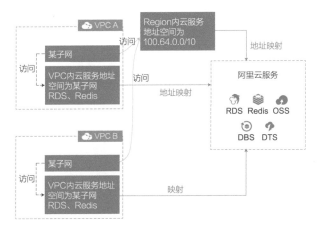

图 9-68 云服务的访问

云数据库 RDS、Redis、云存储 OSS、NAS、数据传输 DTS、数据库备份 DBS 等产品都是以阿里云服务形式提供的，阿里云服务产品分为虚拟 VPC 内的云服务产品（比如 RDS、Redis）和内的云服务产品（比如 DTS、OSS）。VPC 内云服务产品在创建实例时关联具体 VPC 的某个子网、分配映射到了这个子网内的 IP 地址，因此关联 VPC 可访问此云服务实例。而 Region 内云服务产品则在创建实例时会分配映射到 100.64.0.0/10（阿里云内网保留地址）内的 IP 地址，VPC 创建时会自动生成到 100.64.0.0/10 网段的路由，因此，所有 VPC 都可访问此云服务实例。

当企业的业务和其供应商的业务都在云上并需要更安全、更私密的互访方式时，可通过阿里云的 PrivateLink 来完成连接，如图 9-69 所示。当私有网络访问其他 VPC 所提供的服务，无须创建 NAT 网络、EIP 等公网出口。交互数据不会经过互联网，有更高的安全性和更好的网络质量，同时无须担心双方地址冲突，简化网络路由配置。

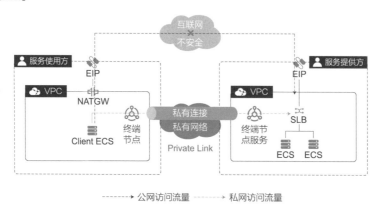

图 9-69 PrivateLink

可靠性演进如图 9-70 所示。

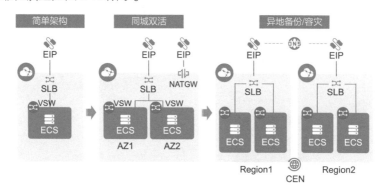

图 9-70 可靠性演进

随着云上业务的发展与迭代，安全体系演进分成三个阶段，如图 9-71 所示。

◎第一阶段：简单架构。单台 ECS+EIP；只使用单个 vSwitch，仅在 AZ（可用区）。

◎第二阶段：同城双活。开始使用 SLB 进行负载分担；使用多个 vSwtich，对应多个 AZ（可用区）。

◎第三阶段：异地灾备。使用 CEN 连接多个 Region 的 VPC；通过 DNS 进行流量调度。ECS 集群部署在 2 个 Region（城市）中，并通过阿里云的骨干网络相连。

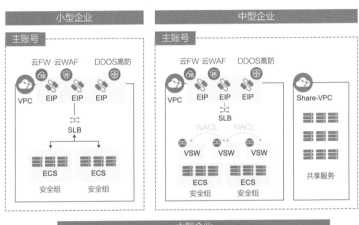

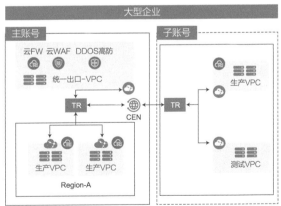

图 9-71 安全体系演进

企业在发展的过程中，安全体系需求会随规模变化而变化：

小型企业（单账号）：

◎南北向：按需部署云 FW、云 WAF、DDoS 高防。

◎东西向：安全组，按需配置出入方向的访问规则。

中型企业（单账号）：

◎南北向：按需部署云 FW、云 WAF、DDoS 高防。

◎东西向：安全组，按需配置出入方向的访问规则。NACL，用于 VPC 内不同子网之间隔离。

大型企业（账号分离）：

◎南北向：开始构建 DMZ 区，统一互联网出口，并按需部署云 FW、云 WAF、DDoS 高防，进行集中安全处理。

◎东西向（分层次隔离）：安全组，按需配置出入方向的访问规则。NACL，用于 VPC 内不同子网之间隔离。

◎ CEN-TR，CEN 中增加转发路由器的角色，让超大规模客户的网络互通控制更加灵活。

◎云 FW，VPC 中部署云防火墙，实现对子公司 VPC 的安全保护。

3. 企业数字化转型的网络最佳实践

（1）企业云上组网——快速打破数据孤岛。

具体架构如图 9-72 所示。

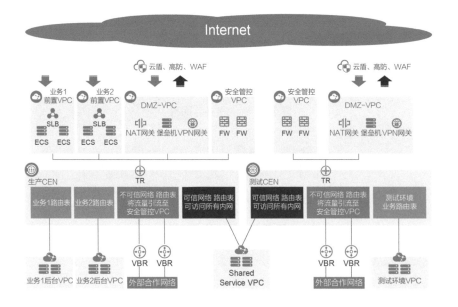

图 9-72 企业云上组网架构

架构说明

◎**环境**：为确保生产环境、测试环境使用互不干涉的网络环境，分别创建生产 CEN 实例和测试 CEN 实例，两个环境默认隔离，无法互通。

◎ VPC **实例**：主要分为以下几类。一是业务 VPC，在生产 CEN 实则中，按业务种类划分 VPC，同业务中，将前后端划分到不同的 VPC 中，便于做安全隔离。前置 VPC 部署公网 SLB 可被公网直接访问，后台 VPC 无独立访问公网能力，主要和前置 VPC 做数据交互，若需访问公网，则可通过 DMZ-VPC 统一访问公网。二是测试环境 VPC：在测试 CEN 实例中，部署一套测试环境，将要模拟测试的业务部署其中，无独立访问公网能力，可以依赖 DMZ-VPC 统一访问公网。三是 DMZ-VPC：互联网接入区，统一公网出口和安全登录入口。四是统一公网出口：使用 NAT 网关提供统一公网出口能力，按需配置 SNAT 规则，让环境内的后端服务器访问公网，同时配合行为管理、安全审计、Flowlog 等组件，做好企业公网出口管理。五是安全登录入口：通过 VPN+ 堡垒机的组合，便于企业运维人员远程登录。六是安全管控 VPC：部署东西向云 FW 或第三方 FW，针对东西向流量做访问控制。七是共享服务 VPC（共享 Service VPC），往往部署如 AD 域、监控采集、CI/CD 等应用，能够同时访问生产环境 CEN 和测试环境 CEN 的资源。

◎**访问关系**：不同环境之间逻辑隔离，双方资源不可互访，但均可以访问共享服务 VPC 内的应用；业务之间路由隔离，非关联业务之间可以使用转发路由器多路由表进行逻辑隔离。同业务的前端和后台默认互通，后台业务若想主动出公网则必须经过 DMZ-VPC。运维人员只有通过 VPN 登录 DMZ-VPC 的堡垒机才能访问内部服务器，没有直接通过 VPN 访问内部的权限；VPC 之间互相访问时，需通过 TR+ 东西向 FW，结合已部署的访问隔离策略实现；通过高速通道（VBR），访问云下 IDC 或合作伙伴，要用转发路由器的路由表。

◎**安全**：对于南北向，前置服务器部分业务按需配置 AntiDDoS+WAF+ 云 FW，统一公网出口处的公网使用云 FW 和 AntiDDoS 进行防护；对于东西向，从服务器从里往外按需使用安全组 +NACL+TR-Router-map+ 东西向 FW 进行访问控制。

（2）快速构建"疫下"移动办公网络——提升企业连接效率。

随着疫情的持续，企业只能适应这种"共生"状态，在新的办公方式下，企业需要一种更合适的组网方式来提升连接效率，如图 9-73 所示。

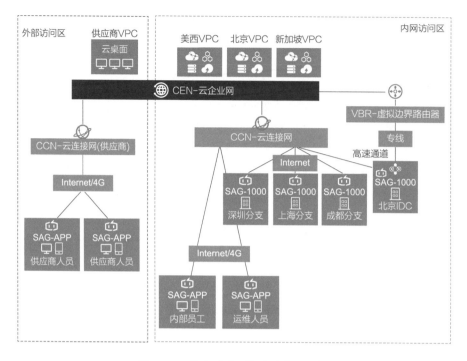

图 9-73　构建"疫下"移动办公网络

架构说明：

◎有线网络：企业使用云企业网快速构建了全球一张网，用于连通全球各地云上与云下资源，各个分支可以通过 SAG+ 云连接网访问云上各个 VPC，并通过 IDC 的上云专线反向访问 IDC 内部资源。

◎移动网络：疫情期间，企业为了安全、有效地增加员工远程办公的工作效率，在此基础上部署了一套移动办公网络。对于内部员工和运维人员，可在完成个人身份准入认证后，使用 SAG-APP 就近接入云连接网，并通过云企业网访问云上与 IDC 内的业务系统，权限按需设置。因业务需要，供应商人员需要访问内网特定业务系统，故单独设置外部访问区，使用 IT 预先分配的账号登录 SAG-APP，通过供应商专用的云连接网访问供应商 VPC 内的云桌面，有且仅有访问云桌面的权限，同时设置权限仅让云桌面机器访问内网特定供应商系统，实现访问加速与安全管控。

4. 典型案例

（1）某豪华汽车品牌。该企业成立于 1927 年。如今，它已成为世界知名的高档汽车品牌之一，2019 年，在约 100 个国家销售超过 70 万辆汽车，平均雇用约 41500 名全职员工。企业总部、产品开发、市场营销和管理职能部门主要位于瑞典哥德堡。企业亚太区总部位于上海。该企业云网络接入架构如图 9-74 所示。

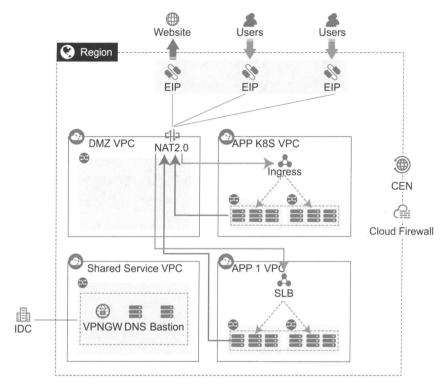

图 9-74 某汽车企业云网络接入架构

应用场景： 由于集团内部安全需求，企业在云上的所有资源在需要和公网通信时，均需统一经过 DMZ 区域的审计设备，所有流量可监控、可管理。

客户痛点： 早前没有云原生的统一公网出口方案时，客户花了大量的时间和精力使用自建方案，部分环节还没有 SLA 保障，耗时耗财耗力。

◎**方案细节（统一公网出口）：** 对于统一出口，SNAT for CEN，统一公网出。对于统一入口，DNAT+SLB（私）+ECS/K8S，统一公网入。

◎**方案价值：** 阿里云原生的统一公网出口方案，保障 SLA；通过公网统一出入口，有效减少成本，大大降低运维复杂度。

（2）**某知名国际工业龙头。** 该公司产品范围涉及钢铁、汽车技术、机器制造、工程设计、电梯及贸易等领域，在国内有近百个总部及分支办事处，采用 MPLS 专线进行国内到欧洲总部的办公网互联。

◎**业务诉求：** 降低原有互联专线成本；加速业务访问；为集团 SAP 业务上云做好储备。

◎**客户痛点**：线路成本高，MPLS 的成本非常高，导致每分支只有 2Mbit/s~4Mbit/s 带宽，无法满足业务需要；维护困难，所有配置须通过 MPLS 供应商配置，得提前 3 个月提交变更申请；跨境质量差，访问中国香港业务的质量差；访问欧洲 IDC 的时延高达 300ms，无法满足视频语音传输要求。

◎**方案细节**： 海外总部及 IDC 组网，国内外总部及 IDC 使用专线接入云企业网，快速组成全球混合云网络。分支组网，大型办公室使用 SAG-1000，中小型办公室使用 SAG——100WM 接入云企业网。

◎**客户价值**：降低成本，SAG+ 云连接网替换 MPLS-VPN，可用率不变，成本降低 30%；高可靠性，通过双机热备及 4GB 备份链路，SLA 提升至 99.999%；易维护，通过阿里云平台统一进行监控，实现监控自动化、智能化；应用体验提升：通过云企业网构建高品质全球企业内网，大幅提高用户访问云上 OA、CRM 等内网应用的网络体验；扩展能力，面向云外，SAG 提供移动端、办公网乃至第三方云等全场景接入方式，面向云内，云企业网连接阿里云全球云上资源，为客户全面上云提供保障。

9.5.8　远程教育

2019 年，中国海外留学生中总数为 89 万人，其中 TOP4 留学国家分别为美国，39 万人；澳大利亚，26 万人；加拿大，14 万人；英国，12 万人。留学生成为很多国家的重要产业，以澳大利亚为例，国际留学生每年约为澳大利亚经济贡献 410 亿澳元（约 280 亿美元），支撑了近 13 万个就业岗位，为澳大利亚的第四大出口产业。而中国留学生占据了澳大利亚全部留国际留学生的 27.3%。

2020 年，新冠肺炎疫情爆发，留学生群体作为全球经济一体化的重要组成部分，受到了极大的影响。在新冠肺炎疫情爆发之初，据统计，全球已有 190 多个国家采取停课措施，超过 15 亿儿童和青年学生受到影响。同时，各国也逐渐采取行动，利用诸如远程教育等方式尝试重启教学。其中，留学教育行业作为一个经济全球化的产物，受到新冠肺炎疫情的极大影响，因大量国家关闭出入境，造成了留学生大规模滞留在自己祖国，无法返回学校接受教育。

1. 疫情下的远程教育场景

新冠肺炎疫情给留学教育行业带来冲击是巨大的，堪称留学教育产业的"黑暗时刻"。如何搭建全球范围的远程教育架构体系，成为行业客户目前应对新冠肺炎疫情的待解决的重要问题之一。目前具备远程教育能力的海外教育机构，基本方案是通过传统 VPN 技术搭建的校园网络，为无法返校的留学生提供远程接入校园网的能力，访问学校的内部教育资源，从而实现远程的教育教学资源访问、在线教学、离线课堂、在线考试。

现存拓扑图如图 9-75 所示。

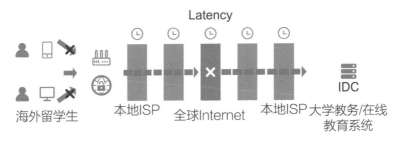

图 9-75 现存拓扑图

客户初期选择的策略是让滞留未归的留学生直接使用现有的教育网系统，访问校内教育资源。但是学生纷纷反馈在使用过程中有视频卡顿、马赛克、连接超时等问题，甚至部分学生始终无法成功连接教育网系统。如何让这些滞留未归的学生正常地进行上课、考试、答辩，如期完成学业，成为这些学校现面临的最重要的问题，而这问题为学校带来了如下所述的挑战。

◎**网络质量差：** 由于运营商对接，全球 Internet 拥塞等问题导致的跨域互联网质量问题，如丢包、高时延、抖动频发甚至不可用等，严重影响了大学教育系统的正常工作。

◎**需求紧迫：** 在不大范围改动目前学校应用系统的情况下，需要快速部署一套能足以支撑数千名学生进行远程教育的网络系统。

◎**安全要求：** 远程网络教育系统可以整合学校账号认证系统，同时提供行为审计、日志服务和网络管控能力，从而更好地对整个网络进行运维监控。

◎**成本压力：** 疫情使学校整体运营成本的压力变大，整个方案的成本成为学校考虑的重点之一。

2. 远程教育网络解决方案

基于留学教育行业对远程教育网络的需求，阿里云及时地推出了远程教育网络解决方案。阿里云基于强大的全球网络资源和云上弹性能力，为海外教育类客户提供了"48 小时上线，全球可达"的网络解决方案。

阿里云远程教育网络解决方案，集成阿里云提供的多个云上产品，如云企业网、弹性公网 IP、弹性计算等，通过配合客户自行部署的业务系统，实现整个解决方案的整合。方案中，云企业网提供了阿里云全球 Region 间的互通能力，将不同地域的 VPC 和线下的 IDC 连接到一起，提供稳定、低时延、高弹性、高可靠的网络连接能力。弹性公网 IP 则基于阿里云丰富的、高质量的动态 BGP 网络资源（中国内地的每个地域均提供电信、联通、移动、铁通、网通、教育网、广电、鹏博士、方正宽带等多条线路的直连覆盖），给教育机构提供不同区域的独立 IP 地址，实现对不同区域学生的网络接入能力，配合学校已有的教育网系统，集成在一起，从而实现整个方案的快速部署、全球可达。

阿里云远程教育网络解决方案有以下优势。

能够连接全世界的远程教育网络：阿里云远程教育解决方案基于阿里云全球网络基础设施，提供一张低时延、高质量、广泛覆盖的远程教育网络，无论学生位于全球哪个角落，都可以帮助学生快速、稳定、安全地访问已有的教育网络和系统。

安全的云网络接入能力：从网络接入到网络传输，阿里云远程教育解决方案利用云端的 Web 防火墙、DDoS 高防 IP 等安全产品，基于自身的网络能力和安全能力，提供端到端的安全网络。针对 DDoS 攻击防护，阿里云提供多种安全方案，从传统的静态防护到云上 T 级别的动态防护，同时基于云端支持 GSLB 的 Web 防火墙，保证了整个教育系统的安全防护，防止入侵攻击的发生。

分钟级部署和扩容能力：阿里云远程教育解决方案云上可实现分钟级部署，整体方案的集成和交付时间可以在 48 小时能完成。与传统的电信运营商不同，通过云上的网络弹性伸缩能力，大学可以实现对包括全球网络接入和全球网络连接等网络能力的分钟级扩容，从而满足突发性场景的业务需求。

与用户原有系统集成能力：阿里云远程教育解决方案可实现与用户现有的账号体系的集成能力，如直接整合大学的 SSO 系统。滞留的留学生们可以直接通过自己的用户域账号 / 学号等进行登录，大学的 IT 部门不必额外维护其他账号系统，仅通过原有的账号体系即可实现整个远程大学教育系统的部署和落地。

运维审计能力：阿里云远程教育方案通过诸如行为监控和审计，访问黑白名单过滤等功能，从而对学生使用大学教育网的情况进行精确的审计和识别可实现专网专用。

成本优势：阿里云的全部资源基于云产品提供，按需使用，支持分钟级扩容，从而满足学校不同教学阶段对网络的使用要求。

3. 典型案例

起初，受全球疫情影响，澳大利亚和新西兰 20 多所大学共计超 10 万中国留学生无法按时返回校园开始新学期的学习。阿里云迅速反应,为澳洲大学和新西兰 20 多所大学提供了海外远程教育解决方案,在很短的时间内完成了整个方案的沟通、测试、采购、部署、上线。澳大利亚各大学迅速通过阿里云获得了稳定、低时延、高质量、大带宽的云网络,提供远程在线教育系统,确保超过 10 万的中国留学生在疫情期间提供跨国线上听课的能力,确保中国留学生在疫情期间也可以正常上课、考试、答辩等。停课不停学,阿里云携手澳大利亚和新西兰的大学完成整个教育系统由线下到线上的转变。

同时随着疫情的影响,大学本地停课和留学生滞留影响了越来越多的国家和区域,阿里云远程教育网络解决方案配合越来越多大学客户本地的远程教育 ISV,为更多的留学生和大学服务,在疫情筑起的高墙面前,架设起连接留学生和大学的云上桥梁。

第 10 章
云网络的智能化运维

2020 年爆发的新冠肺炎疫情对各行各业产生了巨大的冲击，其中又以餐饮、电影和旅游等传统行业影响最为严重；相反，电商、游戏、在线视频和在线教育等行业由于疫情期间人们生活方式的转变而得到了快速发展。当复盘这一变化时可以发现，这些冲击和转变既是偶然触发的，又是必然会发生的。

基于云提供快速弹性的在线服务企业，由于很早地将自己的生产能力迁移到云上，并且在云上使用大数据等技术进行数字化运维，从而能很快地响应市场变化，在很短的时间内为大量用户提供高质量的服务。而对于没有及时在产品或商业模式上完成数字化转型的企业，在疫情期间面临巨大的困难。因此，借助云完成数字化转型是每一家企业接下来决胜的关键之一。

10.1 云网络数字化运维

作为承载未来企业生产和运维能力的底座，云的重要性不言而喻。无论是新基建里提到的大数据和人工智能和工业互联网等技术，还是基于这些技术衍生出来的新型产品及服务，一张高质量的数字化、智能化的网络是必不可少的。因为企业未来的生产和运维底座是云，所以这张网络的最终形态就是云网络。区别于传统运维商的网络，云网络无论是自动化程度还是数字化程度，都会远高于传统运维商网络。

10.1.1 云网络——数字化网络

首先，处于数字化转型中的企业需要一张数字化的网络。在数字化转型过程中，无论是大数据还是人工智能，企业会非常依赖通过加工数据之后得到的信息完成其生产和运维活动。网络作为承载所有生产和运维活动的数据通道，如果它像传统运维商一样只承担数据的传输，无法对外传递任何信息，则是无法满足企业对数据的需求的。

因此，云网络从诞生之日起，就必须是一张数字化网络。从云网络的运行状态，到其内部数据报文，所有的信息都需要能够进行数字化的呈现，具体分为三个层次。

第一个层次是把所有状态和网络的数据原始地提取出来，企业自行通过大数据和人工智能技术进行分析和加工；

第二个层次是网络自身对这些状态和数据进行通用的处理，包括汇聚、分类和统计等，企业通过这些已处理的数据，结合自身业务情况进行分析和决策；

第三个层次是网络不仅能完成对通用数据的采集和处理，并且能让企业按需将这种能力下沉到网络内部及边缘，更快、更高效地得到这些数据。

10.1.2 云网络——全球化网络

云网络的规模和复杂性要求其具备高度的自动化能力。云网络包括物理网络（Underlay 网络）、虚拟网络（Overlay 网络）和租户网络（Tenant 网络），比传统单一的物理网络复杂得多。云网络的用户希望通过一个简单的 API 调用就能完成超大带宽或超大规模网络的部署。要实现此目的，网络的资源及配置管理需要做到高度的自动化，以确保用户在复杂的网络技术栈上能真正按需使用网络资源。云网络的供应商需要解决在网络持续变化的情况下如何提升 SLA、控制成本和加速网络特性交付效率等问题，要依赖网络的自动化应急能力、自动化水位管理能力及自动化变更等一系列自动化能力。

基于这两个区别，云网络的运维只有做到真正意义上的自动化、数字化和智能化，才能支撑好企业及新基建的应用。云网络的运维不仅要解决自身在运行过程中的稳定性、效率和弹性等问题，还需要为用户提供高度自动化、数字化的服务，帮助用户完成数字化转型。

因此，云网络的运维在技术方案、运行机制及服务模式方面都会与传统运维商有很大的区别，对内平台化、对外产品化是云网络运维的核心。对内，通过一套智能化的内部运维平台，解决长久以来困扰内部人员运维"非收敛"的问题，让运维人员能基于平台快速搭建自己的运维场景，不断拓展运维边界；对外，输出产品化的运维能力，帮助用户实现数字化运维。

10.1.3　云网络运维的机遇与挑战

云网络运维为从业者带来了一系列新的机遇。在过去，云网络的运维大多数只能服务于内部人员，帮助他们维护好网络，碰到市场需求时，能及时地准备好资源和设备。现在，云网络的运维者手里有大量的数据，他们不仅可以更有效地维护好网络，并且能为业务方提供更多具有高附加值的服务，包括客户挖掘、流量运维和成本控制等，这里有大量的新问题等待云网络运维者探索和解决。

同时，云网络运维的参与方也会发生变化。在传统意义上，运维商主导了运维的过程，由于他们在自动化、数字化和智能化方面的不足，导致外部人员无法介入运维的过程。而云网络无论是基于 OpenAPI 提供的自动化能力，还是基于运维产品提供的数字化和智能化能力，都让更多的人可以参与到云网络的运维中来。以云网络的流数据为例，基于云网络的流数据，不仅可以开发出一系列网络可视化分析的产品，让用户能简单透明地看到网络流量的构成，同时这些数据也可以在用户授权的情况下传递给第三方开发者，由开发者进行包括安全、监控和运维等方面的分析，帮助用户提升运维能力。

除了以上提到的机遇，云网络面对的挑战也非常多。例如，云网络本身的技术复杂性导致运维难度远大于传统网络，仅监控和变更两个场景就要求云网络运维时看到更多的数据，做出更准确的判断，执行更快的动作。再者，云网络的业务复杂性导致运维需要做好千人千面，为不同业务、不同用户提供差异化的运维能力，因此运维能力的平台化和产品化非常重要，平台化和产品化程度决定了千人千面的效果。

从整体来看，解决云网络运维挑战的过程是通往未来网络的必经之路，其中的每一个问题在有效解决之后带来的行业价值及商业价值都是巨大的，因此在挑战背后存在大量的机遇，这也是云网络运维的核心价值所在。

10.2 云网络运维智能化中台

10.2.1 数据化

未来，世界会从 IT 时代进入 DT 时代。在 IT 时代，技术是由信息沉淀的经验驱动的，由于对于未来的预测缺少依据，所以在这个过程中有很多的不确定性，容易遇到发展瓶颈。而在 DT 时代，将会把业务数据化，把数据业务化，依靠数据的力量和智慧做出决策。

2020 年，阿里云网络有一篇被 SIGCOMM 收录的论文 *VTrace: Automatic Diagnostic System for Persistent Packet Loss in Cloud-Scale Overlay Network*，介绍的是解决网络丢包问题时，将以前通过分段抓包定位丢包的方式升级为通过流量包数据计算出转发路径，既能给出丢包节点，也可算出转发节点之间的时延，一举多得。以前的抓包方式需要有经验的运维人员确定候选机器，然后登录机器黑屏抓包，耗时长、人工成本高且不精确。而新的方案只需普通用户在 Web 页面使用鼠标键盘，VTrace 服务会在背后收集数据、分析链路和计算时延，在一分钟内即可给出丢包位置。这就是数据及合理使用数据带来的力量。

阿里已有超过 300 万名云用户，物理和虚拟的设备数量超过百万台，云网络有20 多种产品和组件，每天产生上百 PB 的数据，每种产品的数据结构都不同，数据计算逻辑也不尽相同。目前，对这些数据的分析和使用还远远不够：一方面是由于天文数字般的数据量处理难度非常大；另一方面是各种业务数据繁杂，抽丝剥茧地汇聚出业务价值的难度同样非常高。

VTrace 是一个针对特定问题场景的特定解决方案，如果所有问题场景都定制化解决，其成本也会非常高。在完成了几个定制化场景的问题后，是否可以探索出一套适用于网络场景的数据分析的体系，提供一套数据分析平台，以解决大多数网络共同面对的问题。在决定具体落地的道路上，认为先实现数据化，再实现平台化，最后实现智能化是正确的思路和方向。

10.2.2 平台化

中国互联网发展至今，平台化已被证明是规模经济下行之有效的商业模式，例如从早期的门户网站，到淘宝、飞猪之类的购物、出行平台，再到支付宝之类的互联网金融平台。一方面，平台实现了海量的资源整合，另一方面，平台完善基础设施、构建生态和向用户提供服务。在平台化的模式下，平台方无须关注上下游的更多细节，仅仅把平台能力做强，就能向数以亿计的用户提供服务。

在业务发展初期，阿里云的网络运维也采用了传统的模式，在监控、告警、运维和可视化等方面，针对不同的业务场景进行定制化的开发。然而，随着业务规模的增长，这种一对一的模式逐渐暴露出弊端，如开发周期长、业务逻辑复杂和严重依赖人力资源等，使得云网络的运维能力很难跟得上业务发展。随着 5G 时代的来临，数据将会迎来爆炸式的增长，传统的模式将无法适应运维需求。我们开始思考如何在有限的资源下，支撑日益增多的业务需求。

首先网络运维**平台化**需要将系统和业务的复杂包装起来。网络作为云基础设施，产品众多、业务复杂、集群庞大，要做好产品的运维，对运维人员甚至用户都提出了更高的要求。想要实现某一维度指标的监控告警，运维人员是否需要清楚数据如何处理？想要实现对某一集群的操作，运维人员是否关心操作脚本如何下发？在大规模的情况下，类似的"公共"操作将会耗费大量的人力和物力，而这正是平台要解决的问题。要把对数据的整合和处理，不同产品数据之间的业务联系，以及对底层计算资源的管理等细节，用"平台"包装起来，甚至完全没有数据处理背景、不懂产品业务逻辑的用户，也能按照自己的需求，像挑选商品一样使用数据。

其次**开放性**是网络运维平台化的重要特征之一，也为定制化运维提供了无限可能。在传统模式下，针对某一场景提供定制化的监控、告警和运维服务，需要投入专门的资源。而在运维场景里，存在着大量的"长尾"数据，通用的数据指标处理仅能解决常见的运维场景问题，而不同用户则会对数据指标有不同的个性化需求，如果一对一地进行支持，在大规模情况下，对资源的需求是不小的挑战。平台的开放性仅需将资源投入公共能力的开发上，让用户能够根据自己的需要，利用平台整合的各种数据及提供的能力或接入用户自定义的能力，处理、配置自己需要的指标。

最为重要的是，**网络智能化**是未来发展方向，网络运维平台化是网络智能化的基础。网络作为信息的高速公路，一旦发生故障，将会影响"跑"在上面的所有业务。目前对于网络问题排查、恢复的手段，均依赖于人的经验。在智能化的情况下，网络异常检测、根因定位、故障逃逸和运维变更等，都将依赖智能系统实现。其中的关键是如何从海量的数据中挖掘并利用有效的信息进行决策。面对远超传统网络的庞大数据量，用户很难直接掌控，更不用说挖掘如此大体量的数据背后的规律和价值了。因此，借助平台的力量，实现数据资源的整合和深度挖掘，为迈向智能化铺平了道路。

10.2.3 智能化

1. 智能化中台的最佳实践

为了充分发挥数据的力量，让网络的运维更加智能化，阿里云网络产品团队在数据层面搭建了一整套智能化中台系统。该中台系统负责处理云上网络数据从计算、存储、查询到分析的全流程的各个环节，涵盖了设备数据、维表数据、时序指标数据和流日志等各类数据形态，是对数据驱动网络智能化运维理念的一次最佳实践。

构建整个云网络智能化中台的主要子系统组件包括：网络时序指标计算子系统（Network Metric System）、网络在线分析处理子系统（Network Data OLAP）、网络数据运维管理子系统（Network Data Platform）及网络基础数据仓库子系统。它们组合在一起形成的云网络智能区中台系统，支撑了包括监控、应急、变更、探测、诊断和网络可视化在内的多个应用系统，以及 Web 工具、钉钉机器人、数据流和 API 在内的多个端系统，如图 10-1 所示。

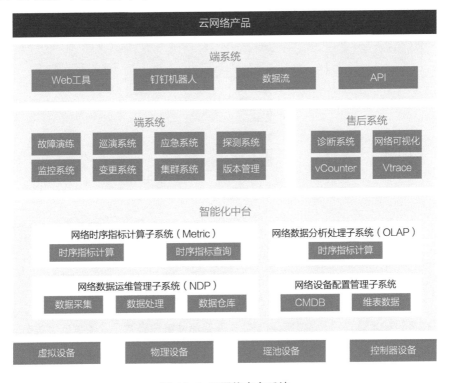

图 10-1 云网络中台系统

下面着重介绍网络设备配置管理子系统和网络数据分析处理子系统，探讨这两个中台子系统"要解决的问题"，以及给出的"解决方案"。

2. 网络设备配置管理子系统

配置管理数据库（Configuration Management DataBase，CMDB）是网络设备数据标准化的底座，可延伸为通用的网络设备拓扑数据存储服务。

网络的各种转发组件如 XGW、LVS、Proxy 和 CGW 都有很多设备，这些设备一方面有自己的物理信息，如位置、机型等，一方面有部署在其上的软件信息，如版本、状态和 IP 等，同时设备在阿里云中还被从上到下划分为地域、集群和分组等虚拟概念，以便定义服务单元，做到同城容灾和高可用等。一个地域有多个集群，一个集群有多个分组，一个分组有多个设备，也就是说，网络的设备具有从上到下的拓扑层次特点。但每种转发组件具有的属性各不相同，且随着业务的发展，属性会增多或减少。如果使用传统的 RDS 存储这些设备信息，将存在不同组件不同结构、开发成本高、维护难甚至无法实现等问题。CMDB 架构如图 6-2 所示。

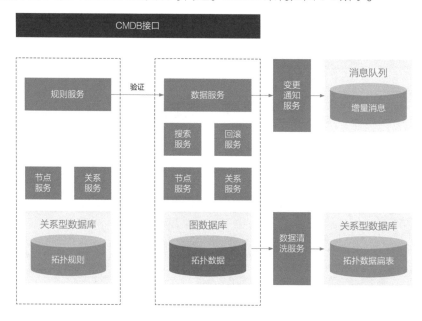

图 10-2 CMDB 架构

在经过技术选型后，决定使用图数据库存储网络设备数据。图数据库具有"点"和"边"结构，"点"表示关系数据库的表，"点"上可以存储很多属性数据；"边"则类似于关系数据库中的两个实体的关联表，具备方向性，也可以存储一些属性。基于"边"，图数据库天然支持多层次的拓扑类型数据的存储。考虑到设备数据的标准化，另需一套 Schema 标准辅助图数据库中"点"和"边"可以存储属性，以及数据类型。

3. 网络数据分析处理

联机分析处理（On-Line Analytical Processing，OLAP）主要是实现数据的在线实时分析查询功能，作为智能化中台中的数据查询引擎，对外提供数据查询分析能力。

阿里云网络目前有 20 多种产品和组件，服务集群部署在全球 21 个地域，因此采集的设备指标信息和设备信息、用户信息等数据往往也是单元化的，分散存储在不同地域的数据库中。由于云网络的规模十分庞大，同一地域的数据也会分库存储。数据的离散化存储给数据的查询分析带来了挑战。

在智能化中台里引入 OLAP，是为了解决跨数据源查询的问题。目前，流的 OLAP 引擎包括 Presto、Kylin、Impala、Sparksql 和 Druid 等，这里选取 Presto 作为 OLAP 引擎。Presto 是一款分布式查询引擎，支持标准的 ANSI SQL，能够实现多种类型的数据源联合查询。为了能够支持阿里云自有的数据源类型，开发了相应数据源的插件，包括日志（SLS）、TSDB 等，以满足日常业务的需求。同时，还对 Presto 的计算下推做了优化，提升了聚合查询的性能。OLAP 向下接入了智能化中台数据仓库中的数据源，向上对各个业务提供统一的查询接口，让用户无须感知底层的数据源类型，就能够以统一的方式进行查询分析，如图 10-3 所示。

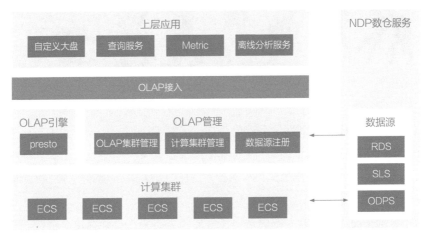

图 10-3 OLAP 架构

10.3　云网络智能化运维体系

云网络的运维和传统的网络运维有很大不同，本节将详细讨论云网络运维的挑战和解决方法。

10.3.1　云网络运维模式发展阶段

从互联网诞生开始，网络从最开始的校园网、企业网和运维商网络，到现在的云网络，带宽、规模、架构和技术演进发生了翻天覆地的变化。网络从带宽从100Mbit/s、10Gbit/s、25Gbit/s 到现在的 100Gbit/s；网络的规模从十级、百级、千级、万级及当前的几十万甚至上百万台，越来越大；网络的设备、监控和流量等数据体量越来越大；网络运维面临巨大的挑战和机遇，相应的运营模式和能力也在同步发展和改变，大体分为四个阶段，人工时代、脚本时代、工具时代和平台化时代（智能运维），如图 10-4 所示。

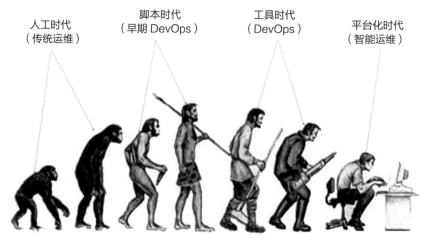

图 10-4　运营模式演进

（1）**人工时代**。在网络发展阶段早期，规模很小，有几十台到上百台设备，完全靠网络工程师人工运维，通过 Console 或远程登录到网络设备上，熟悉各个厂商的 CLI 命令，大部分工作是变更和监控厂商的管理软件；运维的水平完全取决于网络工程师的能力。

（2）**脚本时代**。随着互联网的快速发展，无论是运营商还是互联网公司，网络规模进一步扩大，运维的体量和复杂度也逐步增加。这个时期，很多网络运维的变更操作主要通过脚本实现，再也不用直接登录设备复制粘贴了。大多通过开源的Nagios、Cacti 实现监控。运维的效率比人工时代已经有了提高。

（3）**工具时代**。在云计算初期，国内的阿里、百度和腾讯等公司在电商、社交、搜索等领域快速发展，网络架构越来越复杂，规模越来越大，建设交付、变更、监控、故障处理和优化等方面的挑战进一步加大。为了解决网络运维问题，建设了众多的独立工具系统，有交付、变更、监控、故障和探测等，虽然比脚本时代已经有了明显的提升，但是工具系统之间都是割裂的，还有诸多的问题不能很好地解决，比如交付和变更、监控的协同、故障和监控和变更的协同等。所以运营模式需要进一步提升。

（4）**平台化时代（智能运维）**。随着云计算的快速发展，云网络爆炸性的扩张，网络规模到了几十万甚至百万级，网络运维元数据体量已经到 PB 级别，同时云网络技术的快速发展和自研能力进一步增强，给云网络运维平台化提供了良好的土壤。与此同时，大数据技术的快速兴起和发展，给云网络智能运维带来了无限可能，运维的交付、变更、监控、故障应急、测量和定位的体系化问题需要云网络的运维平台化能力解决。同时，挖掘云网络数据，在大数据计算、分析的支撑下，逐步演进到智能运维的时代。

在云网络时代，DevOps 和传统的网络运维工程师的工作有很大的不同。传统的网络工程师主要职责是 Underlay 网络的运维，运维 IDC（数据中心）内部的网络设备，面向的是公司内部业务的网络诉求，在技能要求上一般会对网络设备进行配置即可。

而云网络时代的网络运维工程师，需要兼顾 Underlay、Overlay 和 Tenant 三层网络的运维，面向的是客户的网络诉求，主要承担的职责包括：稳定性改进、效率优化、变更管理、监控处理、水位管理、应急事件处理和客户工单。职责很多，光靠网络运维工程师人工运维无法适应云网络的业务发展，需要构建一套自动化的网络运维系统，提高网络运维效率，降低运维人员消耗。因此，云网络的运维工程师需要具备一定的软件工程研发力。

10.3.2 云网络运维体系建设

1. 变更

（1）**云网络变更历史**。变更的定义有狭义与广义之分。狭义定义：云网络产品和设备相关的版本发布、设备维护和配置修改等的线上操作。广义定义：所有会对线上设备、应用、软件、配置和文件等对象产生变化的操作。

变更在本质上是通过一系列的操作，使得运维的产品走向预期的状态。在操作之前，需要解决一些未知的问题，例如系统原来的状态是什么，目标的状态又是什么。在操作过程中，需要执行哪些指令，得到哪些输入，系统的表现怎么样，业务是否受损，在操作后，目标状态是否达到。

云网络的变更经历的发展阶段包括：

◎**标准化**。在云网络发展早期，受限于产品能力与系统建设，都是在黑屏上人工操作，对操作人员的素质要求非常高，所有变更的可靠性是依赖于 SOP（标准操作程序）手册与高质量的人工实施保证的。在这个阶段，网络变更的主要工作就是 SOP 手册的编写，将常用的变更、运维方案统一化、标准化，实现所有操作有标可循、有规可依。但是，这个阶段无法解决的问题是人的因素，"最后一个回车"是影响变更安全性、可靠性的主要变量。

◎**自动化**。在自动化阶段，变更的主要形态从 SOP 操作手册逐渐转化为对应的自动化工具。通过快速的运维工具开发与基础的变更步骤编排，将原来人工敲击执行命令的过程转化为执行变更工具，在变更运维代码中实现自动化执行原子变更任务。在这个阶段，变更从纯手工方式发展到半手工、半自动化阶段，在很大程度上降低了人为误操作对系统造成影响的概率。

◎**系统化**。完成变更的自动化进程后，云网络变更进入了传统 DevOps 阶段，快速地迭代和开发变更运维工具，实现 DevOps 活动的自闭环。但是，随着系统功能的不断壮大，业务规模的不断增长，变更运维活动从人为发起上升到程序发起的阶段，需要一个变更系统承载并编排这些运维工具，实现工具的复用与灵活编排，提供更加复杂的变更运维流程。

◎**无人化**。无人化变更系统是变更运维系统的理想终极目标，但是无人化的变更系统已经脱离了独立的变更系统概念。无人化变更系统的核心要素有：全自动化变更执行、异常发现、变更异常关联和变更快速止血。要满足这些要素，需要监控系统、告警系统、实时数据分析系统等联动实现。无人化阶段也是阿里云网络变更发展正在经历的阶段。

（2）**云网络变更平台**。云网络变更平台主要分为几个模块。

◎**变更前台**。主要提供变更平台前端交互页面，主要包含几个部分：变更中心，提供变更流程渲染引擎及变更前端组件库；变更规划提供变更计划编排与自动化执行功能；变更报表对变更汇总情况进行实时展示，并提供复盘能力。

◎**变更中台**。管理层向上对接变更前端页面，提供 API 服务；调度层提供实际变更任务划分、编排、调度和并发控制等能力，实现从变更入参到具体变更任务，寻址到具体执行设备或服务，并经过通道流控，完成下发前的所有工作；下发层实现了具体任务到执行代码的映射，并真正下发到对应的执行通道。

◎**通道层**。通道层分为外部变更系统和变更代理（Agent）：外部变更系统包括业务控制器、运维控制器等应用服务，主要提供配置修改、用户运维等变更能力；变更代理主要负责纷发变更包，变更命令、执行变更脚本等功能。

变更系统架构如图 10-5 所示。

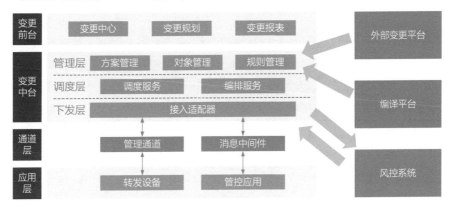

图 10-5 变更系统架构

2. 监控及巡检

传统的网络监控主要是针对网络设备的监控，比如交换机和路由器，监控设备是否宕机、端口上下线（端口 up/down）和丢包计数器等。

而在云网络的场景中，除了真实的网络设备，还有很多虚拟的服务于租户的网络设备，以及服务化的各种网络产品，比如专有 VPC、NAT 网关、负载均衡和云企业网等。这些虚拟的网络产品和租户的网络对象都需要监控起来，以此来衡量云网络产品的服务状态和 SLA。

另一方面，由于云网络是基于 SDN 思想设计的，将网络计算从传统的网络设备中剥离开来，下沉到了 x86 服务器中，可以摆脱网络设备可编程能力的限制，采集更多网络指标进行监控，如各种网络表项的上百种计数器的指标、各种查询队列的状态等。

云网络的监控主要分为三类：网络业务指标监控、网络设备或服务监控和租户实例监控。

◎ **网络业务指标监控**是指实际的网络产品服务的业务指标，如某个地域 VPC 公网流量或丢包指标，某个集群的 SLB 流量或丢包指标等。

◎ **网络设备或服务监控**是指云网络内部设备和服务的监控，比如 VPC 转发设备或管控服务、SLB 转发设备或管控服务的监控等。

◎**租户实例监控**是指对虚拟出来的属于租户的网络实例进行监控，比如用户购买的 VPC 实例、SLB 实例。按照用户的具体实例进行单独的监控，满足不同用户、不同业务的监控诉求。

3. 集群及水位管理

阿里云的各产品有部署的物理设备或 ECS，这些设备从下到上被归在分组、集群和地域等虚拟分组中，以便定义服务单元，提供同城容灾和高可用等能力。维护这些设备、集群等信息，以及监控这些对象的水位，称为集群及水位管理，这是各传统厂商都做过的事，它带来的业务价值众所周知，如问题定位、提前扩容或缩容等。

根据前文介绍，从设备到地域的数据有拓扑关联关系，这一点和运维商的传统网络一样；但云网络上有 SLB、VPC 等多种产品，各种产品的特性决定其拓扑结构不可能相同。如果从不同的拓扑结构出发，为每一个产品做自己的集群和水位管理，那么开发和运维成本会非常高。

要做到各产品集群的平台化管理，必须事先做到存储的平台化管理，因此有了 CMDB。CMDB 中约定了设备的"点"固定为 Server，其默认具有 IP、Version 和 Status 等属性。有了存储的平台化，集群管理的平台化就简化或从特定的数据库中读取特定属性进行展示页面。

水位管理是指对云网络各产品的设备、集群等的流量、CPU 等指标的管理，包括监控、告警和扩容等。和集群管理一样，为了平台化地支持所有产品，一方面需要各产品的监控数据能够统一处理、统一输出，这部分借助 Metric 和 NDP 平台实现。另一方面，需要监控数据的指标选择、阈值调整、配置告警等平台化管理，这部分则由水位管理自身负责，从而做到集群和水位数据从存储、计算、展示的全流程管理。

10.4 云网络服务能力

10.4.1 云网络服务能力的特点

网络、计算等能力作为基础设施服务，对各运维商来说，通过不断完善它们，最终都将趋于稳定，很难从技术层面上拉开差距，服务能力将成为关键。传统网络由于客户自建网络机房，需要自己打造运维能力，通常花费大量的人力和物力。当上云后，网络托管在云上，借助云上的网络服务能力，能轻松运维自身网络。云服务的优势在于专业技术强，解决了用户自我维护技术力量不足的问题，使用户从技术复杂、整合难度高的基础设施运维中脱身出来，专注于自身业务发展。运维成本低，减少高昂的服务费用，同时也可以使用户的 IT 系统风险转移到 IT 服务商。服务能力的成熟度逐渐将成为上云战争的成败关键。

在传统的运维商网络和各领域的企业网里，网络的服务支撑完全依赖网络设备厂商及集成商，包括售前、售中及售后三个阶段，售前需要做大量的网络方案沟通，售中需要安装调试并网，以及交付后的网络运维售后支撑，这些都是要在线下进行的，所有的服务能力来源于培训和厂商的各种手册，各种问题排查也只能需要网络工程师熟悉各个厂商的 CLI 和手册。

随着云计算的发展，网络技术也得到了充分的发展，越来越多的个人、企业、政府部门加速上云，尤其在 2020 年疫情发生后，云计算在抗击疫情中发挥的作用及优势尤为明显，已经上升为国家的新基建。其中，云网络是重要的基础设施之一。同时，对云网络的服务支撑能力提出了更高的要求。

（1）**服务线上化**。与传统网络服务方式不同，更多的云网络服务都在线上进行，无论是云网络解决方案、资源的开通和扩缩容、监控运维、问题的定位诊断及处理，整个网络的生命周期基本上都在线。同时，针对不同的网络产品，会沉淀相应的网络产品知识库、工具，用户可以快速获取相应的资料、工具，快速解决云网络问题。

（2）**服务工具和产品化**。云网络需要支撑云上的各种业务需求，为了满足用户需求，云网络衍生出了多种云网络产品，如 VPC、SLB、CEN、CCN、EIP、NATGW 和 GA 等，用户如何更好地运维自己的云网络，需要云厂商提供相应的运维能力，输出相应的服务工具。其中，网络抓包、实例诊断、路由检查、安全组检查、丢包定位、拓扑展示和连通性检查等网络运维工具产品化变得尤其重要。云网络的运维工具越丰富，用户运维能力提升得越快，越节省云厂商大量的服务人力。

（3）**服务自助化**。大量的个人、企业和政府部门上云后，云厂商面临的一个重要挑战是如何支撑和服务用户，让用户能运维自己的云网络。云网络需要输出大量的网络运维工具和能力、产品化网络运维工具，以赋能用户，实现自助化运维。最终让用户可以自助抓包、实例诊断、路由检查、安全检查、丢包定位和连通性检查等。

（4）**服务数据化**。随着上云的用户快速增长，以及云网络产品众多，云网络服务支撑内容也会越来越多。如何建设好云网络的服务化体系，哪些云网络产品的服务能力做得好，哪些还需要改进，哪些问题是用户经常提出的，哪些问题是用户自己解决的，哪些问题需要云厂商解决，这些都可以通过服务数据化的方式推进服务运维，让云网络服务更完善。

10.4.2 云网络服务体系

1. 服务单流程

当用户需要时，服务需要就在身边，所以第一步，服务需要打造流程。标准化的流程可以让用户对服务不产生困惑，并针对不同的用户营造出千人千面、随叫随到的服务体验。服务单是云网络服务体系中的人工服务单据。当云网络服务台的自助服务无法解决用户问题时，用户通过提交一个服务单寻求人工服务。每一个服务单背后是一套标准的服务流程，根据其问题类型、紧急程度等协同相关组织和工具解决问题。服务单流程的关键在于分发、响应、反馈和改进。用户填写出处理需要的关键信息，减少了人员交互消耗，通过分发技术，将关键信息分发到合适的服务人员，确保所有的云网络产品的问题都精准分发。而响应和反馈是服务体验的重点，服务人员需要立即响应用户，并对用户的问题及时反馈，这也是有标准流程保障的，自动化的提醒、跟踪和反馈，每个环节的处理都记录在案并通知下一环节的处理人，能让服务变得智能化。而每一个问题处理完成后都需要进入改进管道，确保再出现已知问题后可以快速解决，如落入常见问题知识库。

可以说，服务单是用户需求人工支持的标准流程，确保用户的每一个问题都能简单高效地解决，而不会因为找不到合适的人而产生困惑和痛苦。而服务单流程也是数据化服务体系的关键，服务单收集了真实发生的问题信息，通过服务单数据，可以快速分析出问题类型占比、发生频率、问题来源及服务质量。整个体系通过数据运维，对服务单的各项指标数据进行打分，通过大盘报表，不断复盘，驱使各个产品团队建设和改善服务外能力，提升人员服务意识。在服务单打造标准流程的同时，也让服务通过数据自运维起来，让我们知道服务到底做得如何。

2. 知识库

知识库在服务体系中是非常重要的一环，相当于一个集中的存储库存放知识和已知错误的修复方案。随着常见问题的不断沉淀，用户可以自助搜索问题的答案，不仅提升了用户的体验，还可以让用户低成本地学习很多有用的知识。借助智能机器人，还可实现机器人在线答疑，减少服务人力的投入。

3. 工具箱

对于技术问题，无法单纯地用知识库解答，此时工具必不可少。相比于传统网络中的 ping、tracert 等工具，云网络提供了更加丰富的工具体验，让有一定网络基础的用户及服务运维人员可以通过工具协助排查问题。工具箱将工具按照产品、功能分类，提供一站式接入方式，让网络专家快速地接入工具。工具箱与服务单流程联合在一起，当问题无法解决时，一键提交服务单并推送工具诊断结果。工具箱和知识库是服务沉淀的产物，这些知识和工具能快速地让用户到问题的答案，使得云网络的每一位用户都变成了网络专家。

4. 服务能力的分析及运维

以上都是服务能力的体现，既提供了服务的标准入口，又提供了一系列自助服务帮助用户解决问题，并且在用户寻求人工服务时提供了一套人工支持流程，确保用户的每一个问题都能得到高效解决。通过对服务数据做一系列通用的处理，包括汇聚、分类和统计等，制订服务的考评制度，明确指出服务做得好与坏的部分。比如重复问题单、用户投诉率、疑难单耗时等问题的改进会对服务产生巨大的影响。建立评估体系，在促进服务改进的同时，以在维持服务质量的前提下减少人耗为目的，朝着引导问题和处理智能化的层次不断进步。

10.5　云网络运维可视化

10.5.1　可视化能力成熟度

在物理网络中，传统的网络可视化是拓扑展示，但是拓扑展示通过 lldp 采集获取。近年来，又兴起了 INT（Inband Networking Telemetry）、TCB（Transient Capture Buffer）和 MOD（Mirror-On-Drop）等，主要结合物理网络的丢包、延时、路径，确定丢包、延时问题具体发生在什么地方，可视化地呈现出来。

在虚拟网络中，由于网络自研的优势，拓扑路径、丢包和延时等都可以更低成本地进行消费，从而可视化地呈现出来。

用户上云后，云网络对用户来说是一个黑盒，他们面临很多问题，如组网是怎样的，如何快速地发现和定位问题等。为了解决这些问题，云网络推出了网络拓扑的可视化，以及网络的丢包、延时等测量定位工具。

1. 网络拓扑可视化

通过路由自动计算云网络拓扑，结合网元、实例及带宽、流量、状态和质量等关键信息，统一在拓扑上可视化地呈现展示，覆盖云网络的主要核心访问场景；打通物理网络和虚拟网络，完整地呈现整个网络的运行情况。

2. 网络测量及定位可视化

网络测量模拟构造用户业务流量并测量，可视化地呈现云网络的路径、丢包和延时等问题，发现云网络可能的丢包、延时加大的具体网络位置，快速定位问题，提高问题的处理能力。

网络定位通过采集用户真实的流量数据进行定位分析，可以分析出丢包、延时及丢包点的位置，输出定位报告，结合云网络拓扑可视化地呈现展示。

10.5.2 控制面可视化

阿里云网络产品规模的日益扩大，用户数量的持续增多，给云网络服务商带来了不小的运维压力，传统的运维工作方式也在发生变化。提升运维效率，就成为云网络可视化工作的主要目标。

在实际工作中，每天都会收到来自客户的各类问题，除了产品咨询类和客户配置类问题，大多会遇到诸如哪里到哪里不通了或出现时延丢包等。GOC 和售后人员大多会先从客户的问题描述入手，判断是哪个端到端通信场景，中间涉及哪些业务方和部件，最后查看各产品的运维平台数据并判定问题。如果还解决不了，就会求助网络产品的研发人员。而研发人员通常也会重复以上的定位过程，查看各部件是否有相关的告警，物理网络层面是否有链路问题等。但是一个端到端的初始信息是简陋的，从产品上看，中间经过的实例和产品对定位人员都是黑盒，往往只能通过熟悉客户组网的客户经理来协助；从设备上看，中间经过的交换机、路由器及网关设备也需要花费大量时间，协调各方人员，查询各平台数据才能关联起来。为何不设计一款产品，从控制面上根据两端信息自动识别中间的网元和设备信息，并在拓扑上的关键节点和链路上投射出告警信息呢？

用户往往为了适配原来线下的组网方案，会同时使用云网络多款产品，比如VPC、子网路由、NAT 网关和高速通道等，一些有跨地域业务的用户还会使用云企业网、VPC Peering 等。架构师在分析用户场景、指导用户搬站上云时，需要有一种可以自动化展示当前用户在云上的组网形态的工具。用户自身的运维人员也需要关心当前自己云上组网的现状，以便调整后续业务和排查问题。

基于以上原因，我们设计并在云网络内部上线了"解牛"产品，希望用户借助该产品能够把网络"庖丁解牛"般地呈现出来。

1. 云网络的庖丁解牛

解牛是云网络可视化产品中提供拓扑展示能力的模块，主要功能是支持用户输入端到端信息，输出两端之间的虚拟网络拓扑。在拓扑分类上，分为逻辑图和转发图。支持虚拟网络单实例的拓扑展示。这里的逻辑和转发图实际上都是从云控制器管控层得到的结果，与使用数据面得到的结果存在差异。

◎**逻辑图**：用户视角，图的组成元素为用户可见的虚拟网络实例，如虚拟机、虚拟 VPC 路由器和虚拟网关等。

◎**转发图**：研发视角，图的组成元素为关键的转发节点，包括部分虚拟设备和物理设备。转发图刻画的拓扑是从管控层面上基于路由配置生成的实际设备链路。

返回结果除了端到端拓扑信息，还包括拓扑中涉及的节点基础元数据信息、设备告警信息、主要节点链路的探测结果信息。

2. 核心技术

（1）**智能场景识别**。为了适配用户云网络组网形态的多样性，提升运维人员与用户的易用性，在输入条件框中支持了非常多的输入样式。主要支持两类模式：一是虚拟网络实例，如 VPC、CEN 的单实例对象；二是端到端的链路，如两个 ECS 互访、ECS 通过专线访问 IDC 中的某地址、SAG 实例互访、SAG 中的用户名之间互访等。如果继续细分，同一种输入模式还可能对应多种不同的场景，如同样是两个 ECS 互访，就存在三种基础的访问场景。

◎在 VPC 内，VSW 内或 VSE 之间；

◎跨 VPC，通过高速通道互访；

◎跨 VPC，通过云企业网 CEN 互访。

当用户输入时，无须关心是哪种场景，系统将根据用户的输入自动识别。

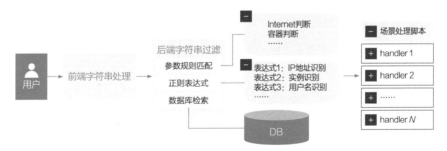

图 10-6 智能场景识别技术

系统通过前端字符串处理，配合后端的参数规则识别、正则表达式匹配的手段进行智能识别，如图 10-6 所示。对于一些特殊的实例类型，如负载均衡实例，则需要依赖数据库检索的方式判断。识别出场景后，后端系统将通过场景化多处理脚本的方式，传入源和目的信息，分别启动算路，这种设计有如下好处：

◎降低各场景差异带来的编程复杂性，脚本间互不干扰；

◎脚本可配置，提高内部配置的灵活性，如哪些场景对外开放，哪些场景存在问题要临时下线等；

◎良好的延展性。在未来支持更多场景的情况下，脚本呈线性增长。

（2）**快速拓扑算路**。端到端链路可视化的重点在于拓扑算路。所谓拓扑算路就是从源点出发，根据目的端信息做每一跳的路由匹配，最终找到目的端的过程。在当前阿里云网络的架构下，主要存在几种虚拟路由器：虚拟专有云 VPC 路由、云企业网 CEN 路由、虚拟边界路由器 VBR 路由和用户连接网络 CCN 路由。图 10-7 展示了一个在 VPC 内的 ECS，通过云企业网实例访问跨域线下 IDC 的情况，分别经过 VPC 路由器、CEN 路由器和 VBR 路由器，最终到达目的地。

图 10-7 VPC 内的 ECS 访问线下 IDC

从实现方案上看，会解析以上几种路由器的路由表，通过二进制位计算的方式，快速地实现 IP 地址匹配每一项路由表项。获取路由表信息的来源总共可分为两类：一类为微服务 API 和只读数据库，另一类就是通过旁路常态测量算路系统的缓存结果信息。

旁路的算路系统会把常态任务中使用过的 VPC 进行预处理，把一些场景结果和路径结果预先保存在缓存数据库中。当用户发起端到端的拓扑算路时，可以通过直接访问分布式缓存数据中的结果数据加速过程，如图 10-8 所示。

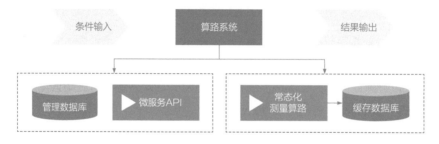

图 10-8 旁路的算路系统

（3）**关键数据集成**。在解牛的主视图中，除了拓扑结果数据，还集成了包括设备上线状态数据、设备或实例告警数据、实例或网关的流量数据和链路之间的探测数据等关键信息。目的在于当用户定位端到端输入时，可以一次性看到关键信息，成为"一站式"运维服务入口，如图 10-9 所示。

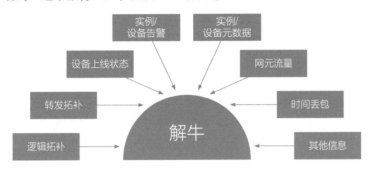

图 10-9 "一站式"运维服务入口

10.5.3 数据面可视化

除了 SDN 控制面的数据拓扑可视化，没有纯转发面的可视化，这种拓扑的优势是，描绘的信息完全基于真实运行在网络上报文构建。

云网络拓扑日益复杂，虚拟网络带来的运维问题对于 SRE 人员来说难度更大。传统工具如 traceroute 等无法在云网络适用，而人为抓包的方式对运维工程师的专业技能和经验要求较高，排查过程也比较烦琐耗时，往往最终也只能界定丢包位置，难以得出丢包原因。控制面的结果往往也无法满足在所有场景下描绘出真实报文转发行为。

面对这种问题，云网络需要一个"交通警察"，每当网络有拥塞或事故时，它都能够及时地发现具体位置，然后处理。一旦出现卡顿、丢包等问题，云网络的交通警察需要在几秒钟内从这张遍布全球数百万的设备里找到原因，这是一个非常大的挑战。

所以，无论是对云租户而言，还是对云网络供应商而言，都急需一个可以在高负载、复杂拓扑的云网络下实现快速响应的、可控的、自动化的丢包问题排查工具。VTrace 就是阿里云网络产品设计并推出的一款解决云网络持续性丢包问题的自动化诊断系统，也就是有着超级大脑的超级交通警察。

下面介绍数据面可视化的核心技术。

1. 真实无感地探测

VTrace 系统的探测原理是基于对租户真实报文的染色。命中 VTrace 任务的五元组报文会在首个 VFD（虚拟转发设备）上被打上特殊的 dscp 标签，后续每经过一个 VFD 都会对报文做数据分析并打印日志，直到在最后一个 VFD 消亡。VTrace 系统染色、匹配和记录的过程如图 10-9 所示。

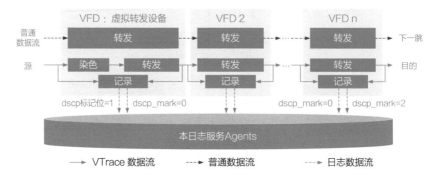

图 10-10 VTrace 系统染色、匹配和记录的过程

在整个探测过程中，从染色到最终结束，虽然使用的是用户真实报文，但做到了用户全程无感知，云网络 VFD 设备无性能损耗，不影响任何用户的 SLA。

2. 精准有效的定位

对于 VTrace 转发拓扑的绘制原理，首先是基于特殊的 dscp_mark 标签值确定首包和尾包，然后相同节点根据时间戳的报文 in 还是 out，顺序找到相同节点的出包，再根据出包的外层源地址和目的地址找到下一个节点的入包，如图 10-11 所示。在节点 1 点找到首包的出包，再根据包的 out_sip 和 out_dip 找到节点 2 点，进行目的地址的 NAT 转换后，修改了 out_dip，最终到节点 3 以发现尾包结束。

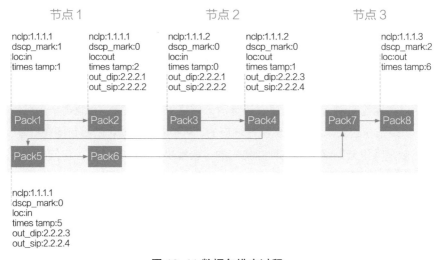

图 10-11 数据包排序过程

在获悉整个链路的转发拓扑结果后，就可以根据在每个节点上测量的时间戳和报文个数统计数据计算该节点的链路的数据质量。由此便做到了对问题 VFD 的精准定位。

3. 快速灵活的计算

VTrace 支持阿里云网络所有的公共云地域。面对如此大的地域，支持了多租户并发能力，自然会产生海量的日志记录数据。我们构建了一套高性能的大数据处理流程，解决了大量流数据冲击下的高性能计算。

由于日志数据的实时性、分布式存储的地域性及庞大的数据量，需要一项任务收集所有数据以执行流量路径的重建和进一步分析。我们采用了流处理引擎 JStorm，其千万级报文数据实时分析能力，以及可扩展性和强大的计算能力有助于潜在的大量 VTrace 任务进行实时的计算分析，如图 10-12 所示。在 VTrace 设计中加入了两种采集器，VTraceTaskSpouts 和 LogSpouts，分别负责实时提取 VTrace 任务数据库中的任务流和日志服务中的日志流，特别注意，由于要实现可追踪任意云网络中的任务数据流，LogSpouts 从 Log 收集日志流数据很可能散列在不同的地域。

我们根据云网络特性，设计了多级 Bolt 分析模式，当 VTraceTaskBolt 被任务激活时，就开始收集与任务相关的日志数据，对日志数据进行预处理，即过滤、转换和分组。预处理后的数据会根据关键信息进行排序、算路、时延分析及关联物理网元等信息，WriteBolt 将结果存储起来，最后借助可视化的页面将结果呈现给用户。

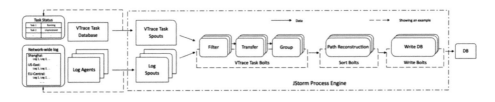

图 10-12 实时的计算分析

10.5.4 旁路性能探测

网络作为数据传输的基础设施，承载上层组件和系统之间的数据流转，其稳定性对上层各个模块至关重要。无论是物理网络还是虚拟网络，都是庞大而复杂的系统。网络出现问题是无法避免的，只能尽力打造一个稳定的网络架构和体系，以减少网络出现问题的可能性。不仅需要当网络出现问题时候能够快速地定位，更需要日常的实时网络监控。网络实时监控系统可以 7×24 小时不间断地监控网络质量，一旦出现异常，就会及时发出告警，为网络运维人员提供宝贵的排查时间，降低对业务影响。

1. 物理网络质量探测

阿里的物理网络质量探测系统用于监控各个 IDC 之间、IDC 与用户之间的网络延时和丢包率。IDC 之间的探测称为骨干网质量探测，IDC 与用户之间的探测称为互联网质量探测。这些探测可主动发现物理网络故障，为网络运维人员提供先于业务感知网络异常的能力。

2. 骨干网质量探测

骨干网质量探测系统实时监控阿里云各个 IDC 之间网络的延时和丢包率情况，在各个待监控的 IDC 机房挑选至少两个物理机，在这些物理机上部署探针，开启后，IDC 内部和 IDC 之间的探针会进行 full-match 互探，如图 10-13 所示。整个系统需要实现分钟级别的数据采集、计算、分析和告警。

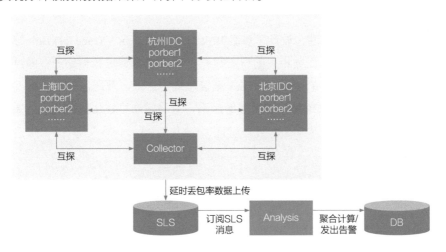

图 10-13 full-match 互探

◎每个地域的 IDC 部署多个探针。

◎ IDC 内部和 IDC 之间的探针 full-match 互探。

◎探测获取的延时和丢包率并上传到 Collector 系统，系统进行简单的数据聚合操作后写入 SLS。

◎分析模块定时地从 SLS 获取数据，进行业务上定制化的分析处理，将分析后的结果写入 SLS。此处主要聚合计算出每两个 IDC 之间的延时丢包率，并且和历史的延时丢包率数据进行对比，如果发现数据异常，则及时发出告警。

3. 互联网质量探测

互联网质量探测系统实时监控阿里云 IDC 与全球各个地域用户网络的延时和丢包率情况，在各个待监控的 IDC 机房挑选至少两个物理机并在其上部署探针，定时从淘宝 IP 地址库中按区域和运维商获取活跃用户的 IP 地址，开启后，IDC 探针会探测各个地域运维商的活跃 IP 地址，如图 10-14 所示。整个系统需要实现分钟级别的数据采集、计算、分析和告警。

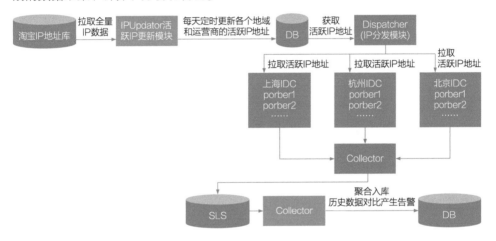

图 10-14 互联网质量探测过程

互联网质量探测可以帮助公司摸底 IDC 与不同地域、不同运维商的网络延时和丢包率情况。一旦出现延时和丢包率异常，会及时发出告警，通知网络运维人员。

4. 虚拟网络质量探测

虚拟网络质量探测相对物理网络来说更为复杂，对性能的要求也更高。虚拟网络需要覆盖的网元数量达到百万级别。完成虚拟网络质量探测需要各个虚拟组件的配合，对虚拟网络的探测包文件进行特别设计，需要 VPC、VAS、CEN 等组件的开发支持，如图 10-15 所示。探测报文需要保持对业务透明，不影响正常的业务流量。针对阿里云虚拟网络的场景设计不同的探测方案，常见的探测场景包括：VPC 内跨 VSW 的 VM 互访、VPC 内同 VSW 下的 VM 互访、VPC 之间 VM 通过 CEN 互访、VPC 之间 VM 通过 EC 通道互访、VM 通过 EIP 访问公网和 VM 通过 NAT 访问公网等。系统针对每个场景指定相应的探测策略，选择探点策略和发包配置等参数。

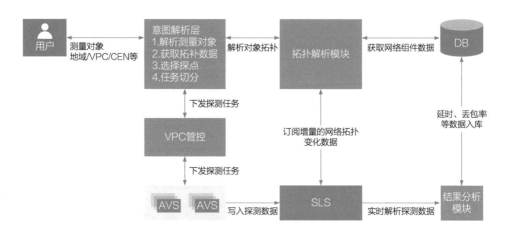

图 10-15 虚拟网络的探测报文

第 11 章

云网络未来展望

从数据中心多租户网络虚拟化云网络 1.0 发展到云网一体云网络 2.0，随着网络性能的持续提升，云网络在承载内容与呈现方式上会发生巨大的变革。

展望云网络未来，需要从技术与业务两个方面着手。从应用发展趋势来看，以下业务方向将影响云网络的演进。

（1）面向个人——视频消费时代已经到来。随着移动资费的持续降低，5G 手机普及，各种短视频软件降低了自媒体的门槛。2020 年的疫情，彻底改变了人们的工作和生活。一部手机、一个摄像头就可以将自己的日常生活、知识经验、个人物品与线上观众分享。短视频或直播还处于单向传播状态，叠加了人工智能的视频识别技术，图文制作与视频制作将融合。视频消费时代对云网络的需求是什么呢？视频时代的核心问题是成本，核心技术是存储与用户体验问题。对于长视频、短视频，通常采用边缘 CDN Cache+Region 冷数据存储。随着多人交互式视频应用在手机端的兴起，流媒体的传输增加了对实时视频的低时延传输要求。

（2）面向企业——数字化移动办公已经成为常态。远程办公协同系统可为用户提供电子白板、文档同步、程序桌面共享、投票答疑和文字消息等丰富的会议辅助功能，全面满足各行业用户的远程视频会议、访谈、招聘、培训、远程医疗和双师教育等各种音视频需求。对于交互式视频，特别是在线教育高清视频会议，要求云网络对底层网络进行切片，提供有 QoS 保障的传输能力，视频会议网络时延小于50ms，丢包小于 1%。

（3）物联网——各种基于视频的终端蓬勃发展。视频监控从智能城市走向智慧家庭，家庭视频监控实现移动化。视频人脸识别技术使各种刷脸应用终端在门禁或支付等领域快速普及。随着显示成本的降低，户外广告从图文慢慢转向通过视频呈现。

从技术上看，以下几种技术会影响云网络的发展。

◎通用计算形态从虚拟机向容器与函数计算演进；

◎算力从通用计算走向专用计算，承载高性能；

◎云—边协同，分布式云成为新形态。

11.1　云原生网络的发展

随着容器、微服务和 DevOps 为代表的云原生技术及轻量级、高效率、虚拟化技术逐渐普及，云计算正向着"云原生"（Cloud Native）的方向发展。云原生对云网络带来了巨大的影响。云原生网络的基本目标是满足云原生服务的网络端点和服务间的互通性、安全性和负载均衡要求。

目前存在不同类型的容器，包括部署于裸金属容器，部署于 ECS 虚拟机内的容器和 Serverless 容器。对于云网络来说，需要对用户屏蔽不同类型容器的差异，并支持容器与虚拟机间的互通。通过将容器网络下沉到智能网卡，可支持容器与虚拟机（VM）和裸金属通信。同时支持缩短 I/O 路径，提高性能。在虚拟机时代，每台服务器上 VM 最大个数为 100 左右。为了在虚拟机中支持更多的容器，虚拟网卡需要支持 Trunk 技术，单主机虚拟网卡达到 1000 个以上。最关键的是容器的启动要求虚拟网卡创建速度从分钟降到秒级别，对控制器的响应速度提出了更高的要求。

基础的二三层接口和 IP 被封装到容器网络接口 CNI（Container Network Interface）。CNI 接口实现创建、删除容器时的调用方法，其他所有的网络能力都交由网络厂商实现增值服务。CNI 接口模型在一定程度上加速了网络方案的繁荣，各种组网形态层出不穷，给用户的方案选型造成了较大困扰。根据网络协议的不同，可将网络方案分为路由模式、虚拟网络和 L2 三种。对于公共云平台来说，要保证 API 接口的一致性，由于已经支持了面向虚拟机的一层虚拟网络，阿里云可为客户提供 L2 与容器虚拟网络模式。

在服务的对外形态上，Kubernetes 已经成为容器编排的事实标准，容器网络服务需要与 Kubernetes 的调度机制匹配。而 4~7 层的网络被封装到（Service Mesh 服务网格）中。在 K8S 模型中，从应用的角度看，抽象成了对外提供的服务和由服务计算实现的 Node 和 POD 节点。应用的视角不再看到具体的 IP 地址，路由策略更关注服务的状态、限流、熔断监控等。负载均衡服务被 K8S 集成，作为服务分发的核心部件。从通信服务上分为南北向 7 层流量分流的（入口 Ingress Routing 路由服务）和东西向流量服务间进行服务发现和分发的负载均衡服务。为了支持云原生服务的 DevOps 灰度发布，云原生网络中负载均衡需要支持不同版本的服务在线升级和弹性伸缩。

K8S 架构中的容器网络更多依赖 Linux 操作系统中的 IPTable，以及 Nginx 等组件的支持。阿里云网络通过云原生网络集成了虚拟网卡（ENI）、vSwitch，POD集成安全组，实现安全隔离，集成负载均衡实现 Service Mesh 服务等能力。

云原生网络还在飞速发展，水平方向需要支持跨多个中心云，云—边一体的通信。云原生网络提高了网络管理运维监控的复杂度，需要提供面向应用视角的网络监控与故障恢复能力。

11.2 专用计算高性能网络

随着人工智能应用的兴起，核心的三大要素有算法、算力和大数据。对于算力，目前深度学习流行的异构解决方案共三种，分别是 ASIC、FPGA 和 GPU。异构计算则成了深度学习的重要支柱。由于单台服务器存储空间的限制，分布式存储成为必然选择，存储介质从 SATA 到 SSD，再到 eSSD，数据访问性能呈指数级提升。不同服务器间相互协同，高性能远程访问数据成为对网络的核心需求；RDMA（远程直接内存访问）是目前业内最受欢迎的高性能网络技术，能大大节约数据传输时间，被认为是提高人工智能、超算等效率的关键。在未使用 RDMA 网络时，语音识别训练每次迭代任务时长为 650~700ms，其中通信时延就占 400ms。RDMA 通过将网络处理卸载到硬件 NIC 中，绕过内核软件协议栈，实现高性能网络传输。在共享的云环境中，难以修改商业硬件中的控制平面状态，控制 PCIe 总线上 RAM 和 NIC 间的 DMA 传输。当前，几种数据密集型应用（如 TensorFlow、Spark、Hadoop 等）仅在专用裸机群集中运行时才使用 RDMA。

公共云环境需要异构计算，容器化通用计算提供虚拟化的高性能和低时延访问能力，并与底层物理交换机设备解耦。采用软件在 CPU 级别实现，RDMA 虚拟化受限于 CPU 主频与网卡分发能力，无法满足性能要求。要实现虚拟化高性能网络，需要解决几个核心问题：

一是编址与路由，RDMA Over Ethernet 方式，受限于底层以太网的广播域与交换网络的收敛组网，范围无法扩大。使用 RDMA Over IP（VxLAN）方式可支持更大范围的扩展性。

二是拥塞控制能力，在追求极致的无丢包的、场景下，是否可将时延适当降低。IP 网络本质是尽力传输。TCP 采用事后追溯机制进行重传，底层拥塞后时延大幅下降。RDMA 可采用信用机制主动预留与事后追溯结合。

三是高性能虚拟网络需要与应用呈现直接交互，支持 RDMA API，以实现编制与路径控制。

四是虚拟网络需要介入应用操作系统或容器的地址空间，管理与映射内存，实现零拷贝。

专用计算带来的高性能、低时延的要求改变了云网络的业务范围，使网络更加贴近应用的需求。云网络 3.0 需要在低时延的特性上实现面向应用的网络虚拟化。

11.3　分布式云网络

边缘节点在云计算初期更多承载的是 CDN 业务，对网站或视频的静态内容进行缓存，降低网络传输成本。对于由物联网设备、联网汽车和其他数字平台生成的数据，需要即时处理和分析，这时边缘计算能够派上用场。

边缘计算是一种分布式网络基础设施，可令数据能够在更接近其来源的地方进行处理和分析。从网络视角看边缘计算，除 CDN 缓存类业务外，需要找到时延敏感并与公共云对接的应用。对于 IoT 物联网，未来大部分数据处理（如 AI 推理）都在边缘进行，而云被用于存储和大型计算，而这些应用程序对时延不是很敏感。当对接 5G 网络时，边缘计算节点可对运营商 5G 数据进行引流，实现对接业务分片需求。

目前，大部分的边缘节点还处于独立的公网孤岛状态。随着越来越多的企业应用运行到边缘云上，对网络来说，存在以下诉求：首先是从安全性上支持私有网络隔离与互联，中心云的 VPC 向边缘进行延伸。其次是小型化问题，边缘节点的服务器规模有限，应用容器化和 Serverless 部署成为趋势。

虽然混合云的概念炒作了很多年，很多企业的应用事实上确实存在公共云和专有云同时部署的场景，但是由于专有云的多样性，公共云与专有云之间的网络是相互割裂的。对于很多中小型企业来说，管理和维护专有云是一件很复杂的事。但还是有很多本地业务需要私有化部署。这时就提出了云向线下扩展的需求，将扩展到企业的边缘节点与云实现统一的控制与管理。

云网络如何从中心云拓展到边缘节点，还存在很多难题。首先，边缘节点的物理网络管理问题。对于云厂商的边缘节点可以统一规划 IP 地址，对于部署在企业的边缘节点，会存在 IP 地址冲突问题。其次，如何抽象网络对象模型，不能简单地把中心云的 VPC 模型复制到分布式边缘节点。分布式边缘云的应用形态还在快速变化，对于传统的 CDN 业务，提供 Classic 网络为计算提供公网 IP 地址即可。由于边缘节点的计算容量较小，通用计算支持容器或者 Serverless 计算成为必然，云原生网络会从中心云计算拓展到边缘。边缘云对云原生网络的分布式能力提出挑战，需要向应用底层屏蔽负载的组网拓扑。基于人工智能驱动的物联网设备，需要在边缘部署推理 NPU 或进行视频处理的 GPU，边缘节点同样需要高性能组网能力。为了实现云—边协同、边—边协同，需要构建遍布全球的分布式云网络。

11.4 万物互联云网络

物联网已经是真实地发生在人们身边的应用，从移动出行的共享单车，各种零售及物流无人货柜，遍布各种楼宇的广告终端。通过无线物联网卡，各种智能终端可与云端实现连接。物联网设备连接到云端的方式如下。

第一，私有 IP 地址转换方式，家庭或企业内的终端设备使用 Wi-Fi 方式联网，通过网关设备进行 NAT 转换，获取公网 IP 地址，转换访问云端服务。这种方式通常需要在企业或家庭部署物联网网关，对设备进行监控或管理。

第二，物联网卡私有 IP 地址，由运营商 P-GW 建立隧道(GRE 或 L2TP)到服务端。这样要求每个应用都具备与不同运营商网关的互联能力。

第三，直接使用公有 IP 地址，通常是 IPv6 地址。终端和服务端都可以发起连接请求，部署简单。由于终端直接面向公网，安全性挑战比较大。

随着 5G 到来，边缘计算节点部署得越来越多，但物理网设备对于整体网络的组网能力无法感知，为万物互联云网络孕育而生。万物互联云网络技术上同样采用物理网络智能到边缘，增加一层隧道，为 IoT 终端屏蔽底层网络组网负载度。万物互联云网络带来以下好处，第一是加速应用部署。云网络预先与运营商 4G P-GW、5G UPF 建立连接，为 IoT 应用屏蔽运营商物联网卡差异。第二，可通过集中的调度，改变对隧道目标地址实现智能选路。根据应用的需求选择就近的边缘节点或中心云计算节点。流量调度能力，可以错峰提升网络带宽利用率，极大地降低网络成本。第三，为 IoT 设备带来更好的安全性。由于采用隧道技术，尽管外层使用公有 IP 地址，但仅需要开放有限的几个端口。不同企业的 IoT 设备内部组成一张安全的内网，对外提供服务的出口在云端，可实现统一的安全防护。第四，物联网云网络技术是 5G 分片的基础。运营商准备在 5G 移动网上提供面向企业应用的分片能力。但对于各个企业来说，很难掌握与运营商对接的协议标准。由于云网络可打通 IoT 连接到租户的 VPC，甚至到云原生应用的网络内部。云网络具备了感知应用 QoS 需求的能力，可为 IoT 应用提供开放 API。通过调用运营接口，传递应用的 QoS 分片。

面向万物互联的云网络目前还处于起步阶段，需要以应用场景的驱动，建立完整的 IoT 连接体系：在 IoT 端部署 SDK；在边缘计算节点、中心云节点与运营商网络建立连接；为 IoT 终端提供 IP 地址分配、状态监控、流量限速与计费能力；为部署在 VPC 内的 IoT 服务或 IoTPaaS 服务提供与 IoT 终端的连接与策略配置能力。

ToC 的移动互联网在高带宽会持续推动视频消费。基于人工智能技术，面向 ToB 万物互联的时代已经到来。云网络需要向 3.0 时代进行快速推进，成为数字化世界的连接基石。